电网设备金属检测
实用技术

骆国防 主 编
胡新芳 王朝华 王 军 副主编

中国电力出版社
CHINA ELECTRIC POWER PRESS

内 容 提 要

《电网设备金属检测实用技术》一书分为理化检测、无损检测、腐蚀检测三篇共 15 章，分别为电网设备金属技术监督概述、光谱检测、金相检测、力学性能检测、硬度检测、射线检测、超声检测、磁粉检测、渗透检测、涡流检测、厚度测量、盐雾试验、晶间（剥层）腐蚀试验、应力腐蚀试验、涂层性能检测。

本书着重从检测的基本知识及原理、检测设备和器材、检测工艺、典型案例四部分对涉及的各种检测技术进行全面而系统的讲解。本书知识面广、通俗易懂、实用性强、易于操作。本书可供电力系统从事电网设备金属材料检测的工程技术人员和管理人员学习及培训使用，可供其他行业从事金属检测工作的相关人员学习参考，也可供大专院校相关专业广大师生阅读参考。

图书在版编目（CIP）数据

电网设备金属检测实用技术/骆国防主编 . —北京：中国电力出版社，2019.12
ISBN 978 - 7 - 5198 - 4044 - 0

Ⅰ. ①电…　Ⅱ. ①骆…　Ⅲ. ①电网－电力设备－金属材料－检测　Ⅳ. ①TM241

中国版本图书馆 CIP 数据核字（2019）第 259098 号

出版发行：中国电力出版社
地　　　址：北京市东城区北京站西街 19 号（邮政编码 100005）
网　　　址：http://www.cepp.sgcc.com.cn
责任编辑：罗翠兰（010 - 63412428）
责任校对：黄　蓓　马　宁
装帧设计：郝晓燕
责任印制：石　雷

印　　刷：三河市百盛印装有限公司
版　　次：2019 年 12 月第一版
印　　次：2019 年 12 月北京第一次印刷
开　　本：787 毫米×1092 毫米　16 开本
印　　张：17.5
字　　数：431 千字
印　　数：0001—1000 册
定　　价：82.00 元

《电网设备金属检测实用技术》
编委会

主　编　骆国防

副主编　胡新芳　王朝华　王　军

参　编　谢　亿　史佩钢　　虞　飞　荆　迪　黄伟栋

　　　　　　周永奇　罗宏建　　乔亚霞　荆象阳　张武能

　　　　　　刘　爽　欧阳克俭　王志惠　刘建军　林德源

　　　　　　乔汉文　郝文魁　　张诗尧　章学兵　刘维可

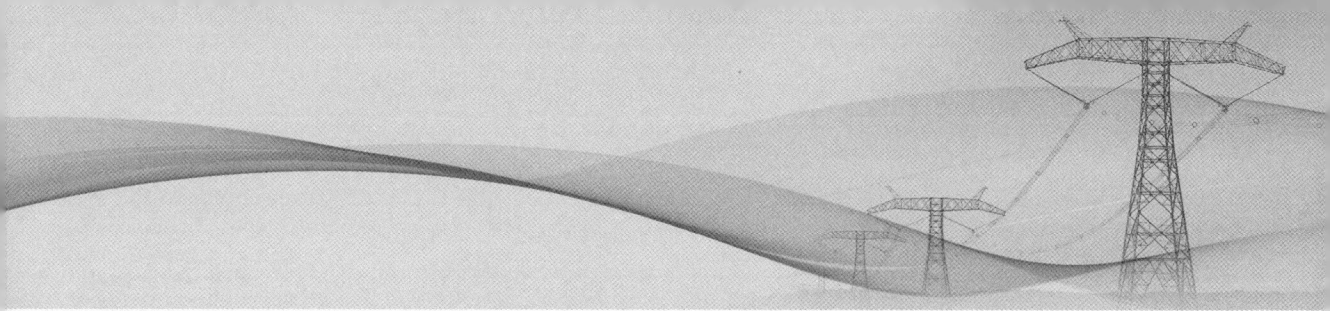

前　言

我国电力行业的金属技术监督工作始于 20 世纪 50 年代末，经过几十年发展，尤其是最近几年国家电网公司从整个公司层面开展金属技术监督工作以来，检测、发现和解决了相当部分金属材料当中出现的问题，有力地推动了金属材料专业向前发展，同时也对金属检测技术及从业人员能力提出了更高、更全的要求，鉴于此，我们组织了国网内金属材料方面的专家，结合自身多年来的现场工作经验及检测技术的最新发展、利用情况，编写了此书。

本书内容主要包括电网设备各种金属检测实用技术的基本知识及原理、检测设备和器材、检测工艺、典型案例等，共 15 章，全面而系统地介绍了理化检测技术、无损检测技术、腐蚀检测技术。通过本书学习，从业人员在掌握相关理论知识的同时，还能实际操作和灵活应用。

本书由国网上海市电力公司电力科学研究院高级工程师骆国防担任主编并负责全书的统稿、审核，国网山东省电力公司电力科学研究院高级工程师胡新芳、国网河南省电力公司电力科学研究院高级工程师王朝华、国网湖南省电力有限公司电力科学研究院高级工程师王军共同担任副主编。国网上海市电力公司电力科学研究院骆国防、上海电力股份有限公司史佩钢参与第 1 章编写；国网山东省电力公司电力科学研究院胡新芳、荆象阳及刘爽、上海上电电力工程有限公司周永奇参与第一篇理化检测编写；国网上海市电力公司电力科学研究院骆国防、国网河南省电力公司电力科学研究院王朝华及张武能、国网浙江省电力有限公司电力科学研究院罗宏建、上海东方无损检测技术有限公司虞飞参与第二篇无损检测编写；国网湖南省电力有限公司电力科学研究院王军、谢亿、欧阳克俭及上海漕泾热电有限责任公司荆迪、黄伟栋参与第三篇腐蚀检测编写。

本书在撰写过程中得到上海冠域检测科技有限公司韩向文、朗铎科技有限公司李勇、上海察微电子技术有限公司王辉的大力支持，在此对他们表示感谢。本书在编写过程中参考了大量文献及相关标准，在此对其作者表示衷心感谢，同时也感谢中国电力出版社和编者所在单位给予的大力支持。

限于时间和作者水平，书中不足之处，敬请各位同行和读者批评指正。

编　者
2019 年 8 月

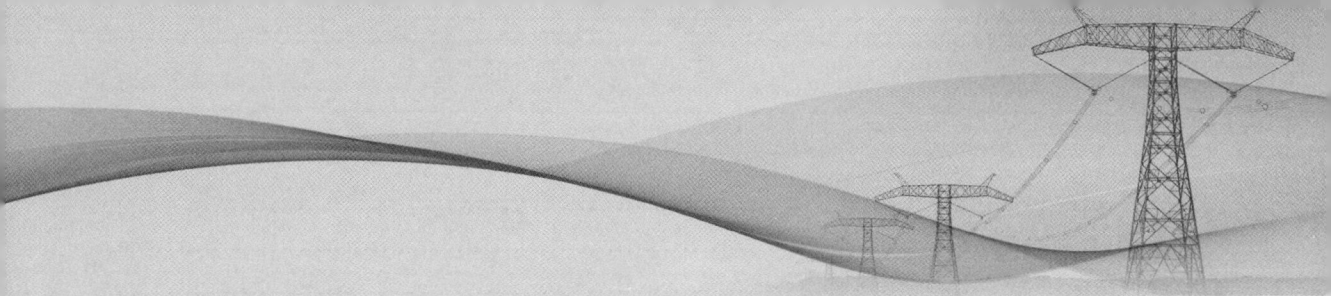

目　　录

前言

第1章 电网设备金属技术监督概述 ·· 1

1.1 电网设备金属技术监督发展历程 ·· 1

1.2 电网设备金属检测实用技术介绍 ·· 2

第一篇　理　化　检　测

第2章 光谱检测 ·· 7

2.1 基本知识 ··· 7

2.2 光谱检测设备和器材 ·· 10

2.3 光谱检测工艺 ··· 20

2.4 典型案例 ··· 25

第3章 金相检测 ·· 27

3.1 基本知识 ··· 27

3.2 金相检测设备和器材 ·· 31

3.3 金相检测工艺 ··· 34

3.4 典型案例 ··· 44

第4章 力学性能检测 ·· 48

4.1 基本知识 ··· 48

4.2 力学性能检测设备和器材 ··· 51

4.3 力学性能检测工艺 ·· 54

4.4 典型案例 ··· 77

第5章 硬度检测 ·· 82

5.1 基本知识 ··· 82

5.2 硬度检测设备和器材 ·· 93

5.3 硬度检测工艺 ··· 94

5.4 典型案例 ··· 99

第二篇　无　损　检　测

第6章 射线检测 ·· 105

6.1 基本知识 ··· 105

6.2 射线检测设备和器材 ·· 110

　　6.3　射线检测工艺 ·· 114

　　6.4　典型案例 ·· 116

第7章　超声检测 ·· 122

　　7.1　基本知识 ·· 122

　　7.2　超声检测设备和器材 ·· 130

　　7.3　超声检测工艺 ·· 133

　　7.4　典型案例 ·· 142

第8章　磁粉检测 ·· 152

　　8.1　基本知识 ·· 152

　　8.2　磁粉检测设备和器材 ·· 159

　　8.3　磁粉检测工艺 ·· 161

　　8.4　典型案例 ·· 163

第9章　渗透检测 ·· 167

　　9.1　基本知识 ·· 167

　　9.2　渗透检测设备和器材 ·· 170

　　9.3　渗透检测工艺 ·· 173

　　9.4　典型案例 ·· 175

第10章　涡流检测 ·· 179

　　10.1　基本知识 ··· 179

　　10.2　涡流检测设备和器材 ··· 184

　　10.3　涡流检测工艺 ··· 187

　　10.4　典型案例 ··· 190

第11章　厚度测量 ·· 194

　　11.1　超声法测厚 ·· 194

　　11.2　X射线荧光法测厚 ··· 200

　　11.3　涡流法测厚 ·· 206

　　11.4　磁性法测厚 ·· 210

第三篇　腐　蚀　检　测

第12章　盐雾试验 ·· 217

　　12.1　中性盐雾试验 ··· 217

　　12.2　乙酸盐雾试验 ··· 222

　　12.3　铜加速的乙酸盐雾试验 ··· 223

　　12.4　其他标准试验方法 ·· 225

　　12.5　典型案例 ··· 225

第13章　晶间（剥层）腐蚀试验 ··· 229

　　13.1　浸化学浸泡方法 ··· 229

　　13.2　电化学试验方法 ··· 232

　　13.3　其他检验与评定方法 ·· 234

13.4　典型案例 ·· 235

第 14 章　应力腐蚀试验 ·· 242

14.1　SCC 试样 ·· 242

14.2　SCC 试验的加载方式 ··· 244

14.3　SCC 试验环境 ··· 246

14.4　试验与评定 ·· 247

14.5　典型案例 ·· 248

第 15 章　涂层性能检测 ·· 254

15.1　涂层基本性能检测技术 ··· 254

15.2　涂层应用性能检测技术 ··· 257

15.3　典型案例 ·· 261

参考文献 ·· 268

第1章
电网设备金属技术监督概述

1.1 电网设备金属技术监督发展历程

20世纪50年代末，随着高温、高压火电机组的投运及发展，在原有水、汽、油品质的化学监督及计量基础上，增加了金属监督。1963年，为了扭转之前的技术管理混乱及对设备的监督、检查不力，原水利电力部明确把电力设备技术监督作为电力生产技术管理的一项具体管理内容，其主要内容包括当时被称为"四项监督"的化学监督、绝缘监督、仪表监督、金属监督，其中金属监督在当时主要是针对发电机组高温高压管道与部件的金属检查。

随着电力事业的不断发展和技术水平的日益提高，其监督的范围、内容和工作要求越来越多、越来越高。国家电网公司成立后，又将监督范围扩大为电能质量、金属、化学、绝缘、热工、电测、环保、继电保护、节能等九个方面，并要求实行从工程设计、设备选型、监造、安装、调试、试生产及运行、检修、停（备）用、技术改造等电力建设与电力生产全过程的技术监督。

2005年10月，国家电网生〔2005〕第682号《国家电网公司专业技术监督规定（试行）》对金属技术监督中电网设备的范围进行了规定，为电网设备的金属监督开展奠定了基础。2012年11月，国家电网公司发布《国家电网公司技术监督管理规定》重新明确了电网设备技术监督含义和专业组成，其中进一步规定了电网设备的监督范围。

随着电力系统技术发展和国家电网公司企业职能的转变，2017年5月25日，国家电网公司颁布了《国家电网公司技术监督管理规定》［国网（运检/2）106—2017］，2017版的技术监督内容包括电能质量、电气设备性能、化学、电测、金属、热工、继电保护及安全自动装置、自动化、信息通信、节能、环境保护、水机、水工、土建等14个专业，其中金属技术监督的内容包括：对电气设备的金属线材、金属部件、电瓷部件、压力容器和承压管道及部件、蒸汽管道、高速转动部件的材质、组织和性能变化分析、安全和寿命评估；焊接材料、胶接材料、焊缝、胶接面的质量，部件、焊缝、胶接面和材料的无损检验。

2018年9月，国家电网公司组织系统内金属（材料）专家对2005版《国家电网公司金属技术监督规定》（试行）进行了修订，修订完成的2018版《国家电网有限公司电网设备金属（材料）技术监督规定》从监督范围、检测方法等多方面对金属（材料）技术监督做了更明确而具体的详细规定。

国家电网公司除了从管理角度不断对金属技术监督进行完善和发展外，也一直在从技术标准层面来对金属技术监督进行规范和界定。2015年3月，国家能源局发布了《电网金属技术监督规程》（DL/T 1424—2015），2018年4月，国家电网公司发布了《电网设备金属技术监督导则》（Q/GDW 11717—2018），这两个标准从不同的角度同时对电网设备金属技术监督的范围、项目、内容及相应的要求都做了具体而翔实的规定。

由此可见，不管从公司管理角度还是技术标准的发展角度来看，电网设备金属技术监督来源于电气设备的金属监督，特指以输变电设备部件的材质性能作为主要监督对象的技术监督，通过对输变电设备及部件的检测和评价，确保设备及部件的材质性能、结构强度、防腐蚀性能满足规范要求，防止其在运行中发生过热、腐蚀、形变、断裂等现象引发设备事故，提高设备运行的可靠性，延长使用寿命，其监督对象不包括电气设备中的电源侧设备。但在电源侧设备的金属检测中，相关检测技术及方法是通用的，可以相互借鉴和利用。

1.2　电网设备金属检测实用技术介绍

对电网设备开展金属监督检测是电网金属技术监督最基础、最关键的前提条件，只有通过金属监督检测并且了解设备状况，才能有针对性地开展设备的日常监督、维护及为后续相关工作、工艺等提出改进措施。目前，在电网设备金属监督中，最常见和最实用的金属检测技术主要分为三大类：（一）理化检测技术；（二）无损检测技术；（三）腐蚀检测技术。其中，理化检测技术包括光谱检测、金相检测、力学性能检测、硬度检测；无损检测技术包括射线检测、超声检测、磁粉检测、渗透检测、涡流检测、厚度测量；腐蚀检测技术包括盐雾试验、晶间（剥层）腐蚀试验、应力腐蚀试验、涂层性能检测等。

1. 光谱检测

光谱分析是指由物质原子吸收了外来能量（电弧、X 射线等）后外层（或内层）电子发生能级跃迁而产生特征谱线，通过测量其强度进行定量分析的方法。光谱分析是金属材料材质检测的重要分析手段，确保符合设计要求，以保证零部件的耐腐蚀性能、高温性能、导电性等能够满足服役工况要求。

2. 金相检测

金相检测是应用金相学方法检测金属或合金的化学成分以及各种成分在合金内部的物理状态和化学状态，是研究金属材料结晶规律与机械性能的重要手段。通过建立合金成分、组织和性能间的定量关系，与材料的机械性能建立内在联系，为科学地评价、合理地使用合金材料提供可靠的依据，是评定金属材料冷热加工工艺、焊接质量和失效分析的重要手段之一。

3. 力学性能检测

力学性能是指金属材料在外力（载荷）作用下所表现出的抵抗变形和破坏的能力，是金属材料的重要指标，是零部件设计和选材的重要依据，金属材料的力学性能包括强度、塑性、硬度、冲击韧性和疲劳强度等，常见力学性能试验有拉伸试验、冲击试验、弯曲试验、扭转试验、硬度试验及疲劳试验等。

4. 硬度检测

硬度是指材料抵抗外物压入所引起塑性变形的抗力大小。硬度测试能反映出材料在化学成分、组织结构和处理工艺上的差异，是检测材料性能的重要指标之一，在零部件尺寸较小不能满足拉伸试验要求时，可通过硬度值的大小来衡量材料的力学性能，常被作为监督手段应用于各行各业。

5. 射线检测

射线检测是利用射线穿透材料或工件时的强度衰减，来检测其内部结构不连续性的技术。最常见、最简单射线检测分类方法分为常规射线检测和数字射线检测两大类。常规射线检测即胶片射线检测（RT）；数字射线检测包括直接数字化射线检测、间接数字化射线检测、后数字化射线检测，其中我们电网设备常用的数字射线检测有直接数字化射线检测中的平板探测器实时成像检测（DR）、间接数字化射线检测中的计算机射线成像检测（CR），以及属于特殊的直接数字化射线检测技术的射线层析检测（CT）。

6. 超声检测

超声检测（Ultrasonic Testing，UT），一般是指使超声波与工件相互作用，依据超声波的反射、透射和散射情况对工件进行宏观缺陷检测、几何特性测量、材料组织和力学性能变化检测，从而对工件的应用性进行评价的无损检测技术。超声检测分类方法有很多种，其中电网设备检测常用的有按显示方法分的 A 显示的常规 A 超检测和超声成像显示的相控阵检测，以及按原理分的衍射时差法（TOFD）检测、按波型分的超声导波检测等。

7. 磁粉检测

磁粉检测（Magnetic Particle Testing，MT），是利用缺陷处漏磁场与磁粉相互作用的原理，检测铁磁性材料表面和近表面缺陷的一种无损检测方法，又称磁粉检验或磁粉探伤。仅适用于铁磁性材料的检测。

8. 渗透检测

渗透检测（Penetrant Testing，PT），又称渗透探伤，是利用毛细作用原理检查表面开口缺陷的一种无损检测方法。渗透检测只能检出表面开口缺陷。

9. 涡流检测

涡流检测（Eddy Current Testing，ET），是以电磁感应原理为基础，利用交变磁场在导电材料中所感应涡流的电磁效应来评价被检工件的一种无损检测方法。适用于导电性金属材料表面及近表面的缺陷检测。

10. 厚度测量

厚度测量，即常说的测厚，是指利用不同原理制造的仪器来测量物体厚度的一种试验方法。在电网设备金属检测中，常用的测厚方法有超声法测厚、X 射线荧光法测厚、涡流法测厚、磁性法测厚等四大类。

（1）超声法测厚。超声法测厚是指超声波在工件上下表面之间往复反射，反射波被探头接收，转变为电信号经放大后输入计算电路，由计算电路测出超声波在工件上下表面往返一次所需时间，再换算成工件厚度从而显示出来。

（2）X 射线荧光法测厚。X 射线荧光法测厚是指基于 X 射线与基体和覆盖层的相互作用，覆盖层特征辐射强度会随其厚度变化而变化的原理来进行测厚的方法。

（3）涡流法测厚。涡流法测厚是指利用探针使导电基体表面一定深度内产生瞬间振荡电流回路，通过涡流电流大小来测定覆层厚度的测量方法。采用电涡流原理的测厚仪，原则上适用于所有导电基体上的非导电体覆层厚度测量。涡流原理测厚仪可应用于测量铝及铝合金表面的涂层以及阳极氧化膜的厚度。

（4）磁性法测厚。磁性法测厚是指利用从测头经过非铁磁覆层而流入铁磁基体的磁通的大小，来测定覆层厚度的测量方法。利用磁感应原理的测厚仪，原则上适用于所有磁性基体上的非导磁覆层厚度测量。磁性原理测厚仪可应用于精确测量钢铁表面的涂层、热镀锌层以及锌、镍、铬在内的各种有色金属电镀层厚度。

11. 盐雾试验

盐雾试验，是指在特定介质条件下检验金属材料晶间腐蚀敏感性的加速金属腐蚀试验方法，目的是了解材料的化学成分、热处理和加工工艺是否合理。

12. 晶间（剥层）腐蚀试验

晶间（剥层）腐蚀试验，是指在特定介质条件下检验金属材料晶间腐蚀敏感性的加速金属腐蚀试验方法，目的是了解材料的化学成分、热处理和加工工艺是否合理。

13. 应力腐蚀（SCC）试验

应力腐蚀（SCC）试验，是指在特定介质和应力条件下检验金属材料应力腐蚀敏感性的加速金属腐蚀试验方法。

14. 涂层性能检测

涂层性能是涂料性能、涂装施工质量、涂装管理水平的综合反映。涂装施工的目的，是为了使涂层达到预期的涂层性能。涂层性能检测则是判定涂层是否达到预期性能的手段之一。

第一篇　理化检测

第2章
光 谱 检 测

2.1 基本知识

2.1.1 光谱检测有关术语及含义

1. 光谱

所谓光谱，就是复色光经色散系统分光后，按波长（或频率）的大小依次排列的图像。

随着光谱学深入研究的发现，光的本质是一种电磁辐射，光谱或波普是按照频率或波长顺序排列的电磁辐射，如图 2-1 所示。将各种电磁辐射按照波长或频率的大小顺序排列所成的图或表称为电磁波谱，电磁波谱波长范围及其跃迁类型见表 2-1。

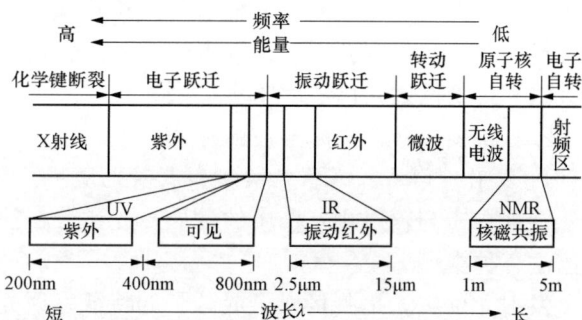

图 2-1　光波谱区及能量跃迁示意图

表 2-1　电磁波谱波长范围及其跃迁类型

波谱区名称	波长范围	跃迁能级类型
γ射线	$10^{-4} \sim 10^{-3}$nm	核能级
X射线	$10^{-3} \sim 10$nm	内层电子
远紫外区	$10 \sim 200$nm	价电子
近紫外区	$200 \sim 380$nm	价电子
可见区	$380 \sim 780$nm	价电子
近红外区	$0.78 \sim 2.5\mu$m	分子的转动和振动
中红外区	$2.5 \sim 50\mu$m	分子的转动和振动
远红外区	$50 \sim 1000\mu$m	分子的转动和振动
微波	$0.75 \sim 3.75$mm	分子的转动
电子自旋共振	30mm	磁场中电子的自旋
核磁共振	$0.6 \sim 10$m	磁场中核的自旋

2. 看谱镜

看谱镜，是指直接用眼睛观测谱线强度，用于定性或半定量分析的光谱分析仪器。有固定式和便携式两种，常用于金属与合金的分类、验证等。

3. 标准物质

标准物质，简称标样或标钢，其成分和性能为国家授予的权威性标准化机构所确认的一种参考物质。

2.1.2　光谱分析方法及其分类

2.1.2.1　光谱分析方法

每种原子都有其自己的特征谱线。只要某种元素在物质中的含量达到 10^{-10} g，就可以在光谱中发现它的特征谱线，因而能够检测出来。这种利用特征谱线研究物质结构和测定化学成分的方法，统称为光谱分析，即光谱分析是指应用光谱学的原理和实验方法分析物质的化学成分。

光谱分析方法是基于物质与辐射能作用时，测量由物质内部发生量子化的能级之间的跃迁而产生的发射、吸收或散射辐射的波长和强度，以此来鉴别物质及确定它的化学组成和相对含量的方法。根据获得光谱的方式，光谱分析方法可分为发射光谱法、荧光光谱法、吸收光谱法和拉曼散射光谱法等基本类型。

2.1.2.2　光谱分析方法的分类

1. 发射光谱法、吸收光谱法和散射光谱法

依据物质与辐射相互作用的性质，光谱分析法一般分为发射光谱法、吸收光谱法和散射光谱法三种类型。

发射光谱法，是测量原子或分子的特征发射光谱，研究物质的结构和测定其化学组成的分析方法。发射光谱法主要包括：原子发射光谱法、分子磷光光谱法、化学发光法等。由于荧光光谱法测量的也是原子或分子的特征发射光谱，因此，所有的荧光光谱，包括原子荧光光谱、分子荧光光谱和 X 射线荧光光谱等均属于发射光谱法。

吸收光谱法，是通过测量物质对辐射吸收的波长和强度进行分析的方法。吸收光谱法包括原子吸收光谱法、紫外 - 可见分光光度法、红外光谱法、电子自旋共振波谱法、核磁共振波谱法等。

散射光谱法用于物质分析的主要为拉曼光谱法。

2. 原子光谱法和分子光谱法

依据物质与辐射相互作用之时发生能级跃迁的粒子种类不同，光谱分析法可分为原子光谱法和分子光谱法。

原子光谱法，是由原子外层或内层电子能级的变化产生的，由于原子的电子能级是量子化的，因此，原子光谱一般为线光谱。属于这类分析方法的有原子发射光谱法、原子吸收光谱法、原子荧光光谱法以及 X 射线荧光光谱法。

分子光谱法，由分子中电子能级、振动和转动能级的变化产生，由于许多振动能级叠加在分子中基态电子能级上形成，而在振动能级上叠加了许多转动能级，而电子能级、振动和转动能级差越来越小，因此，分子中各种能量差的跃迁都有可能产生，分子光谱表现为一基本连续的带光谱。属于这类分析方法的有紫外 - 可见分光光度法、红外光谱法、分子荧光光谱法和分子磷光光谱法等。

光谱分析方法用上述两种分类方法如图 2-2 所示。

2.1.3　光谱分析的优点和局限性

光谱分析是基于物质发射的电磁辐射与物质的相互作用而建立起来的分析方法。因此，也有其优点和局限性。

优点：

（1）操作简便，分析速度较快。很多光谱分析方法无须对样品进行处理，可直接进行分析，并且可以同时对多种元素进行分析。

（2）不需纯标准样品即可实现定性分析。原子发射光谱、红外光谱等只需利用已知图谱，即可进行分析。

图 2-2　光谱分析方法的分类

（3）选择性好，可测定化学性质相近的元素和化合物。

（4）灵敏度高，可利用光谱法进行痕量分析。目前，大多数分析方法对常见的元素或化合物的相对灵敏度可达百万分之一，绝对灵敏度可达 10^{-8} g。

局限性：

光谱定量分析建立在相对比较的基础上，必须有一套标准试样作为基准来衡量，而且定量结果容易受到基体的影响，即要求标准样品的组成和结构状态应与被分析的样品基本一致，给实际应用带来一定的困难。

2.1.4　光谱定性与定量分析

2.1.4.1　光谱定性分析和半定量分析

光谱定性分析是判定试样中含有哪些元素或是否存在指定元素，并粗略分析其含量。电力设备金属构件合金成分定性分析常采用看谱法。

光谱半定量分析是介于定性分析和定量分析之间，用于检测试样中含有的元素种类以及各主要元素较为准确的含量。其测定准确度虽然比定量分析低，但分析速度快、成本低，可以在较短的时间内得出多种元素的分析结果。电力设备金属构件合金成分半定量分析常采用看谱法和直读光谱法。

2.1.4.2　光谱定量分析

光谱定量分析，根据样品中被检测元素的谱线强度，依据强度与待测分析物质含量确定的函数关系来确定该元素的含量，一般该物质含量越大，相应的光谱光的强度也越大。

在目前大多数光谱仪器中，通常是控制仪器在一定的条件下，通过建立特定光谱光的强度与待测分析物质浓度的线性关系，即通常所说的建立仪器校准工作曲线，随后测定未知样品对应的光谱光的强度，根据工作曲线计算出样品中待测分析物质浓度。

内标法的基本原理是在试样和各含量不同的一系列标准试样中，分别加入固定量的待测物质以外的纯物质，即内标物。同时测得此时标准试样中分析物和内标物对应的响应比对分析物浓度作图，得到相应的内标法曲线。最后，用测得的试样与内标物的响应比在校正曲线

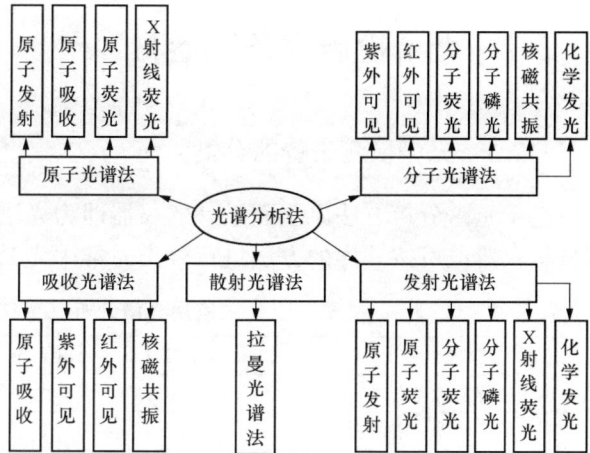

上获得对应于试样的浓度。

2.2　光谱检测设备和器材

2.2.1　光谱检测设备的分类

基于光谱分析方法原理而设计的仪器即为光谱分析仪器。参考光谱分析方法的分类，光谱分析仪器也可按同样的方法进行分类。常用光谱分析仪器及其主要用途见表 2-2。

表 2-2　　　　　　　　　　　　　常用光谱分析仪器及其主要用途

仪器名称	缩写	光谱所在波长区	主要用途
原子发射光谱仪	AES	紫外—可见	元素分析
原子荧光光谱仪	AFS	紫外—可见	元素分析
X 射线荧光光谱仪	XRF	X 射线	元素分析
分子荧光光度计	MFS	紫外—可见	痕量有机化合物等分析
原子吸收光谱仪	AAS	紫外—可见	元素分析
紫外 - 可见分光光度计	UV - VIS	紫外—可见	无机、有机化合物鉴定和定量测定
红外光谱仪	IR	红外	有机化合物结构分析
X 射线吸收光谱仪	XRA	X 射线	晶体结构测定
拉曼光谱仪	RS	红外或紫外—可见	物质的鉴定、分子结构研究
电感耦合等离子体质谱仪	ICP - MS	—	元素分析，同位素分析

2.2.2　光谱分析仪器的结构和组成

光谱分析仪器一般包括五个基本单元：光源、单色器、样品容器、检测器和数据处理系统。发射光谱仪、吸收光谱仪和荧光光谱仪结构示意图如图 2-3 所示。

不同的光谱分析仪器装置的特点如下：

发射光谱仪，一般光源与样品容器并为一个整体，样品在样品容器中由光源提供足够能量而发光，发射光经单色器分光后检测。

吸收光谱仪，则由光源发射的光直接（如光源为连续光，则可能需要经过分光后）通过样品容器，被样品原子或分子吸收，再射入单色器中进行分光后，被检测器接收，即可测得其吸收信号。

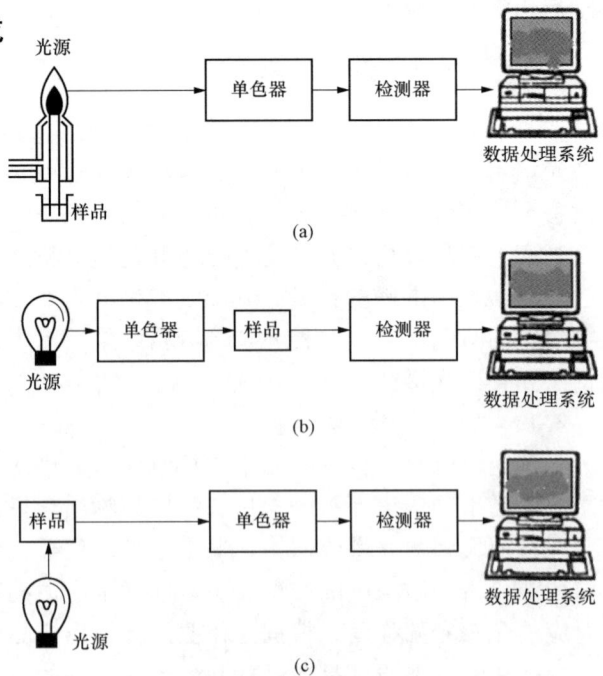

图 2-3　发射光谱仪、吸收光谱仪和荧光光谱仪结构示意图
（a）发射光谱仪；（b）吸收光谱仪；（c）荧光和散射光谱仪

荧光光谱仪，其结构与吸收光谱仪基本一致，所不同的是，光源发出的光，经过第一单色器（激发光单色器）后，得到所需的激发光，不是在一条直线上通过样品容器，而是将荧光的测量放在与激发光成一定角度（一般选直角）的方向进行，第二单色器为荧光单色器，主要是消除溶液中可能共存的其他光线（入射光和散射光）的干扰，以获得所需的荧光，荧光作用于检测器上，得到相应的电信号。

1. 光源

光谱分析中，光源是提供足够的能量使试样蒸发、原子化、激发，产生光谱。光源必须具有足够的输出功率和稳定性。光源为连续光源、线光源、激光光源。一般连续光源主要用于分子吸收光谱法；线光源、激光光源用于荧光、原子吸收和 Raman 光谱法。光谱分析常见的光源及其应用见表 2-3。

表 2-3　　　　　　　　　　　　光谱分析常见的光源及其应用

光源名称	光源种类	辐射波长范围	应用仪器
氢灯或氘灯	紫外连续光源	160～375mm	紫外分光光度计
钨丝灯	可见连续光源	320～2500mm	可见分光光度计
能斯特灯、硅碳棒	红外连续光源	350～20000mm	红外光谱仪
金属汞蒸气灯	金属汞气线光源	254～734mm	紫外可见分光光度计、冷原子吸收汞分析仪
空心阴极灯	元素线光源	提供元素的特征光谱	原子吸收光谱仪
激光	强度高，方向性和单色性好，线光源	不同激光器产生激光波长范围不同	Raman 光谱仪、荧光光谱仪、发射光谱仪、Fourier 变换红外光谱仪等

2. 单色器

单色器的主要作用是将复合光分解成单色光或有一定宽度的谱带。单色器由入射狭缝和出射狭缝、准直镜以及色散元件（如棱镜或光栅等）组成。

3. 样品容器

不同的光谱仪中，样品容器的结构差异较大，在反射光谱仪中甚至没有专门的样品容器，在吸收光谱中，样品容器也称为吸收池。吸收池一般由光透明的材料制成。在紫外光区，采用石英材料；可见光区，则用硅酸盐玻璃；红外光区，则可根据不同的波长范围选用不同材料的晶体制成吸收池的窗口。

4. 检测器

检测器是将一种类型的信号转变成另一种类型的信号的器件，如在分光光度计中的光电管，是将光能转变成电能的元件。

检测器可分为两类，一类为对光子有响应的光检测器；另一类为对热产生响应的热检测器。光检测器有硒光电池、光电管、光电倍增管、半导体等。热检测器是吸收辐射并根据吸收引起的热效应来测量入射辐射的强度，包括真空热电偶、热释电检测器等。

5. 数据处理系统

数据处理系统主要由计算机、数据通信部件和仪器控制及数据处理软件组成。处理的目的是将检测器检测到的信号转变成一种可以被人读出的信号，如可用检流计、微安计数字显示器、计算机显示和记录结果。目前，光谱仪器大多数是通过专门的操作软件在计算机中进行数据处理，可进行仪器操作、定性定量分析、记录、保存等。

2.2.3 电网设备金属检测常用光谱仪

目前，适合电网设备金属检测的光谱仪主要有便携式光谱仪、台式或立式直读光谱仪两大类。

1. 便携式光谱仪

便携式光谱仪常见的有：手持式合金分析仪、便携式火花直读光谱仪等。便携式光谱仪由于体积小、重量轻，携带方便，因此常常用于现场对电网设备部件进行定性和半定量分析。

2. 台式或立式直读光谱仪

台式或立式直读光谱仪常见的有：光电直读光谱仪（光电倍增管）和全谱直读光谱仪（CCD）。由于台式或立式直读光谱仪体积和重量比便携式光谱仪大和重，一般都是在实验室对送检样品进行定量分析。

现场检测常用的便携式光谱仪基本都是手持式合金分析仪，其检测范围包括低合金结构钢、不锈钢、工具钢、铝及铝合金、铜及铜合金等纯金属或各类合金。目前，电网常用光谱仪是便携式（手持式）合金分析仪，又称为便携式 X 射线荧光光谱仪，如图 2-4 所示。

2.2.4 直读光谱仪

直读光谱仪又称光电直读光谱仪，如图 2-5 所示，称其为直读的原因是相对于摄谱仪和早期的发射光谱仪而言，由光电检测器（如光电倍增管）代替了眼睛和感光板。直读光谱仪广泛应用于铸造、钢铁、金属回收和冶炼、军工、航天航空、电力、化工、高等院校、质检等材料分析单位。

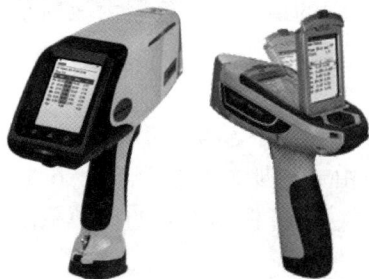

图 2-4 便携式 X 射线荧光光谱仪 　　　　　图 2-5 直读光谱仪示意图

目前商品化的仪器主要是固定多道式光电直读光谱仪，一般采用高刻线的光栅或中阶梯光栅与棱镜交叉色散两种方法来提高仪器的色散率及分辨率。进入 21 世纪以来仪器的数字控制技术已取代模拟控制技术，固体检测器（如 CCD、CID）取代 PMT 的趋势也越来越明显，使仪器向小型化、精密化发展。

2.2.4.1 直读光谱仪的分类

直读光谱仪按照不同系统的不同特征可以有多种分类方法，常见的有以下几种分类方法：

按样品的激发方式，有电火花、电弧和辉光放电三种类型，应用较为广泛的是电火花光源的仪器；

按检测器的种类，有光电倍增管（PMT）和固体检测器；

按使用波长的范围不同，有真空型和非真空型直读光谱仪；

按仪器结构不同，有同时型多道直读光谱仪和扫描型单道直读光谱仪；

按仪器的大小，有固定式和便携式等。

2.2.4.2　直读光谱仪的优点和局限性

优点：

（1）自动化程度高、选择性好、操作简单、分析速度快，可同时进行多元素定量分析。从预燃样品到得到最终的分析结果仅需 20～30s，速度非常快。样品中所有分析元素（几个甚至十几个）可以一次同时分析出来。

（2）元素测试范围宽。可以采用同一分析条件对样品中含量相差悬殊的元素从高含量到痕量同时进行测定。

（3）分析精度高，能有效控制产品的化学成分，可将昂贵的合金成分控制到产品规格的中下限，以节省相应合金的消耗。

（4）检测限低。直读光谱法的灵敏度与光源性质、仪器状态、试样组成及元素性质等均有关。一般对固体金属、合金采用火花源时，检出限可达 $0.1～10\mu g/g$，对 C、S、P 等非金属元素也具有较好的检出限。

（5）在某些条件下，可测定元素存在方式，如测定钢铁中酸溶铝、酸不溶铝等。

（6）测量范围广，几乎可以检测所有金属材料，检测的基体有铁基、铝基、铜基、镍基、钴基、钛基、镁基、锌基、铅基。

局限性：

（1）一般需要与基体成分基本相同的标准样品进行匹配，所以对标准样品的需求量很大，使得直读光谱仪的应用受到一定的限制；

（2）仅能分析金属表面 1mm 以内的样品，适合分析成分均匀的样品；

（3）对实验环境要求较高，理想实验室应恒温、恒湿、防尘、防震；

（4）不是仲裁分析方法，当对检测结果有异议时，需用其他检测方法。

2.2.4.3　直读光谱仪的工作原理

1. 直读光谱的产生

直读光谱仪器是原子发射光谱仪器的一种，因此它的光谱产生原理与其他原子发射光谱没有本质的区别，都是试样中气态原子（或离子）的外层电子受激发后跃迁到较高的能级，由于外层电子处于较高能级的原子（或离子）是不稳定的，在受激发原子（或离子）跃迁回基态或较低能级时把能量以光辐射的形式发射出来，产生特征的原子光谱。

2. 光谱定性、半定量分析

直读光谱仪中主要根据样品中受激发后发射的特征谱线来确定元素的存在，因而正确辨认元素谱线是发射光谱定性分析的关键。在进行光谱定性分析时，并不需要找出元素的所有谱线，一般只需找出一根或几根灵敏线即可。

光谱半定量分析方法介于定性分析和定量分析之间，可以给出含量近似值。半定量分析是以谱线数目或谱线强度为依据的，常用的光谱半定量分析方法有谱线比较法、谱线呈现法、均称线对法和加权因子法等。

3. 光谱定量分析

光谱定量分析就是根据样品中被测元素谱线强度来准确确定该元素的含量。

元素的谱线强度与元素含量的关系是光谱定量分析的依据，可用赛伯－罗马金经验公式即式（2-1）计算：

$$I = Acb \tag{2-1}$$

式中　I——谱线强度；

　　　A——发射系数；

　　　c——元素含量；

　　　b——自吸系数。

2.2.4.4　直读光谱仪的结构及工作原理

直读光谱仪主要结构包括：激发系统、色散系统、检测系统和计算机控制与软件系统。

1. 激发系统

激发系统的作用是给分析试样提供蒸发、原子化或激发的能量。不同的激发光源对不同样品和不同元素具有不同的蒸发行为和激发能量，因此要根据不同的分析对象，选择与之相应的激发光源。直读光谱常见的激发光源有电弧光源、电火花光源、辉光放电光源等。

电火花放电是通过在两电极间施加高电压而产生间歇性的周期振荡放电。其中一个电极是待测样品，另一个电极一般为钨棒（或银棒）。电火花激发光源结构示意图如图2-6所示。

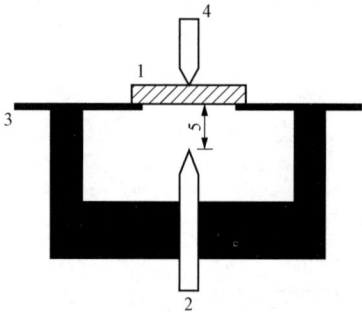

图2-6　电火花激发光源结构示意图
1—导电样品电极；2—钨（或银）电极；
3—样品台；4—电源联结体；5—分析间隙

火花放电是一种电极间不连续的气体放电，是一种电容放电，它是一个包含有电感 L、电阻 R 和放电间隙线路上的电容器 C 放电所产生，即存在 RLC 线路，其放电能量 W 见式（2-2）：

$$W = \frac{1}{2}CV^2 \tag{2-2}$$

式中　C——电容器的容量；

　　　V——电容器充电所达到电压。

典型的电火花持续时间在几微秒数量级。电极间的空间为分析间隙，一般为 3～6mm。由于紫外辐射能透过氩气，并且氩气不与电极发生反应，所以通常用氩气替代空气充满火花电极台，每放电一次，样品就产生一个新斑点。

2. 色散系统

色散系统把不同波长的复合光进行色散变成单色光。目前直读光谱仪采用光栅作为色散系统。

3. 检测系统

检测系统的核心部件是检测器，常见的检测器为光电倍增管（PMT）。光电倍增管是一种真空光电器件，它的工作原理是建立在光电效应、二次电子发射和电子光学的理论上的，工作过程为：光子入射到光电阴极上产生光电子，光电子通过电子光学输入系统进入倍增系统，电子得到倍增（增益可达 10^6～10^7），最后阳极把电子收集起来形成阳极电流或电压。

2.2.4.5 直读光谱仪检定方法

直读光谱仪的检定按照《发射光谱仪检定规程》（JJG 768—2005）中进行，首次检定需检定外观、绝缘电阻、波长示值误差及重复性、检测限、重复性和稳定性；后续检定需检定外观、波长示值误差及重复性、检出限、重复性和稳定性；使用中检验检出限、重复性和稳定性，直读光谱仪的主要检定项目及具体的性能要求见表 2-4。

表 2-4　　　　　　　　　　　　直读光谱仪的主要检定项目及计量性能要求

级别	A 级	B 级
波长示值误差及重复性	各元素谱线出射狭缝的不一致性不大于 $\pm 10\mu m$ 示值误差 $\pm 10\mu m$ 重复性 $\leqslant 0.02mm$	
检出限/%	$C\leqslant 0.005$, $Mn\leqslant 0.003$, $Ni\leqslant 0.005$, $Si\leqslant 0.005$, $Cr\leqslant 0.003$, $V\leqslant 0.001$	$C\leqslant 0.02$, $Mn\leqslant 0.02$, $Ni\leqslant 0.02$, $Si\leqslant 0.02$, $Cr\leqslant 0.01$, $V\leqslant 0.01$
重复性/%	C, Si, Mn, Cr, Ni, Mo （含量为 0.1%～2.0%）$\leqslant 2.0$	C, Si, Mn, Cr, Ni, Mo （含量为 0.1%～2.0%）$\leqslant 5.0$
稳定性/%	C, Si, Mn, Cr, Ni, Mo （含量为 0.1%～2.0%）$\leqslant 2.0$	C, Si, Mn, Cr, Ni, Mo （含量为 0.1%～2.0%）$\leqslant 5.0$

检定需要使用的标准物质有：低合金钢光谱分析标准物质或碳钢、碳素工具钢光谱分析标准物质；铝合金光谱分析标准物质或铜基、铅基等光谱分析标准物质；纯铁光谱分析标准物质。

1. 检出限的检定

在仪器正常工作条件下，连续 10 次激发纯铁（空白）光谱分析标准物质，以 10 次空白值标准偏差 3 倍对应的含量为检出限。计算公式见式（2-3）、式（2-4）：

$$S = \sqrt{\frac{\sum_{i=1}^{n}(x_i - \overline{x})^2}{n-1}} \qquad (2-3)$$

式中　S——标准偏差；

　　　x_i——单次测量值；

　　　$\overline{x}$——测量平均值；

　　　n——测量次数，$n=10$。

$$D_L = \frac{3S}{b} \qquad (2-4)$$

式中　D_L——元素检出限，%；

　　　S——标准偏差；

　　　b——工作曲线斜率。

2. 重复性的检定

在仪器正常工作条件下，连续激发 10 次测量某个低合金钢光谱分析标准物质中代表元素的含量，计算 10 次测量值的相对标准偏差（RSD）为重复性。计算公式见式（2-5）：

$$RSD = \frac{1}{\overline{x}} \sqrt{\frac{\sum\limits_{i=1}^{n}(x_i - \overline{x})^2}{n-1}} \times 100\% \tag{2-5}$$

式中　RSD——相对标准偏差；

　　　　x_i——单次测量值；

　　　　$\overline{x}$——测量平均值；

　　　　n——测量次数，$n=10$。

3. 稳定性的检定

仪器开机稳定后，激发某个低合金钢光谱分析标准物质，对代表性元素进行测量。在不少于 2h 内，间隔 15min 以上，重复 6 次测量。计算 6 次测量值的相对标准偏差（RSD）为稳定性。计算公式同式（2-3），其中 $n=6$。

4. 检定说明

若仪器只做铝合金、铜合金、铅合金等，可采用相应光谱分析标准物质并参照相关技术指标和检定方法进行检定。

5. 检定周期

检定周期一般不超过 2 年。在此期间，当仪器搬动或维修后，应按首次检定要求重新检定。

2.2.5　X 射线荧光光谱仪

X 射线荧光光谱仪是基于 X 射线荧光光谱法而进行分析的一种常用的光谱分析仪器。

2.2.5.1　X 射线荧光光谱仪的工作原理

X 射线荧光光谱法（X-ray fluorescence analysis，XRFA）是一种无损的成分分析方法。它是由 X 射线管发出的一次 X 射线激发样品，使样品所含元素辐射特征荧光 X 射线，也就是二次 X 射线。特征荧光 X 射线产生示意图如图 2-7 所示。当一束高能粒子与原子相互作用时，如果其能量大于或等于原子某一轨道电子的结合能，则会将该轨道电子逐出，对应形成一个空穴，使原子处于激发状态。K 层电子被击出称为 K 激发态，同样 L 层电子被击出称为 L 激发态。此后在很短时间内，由于激发态不稳定，外层电子向空穴跃迁使原子恢复到平衡态，以降低原子能级。当空穴产生在 K 层时，不同外层（L、M、N…）的电子向空穴跃迁时放出的能量各不相同，产生的一系列辐射统称

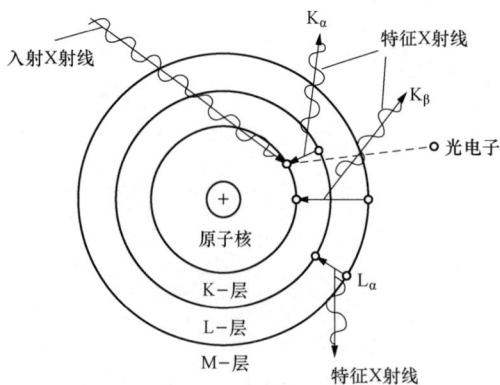

图 2-7　特征 X 射线产生示意图

为 K 系辐射。同样，当空穴产生在 L 层时，所产生一系列辐射则统称为 L 系辐射。当较外层的电子跃迁（符合量子力学理论）至内层空穴所释放的能量以辐射的形式放出，便产生了二次 X 射线。二次 X 射线的能量与入射的能量无关，它只等于原子两能级之间的能量差。由于能量差完全由该元素原子的壳层电子能级决定，故称为该元素的特征 X 射线，也称荧光 X 射线或 X 荧光。再根据特征 X 射线的波长和强度对被测样品中的元素进行分析。

2.2.5.2 X 射线荧光光谱检测的定性原理

每种元素原子的电子能级是特征的，它受到激发时产生的特征 X 射线也是特征的。当高能粒子与原子发生碰撞时，如能量足够大，可将该原子的某一个内层电子驱逐出来而出现一个空穴，使整个原子体系处于不稳定激发态，激发态原子寿命约为 $10^{-14} \sim 10^{-12}$ s，在极短时间内，外层电子向空穴跃迁，同时释放能量，因此，特征 X 射线的能量或波长是特征性的，与元素有一一对应的关系。

K 层电子被逐出后，其空穴可以被外层中任意一电子所填充，从而可产生一系列的谱线，称为 K 系谱线。其中由 L 层跃迁到 K 层辐射的 X 射线叫 K_α 射线，由 M 层跃迁到 K 层辐射的 X 射线叫 K_β 射线。同理，L 层电子被逐出可以产生 L 系辐射。

1913 年，莫斯莱（H. G. Moseley）发现，特征 X 射线的波长 λ 与元素的原子序数 Z 有关，其数学关系为 $\lambda = K(Z-S)^{-2}$，这就是莫斯莱定律，式中 K 和 S 是常数，因此，只要测出特征 X 射线的波长，就可以知道元素的种类，这就是 X 射线光谱检测定性分析的基础。

2.2.5.3 X 射线荧光光谱检测的定量原理

X 射线荧光的强度与相应元素的含量有一定关系，据此，可以进行元素定量分析。受样品的基体效应等影响较大，因此，对标准样品要求很严格，只有标准样品与实际样品基体和表面状态相似，才能保证定量结果的准确性。

2.2.5.4 X 射线荧光光谱检测方法的优点和局限性

优点：

（1）是一种无损检测方法，不污染环境且低耗。被测样品在测量前后，其化学成分、重量、形态等都保持不变，适合在现场或在线分析，能实时获取多种数据。

（2）分析速度快。由于一般无须进行样品预处理，甚至无须样品的制备，X 射线荧光光谱仪可以对大量的样品进行快速预筛选分析。一般情况下，检测一个样品需 3min 左右。

（3）应用范围广。可同时测定样品中多种元素，元素可检测含量范围从 $10^{-6} \sim 1$，广泛用于地质、冶金、材料、石油、医疗、考古等诸多领域，能量色散 X 射线荧光光谱仪已成为一种强有力的定性和半定量分析测试技术。能量色散型 X 射线荧光光谱仪（EDXRF）的发展，使 X 射线荧光分析方法更为有效，其应用领域更广泛。

局限性：

分析精度相对较差，一般约为 3%～5%。对相当一些元素的测定灵敏度还不能令人满意。

2.2.5.5 X 射线荧光光谱仪的类型和结构

X 射线荧光光谱仪有两种基本类型：波长色散型（WD）和能量色散型（ED）。

1. 波长色散型 X 射线荧光光谱仪

波长色散型 X 射线荧光光谱仪是由色散元件将不同能量的特征 X 射线衍射到不同的角度上，探测器需移动到相应的位置上来探测某一能量的射线，波长色散型 X 射线荧光光谱仪的结构示意图如图 2-8 所示。

波长色散型 X 射线荧光光谱仪的优点是能量分辨本领高，不破坏样品，分析速度快，适用于测定原子序数 4 以上的所有化学元素，分析精度高，样品制备简单。如图 2-9 所示为波长色散型 X 射线荧光光谱仪。

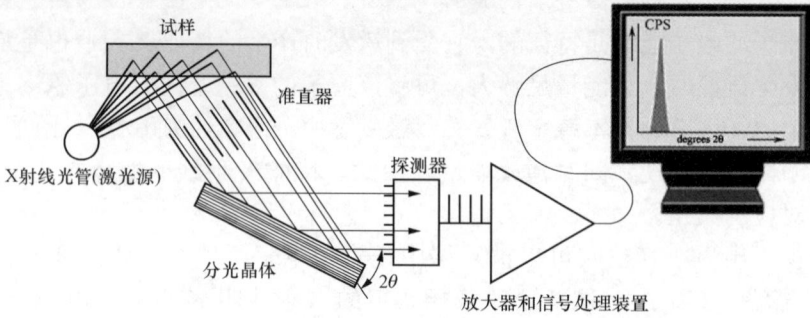

图 2-8 波长色散型 X 射线荧光光谱仪的结构示意图

图 2-9 波长色散型 X 射线荧光光谱仪

2. 能量色散型 X 射线荧光光谱仪

能量色散型 X 射线荧光光谱仪，去掉了色散系统，是由探测器本身的能量分辨本领来分辨探测 X 射线的。

能量色散型 X 射线荧光光谱仪的优点是可同时测量多条谱线，仪器使用简单，所发射分析线强度利用率高，适用于原子序数 6（碳）及以上各元素的分析，全部 X 射线光谱强度可同时累积，便于显示。灵敏度和精密度比波长色散型 X 射线荧光光谱仪低一个数量级，主要用于元素筛选分析。

（1）能量色散型 X 射线荧光光谱仪的组成。能量色散型 X 射线荧光光谱仪一般由 X 射线管、滤光片、探测器、多道分析器和计算机数据处理系统等组成，如图 2-10 所示。

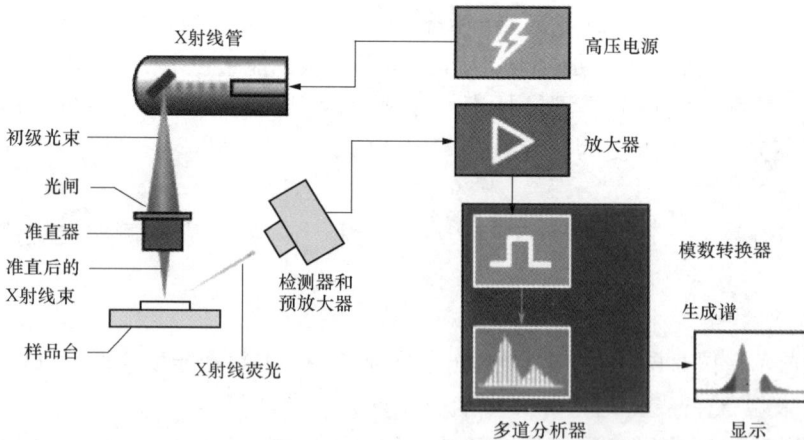

图 2-10 能量色散型 X 射线荧光光谱仪结构示意图

1）X 射线管。X 射线荧光光谱仪采用 X 射线管作为激发光源。如图 2-11 所示是 X 射线管的结构示意图。其主要工作原理为：灯丝和靶密封在抽成真空的金属罩内，灯丝和靶之间加高压（一般为 40kV），灯丝发射的电子经高压电场加速撞击在靶上，产生 X 射线。X 射线管产生的一次 X 射线，作为激发 X 射线荧光的辐射源。如采用较大的功率，可以激发二次靶，即用 X 射线管产生的一次 X 射线照射到二次靶，二次靶产生的特征 X 射线也可用于激发样品中待测元素，二次靶可降低背景、提高信背比，可提高检出限。

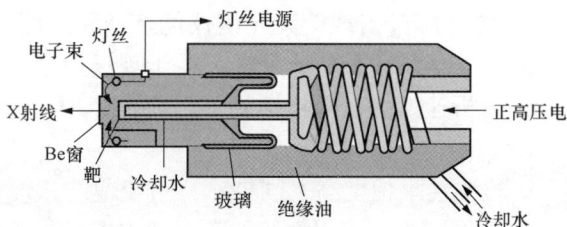

图 2-11　X 射线光管结构示意图

X 射线管的靶材和管工作电压决定了能有效激发受激元素的那部分一次 X 射线的强度。管的工作电压升高，短波长一次 X 射线比例增加，故产生的 X 射线荧光的强度也增强。

2）滤光片。波长色散型 X 射线荧光光谱仪一般需要利用分光晶体将不同波长的 X 射线荧光分开并检测，得到 X 射线荧光光谱。能量色散谱仪是利用 X 射线荧光具有不同能量的特点，将其分开并检测，不必使用分光晶体，而是依靠半导体探测器来完成。但能量色散谱仪也需要配置滤光片，其主要作用是改善激发源的谱线能谱成分，或抑制高含量组分的强 X 射线来进行能量选择，提高测量精度。按其用途不同，分为初级滤光片和次级滤光片两种。

3）探测器。探测器是 X 射线荧光光谱仪的核心部件，主要功能是将 X 射线荧光转变为一定形状和数量的电脉冲，用来表征 X 射线荧光的光能量和强度。

X 射线荧光光谱仪常用的探测器有流气正比计数器、闪烁计数器和半导体探测器，目前实验室用的台式能量色散型 X 射线荧光光谱仪一般用半导体探测器。半导体探测器有锂漂移硅探测器、锂漂移锗探测器、高能锗探测器等。

图 2-12 为能量色散型 X 射线荧光光谱仪。

（2）能量色散型 X 射线荧光光谱仪的应用。目前，电网常用便携式 X 射线荧光光谱仪是能量色散型 X 射线荧光光谱仪。

1）便携式 X 射线荧光光谱仪的组成及工作原理便携式 X 射线荧光光谱仪一般包含 4 个主要硬件组件：

a. 激发源（Excitation Source）。它提供连续稳定的 X 射线光子束。

b. 探测器（Detector）。它将从样品发出的 X 射线荧光光子能量转换成可测量的电子信号。

c. 多频道分析器（Muti-channel Ana1yzer）。它将电子信号转换为荧光光谱（Spectra）。

d. 计算机（Computer）。它控制光谱仪的操作，转换荧光强度为浓度或厚度。

便携式 X 射线荧光光谱仪的工作原理如图 2-13 所示。

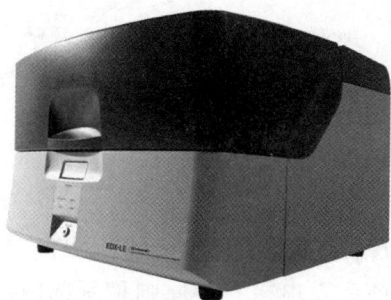

图 2-12　能量色散型 X 射线荧光光谱仪

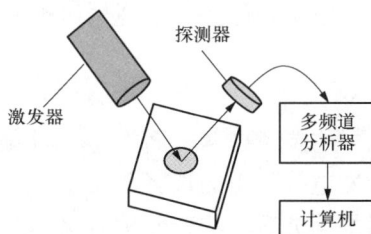

图 2-13　便携式 X 射线荧光光谱仪的工作原理

2) 便携式 X 射线荧光光谱仪优点和局限性。

优点：a. 尺寸小，质量轻，便于现场携带；

b. 分析速度快，受检样品不需要预处理，只要表面干净无污染即可。一般情况下，每次检测时间不超过 30s；

c. 检测结果精度高，同一试样可反复多次测量，检测结果重复性好；

d. 操作简单，使用方便，不需要专业的操作人员和长时间的技术培训；

e. 检测过程安全，不会引起检测样品化学状态的改变而引入其他对环境有害的物质；

f. 是一种无损检测方法，不污染环境及低耗。被测样品在测量前后，化学成分、重量、形态等都不变，适合现场或在线分析，能实时获取多种数据；

g. 应用范围广，可以同时测定样品中多种元素，元素可检测含量范围从 $10^{-6} \sim 1$，广泛用于地质、冶金、材料、石油、医疗、考古等诸多领域。

局限性：a. 分析结果的精确性是建立在标准样品化学分析的基础上，对于钢铁等含有非金属元素的合金，需要用代表性样品进行标准曲线绘制；

b. 对非金属元素和界于金属和非金属之间的元素很难做到精准检测；

c. 不能作为仲裁分析方法，对检测结果有疑问时，需要采用其他检测方法；

d. 在仪器发生变化或标准样品发生变化时，标准曲线模型也要改变。

以美国布鲁克公司 S1 TITAN 型便携式 X 射线荧光光谱仪为例，可用于现场自动检测 Mg（12）—U（92）范围内任意基体 45 余种元素，同时也可检测各种合金钢（耐热钢、工具钢、不锈钢）、铜合金、铝合金、钴合金、锌合金、钛合金、镍合金等合金材料。该仪器能根据检测的能谱信号和仪器数据库里已经建立好的标准信号进行对比，检测出被检试样的元素种类，并通过能谱的强弱来测量元素含量的高低，从而确定试样元素的含量。同时，具备开机自检和自动校准、检测结果自动牌号匹配、能谱图谱显示、元素含量是否合格提示、小试样检测的"小点模式"等功能。

2.3　光谱检测工艺

2.3.1　直读光谱仪检测工艺

2.3.1.1　工作参数的选择

1. 光源参数

直读光谱的准确度和灵敏度与光源条件密切相连。现在生产的光谱仪光源参数（尤其是电容、电感、电阻）已经调整到位，这一部分在制作工作曲线时可不进行选择，也无法进行选择。

2. 电极的选择

电极选择主要考虑两方面内容：激发电极种类和电极间距。

（1）激发电极种类的选择。发射光谱分析用的激发电极种类很多，有碳、铜、铝、钨、银等，一般根据分析方法、分析对象不同而选用不同的激发电极。其原则是所选用的电极种类在分析结果上要有较好的分析精密度，被分析的元素不应在激发电极材料中，电极侵蚀要小。

（2）电极间距的选择。电极间距的大小对分析精度有很大影响。电极间距过大，稳定性差，且难于激发，精度差；电极间距过小，虽容易激发，但随着放电次数的增加，辅助电极凝聚物质增加，容易造成长尖，也会影响分析精度。一般分析间距采用 4～5mm。

3. 冲洗、预燃和曝光时间的选择

（1）冲洗。冲洗的目的是尽量减少样品激发台内的空气，特别是对激发有不利影响的 O_2、H_2O 等。一般分析铝等有色金属可用时 2s，分析黑色金属时可用时 3s。冲洗时间不宜过长，以免过多消耗氩气，延长分析时间。

（2）预燃。预燃是一个非常重要的阶段，可使试样表面局部加热精炼以消除大部分冶金缺陷，从而使各元素的发射光强升至最大并基本稳定。不同材料、不同元素的预燃时间不一样，中低合金钢预燃时间可选 4～6s，高合金钢预燃时间可选 5～8s，易切削钢预燃时间可选 10～30s，铝合金预燃时间可选 3～10s。

（3）曝光时间。曝光时间主要取决于激发样品中元素分析再现性的好坏，曝光过程是光电流向积分电容中充电（也称积分）的过程。曝光时间长短与光源的能量大小有关。正常分析时，曝光时间一般采用 3～5s。

4. 氩气流量的选择

材料不同，对氩气纯度、氩气流量的要求不同，氩气的流量、压力不仅要合适而且要稳定，否则得不到满意的分析结果。若氩气流量过小，则不能排除火花室中的空气和试样激发分解出来的含氧化物，会引起扩散放电；若氩气流量过大，使激发样品的火花产生跳动，同时浪费氩气。一般大流量冲洗为 5.0～8.0L/min，激发流量为 3.0～5.0L/min，惰性流量为 0.5～1.0L/min。

2.3.1.2　标准物质的选择与正确使用

直读光谱仪使用的标准物质应能满足相关标准要求。直读光谱分析法为相对分析，标准物质应尽量使用国家标准物质，经计量校准合格并在有效期内，检定周期为 1 年 1 次。

2.3.1.3　直读光谱仪实验室条件

直读光谱仪的实验室环境，应满足仪器的防震、防尘、防潮和保持恒温等条件，温度控制在 23℃左右。

2.3.1.4　操作流程

1. 检测前准备工作

（1）检查仪器是否正常工作，仪器、标准样品等是否在校准有效期内。

（2）查阅资料，了解被检工件名称、材料牌号、规格、热处理状态等信息。

（3）试样制备。

1）应选择被检材料的平整面作为分析面，分析面应符合直读光谱仪操作说明书的要求。

2）分析铁基、镍基、钴基和钛基材料，分析面可用砂轮机或砂纸打磨处理。

3）分析铁基、镍基和钛基材料中铝元素时，分析面不应使用含铝的磨料（如氧化铝）打磨处理。

4）分析铁基、镍基和钛基材料中硅元素时，分析面不应使用硅砂轮或硅磨料打磨处理。

5）分析铁基、镍基和钛基材料中碳元素时，分析面不应使用含碳的磨料（如碳化硅）打磨处理。

6）分析铜基、铝基材料时，分析面不宜用砂轮机打磨，宜用车床或铣床加工处理，车铣时可用工业纯乙醇冷却、润滑，不允许用其他冷却液、润滑剂。

7）被检材料经加工处理后，分析面应露出金属光泽，肉眼检查不得有裂纹、疏松、腐蚀、氧化、油污等。

8）定量分析时，不应用手触摸检测面。

9）标准样品、控制样品和被检样品均在同一条件下研磨，不得过热。

2. 检测步骤

（1）检测时，检测面应能完全覆盖检测窗口，且至少保证不重复激发 3 次。

（2）样品准备完毕，连接电源，打开氩气开关，按设备说明书调节输出压力。

（3）测定仪器真空度，保证检测样品在激发过程中的测量灵敏度。

（4）选择仪器菜单中的分析程序进行标准化再校准，待仪器提示"标准化成功"后，调取合适类型的标准化程序，激发控制样品三次以上并保存。

（5）校准结束后，在相应的类型标准化程序中对检测样品进行检测。在样品不同位置激发 3 次，比较 3 次的检测结果没有较大差异（相差小于 5%），所得的平均值即为样品的最终成分检测结果。

（6）每次激发结束后，清理钨极激发头，避免样品与电极反应产生的氧化物交叉污染，影响检测结果。

（7）直读光谱仪的操作和定量分析应符合《火花放电原子发射光谱分析法通则》（GB/T 14203—2016）相关条款规定。

（8）碳素钢和中低合金钢定量分析的分析条件和分析步骤宜执行《碳素钢和中低合金钢多元素含量的测定火花放电原子发射光谱法（常规法）》（GB/T 4336—2016）相关条款。

（9）不锈钢定量分析的分析条件和分析步骤宜执行《不锈钢多元素含量的测定火花放电原子发射光谱法（常规法）》（GB/T 11170—2016）相关条款。

（10）铝及铝合金定量分析的分析条件和分析步骤宜执行《铝及铝合金光电直读发射光谱分析方法》（GB/T 7999—2015）相关条款。

（11）不宜用直读光谱分析法代替普通化学分析法对合金成分进行仲裁分析。

（12）直读光谱分析用标准物质，应确保其含量至少大于被分析元素的含量范围，以保证工作曲线的可靠性。

（13）当元素的分析值超出被检材料牌号规定的含量范围或超出标准物质的含量范围时，应在同一条件下用稍高含量的标准物质对光谱仪进行复核（或用更高精度等级的光谱仪对该元素进行复核）。

3. 检测记录和报告

根据相关标准及要求做好检测记录及报告。

4. 检测结果出现误差的可能因素

（1）试样成分不均匀，存在元素偏析。

（2）试样的检测表面不平整，存在裂纹、沙眼等影响分析结果的缺陷。

（3）氩气纯度不足。铸铁、铸铝及高纯金属等材质需使用 99.999% 的氩气。

（4）电极与样品之间的距离不符合检测要求。

（5）激发台存在污染物，激发过程对检测结果产生影响。

（6）选择不适当的标准样品系列会使分析结果产生偏差，因此，对标准样品的选择应充分注意。在绘制校准曲线时，通常使用几个分析元素含量不同的标准样品作为一个系列，其组成和冶炼过程最好与分析样品近似。

2.3.2　便携式 X 射线荧光光谱仪检测技术

1. 检测前准备工作

（1）资料收集。查阅资料，了解被检测工件的名称、材料牌号、规格、热处理状态等信息。

（2）检查被检部件表面状况。检测前，检查被检部件的表面状况，是否存在镀层、油漆、油污、氧化层等影响检测结果的因素，如果有，则必须清理干净，露出干净、平整并且具有一定面积、能够覆盖检测窗口的检测面。

（3）仪器准备。检测前应对仪器作通电检查和校准，以保证设备能满足测量要求。电池电量应能满足现场工作使用。

2. 现场检测流程

（1）检查仪器、标准试块等是否完好、齐全。

（2）开机，使用标准试块完成仪器校准。如设备具备开机自校准功能，本过程可省略；若不具备开机自校准功能，须选用随设备配备的标准物质进行校准，按照校准方法测量标准物质不少于 3 次，3 次检测数据的重复性应不大于 5%，检测数据中主要元素的化学成分与标准物质标定值的偏差应满足《钢铁　多元素含量的测定 X - 射线荧光光谱法（常规法）》（GB/T 223.79—2007）要求。

（3）检查被检部件的表面状况，彻底擦拭或打磨待检部位，确保检测面干净，无涂镀层、灰尘、油漆、腐蚀产物等影响检测结果的因素存在。

（4）应根据待测工件设计材料牌号，在仪器上选取相应的标准库。

（5）检测时，应将设备的检测窗口垂直并紧贴检测部位。采用手动激发模式检测时，应注意观察各元素化学成分检测数据的变化，数据稳定后方可停止检测。如采用自动激发模式，应设置足够长的激发时间，保证检测结果的准确性。普通合金钢的激发时间不宜小于10s，如待检工件主要合金元素含有 Al、Si、Mg 等轻元素，应打开轻元素按钮，其激发时间应满足设备说明书中轻元素检测激发时间要求，使用便携式 X 射线荧光光谱仪检测工件示意图如图 2 - 14 所示。

（6）每个工件检测应不少于 3 点，测点应均匀分布，测点间距应根据工件大小以及仪器设备准直器孔径确定。待测工件表面积不能满足要求时，宜选择"小点模式"进行测量。

（7）检测过程中仪器检测窗口不得有移动、晃动、歪斜等，激发停止后方可将设备移开。

（8）待测工件结构复杂时，宜优先选择平面、直段等检测部位。如检测轴

图 2 - 14　使用便携式 X 射线荧光光谱仪检测
工件示意图

销，检测部位宜选择轴销端面；检测 R 型闭口销，检测部位宜选择闭口销直段；待检测工件

或检测部位较小时，应选择"小点模式"，被检测面应全部覆盖小孔区域，且检测面应位于曲面的最高点。

3. 检测结果的处理

（1）应根据待检测工件设计材料牌号进行复核、甄别，各主要元素化学成分应符合相关标准的技术要求。

（2）检测结果超差时，其偏差应符合相关标准、规定、技术文件的要求。

（3）户外密封箱体用不锈钢材质宜为 Mn 含量不大于 2% 的奥氏体型不锈钢，主要元素化学成分应符合 GB/T 20878 技术要求。轴销、闭口销、开口销等不锈钢棒材，主要元素化学成分应符合 GB/T 1220 技术要求。不锈钢弹簧丝主要元素化学成分应符合《不锈弹簧钢丝》（GB/T 24588—2009）技术要求。

（4）铸造铝合金的主要元素化学成分应符合《铸造铝合金》（GB/T 1173—2013）技术要求，变形铝合金的主要元素化学成分应符合《变形铝及铝合金化学成分》（GB/T 3190—2008）技术要求。

（5）加工铜及铜合金的主要元素化学成分应符合《加工铜及铜合金牌号和化学成分》（GB/T 5231—2012）技术要求，铸造铜及铜合金主要元素化学成分应符合《铸造铜及铜合金》（GB/T 1176—2013）技术要求。

（6）低合金结构钢主要元素化学成分应符合《低合金高强度结构钢》（GB/T 1591—2018）技术要求。

（7）进口材料应按合同规定进行质量验收，除应符合相关国家的标准和合同规定的技术条件外，还应有商检合格证明书。

（8）检测结果不合格时，应按检测比例对同一批次工件加倍抽检，加倍抽检合格则该批次合格，加倍抽检中有 1 件不合格，则该批次不合格。

（9）发生争议时，应以化学分析法作为仲裁方法。

4. 检测记录和报告

根据相关检测标准及要求做好检测记录及出正式报告。

5. 检测仪器现场使用注意事项

（1）避免对设备造成强烈撞击，强烈撞击容易破坏探测器和 X 光管。

（2）避免在强磁场下使用。

（3）注意数据的保存和删除。

（4）操作时，检测窗口不能对准自己和他人。

6. 检测结果出现误差的可能情况

（1）检测部位选择不当，检测部位应尽量选择工件平面，避开曲面或结构复杂部位，如必须检测曲面时，应尽量选择曲率半径较大的部位。

（2）大型工件、铸件及易产生成分偏析的部件，应在一定范围内进行多点、多次分析。

（3）激发时间较短，数据未基本稳定下来而停止激发。

（4）检测含有 Al、Si 等轻元素时，未打开轻元素开关（个别设备有轻元素开关，需选定打开）或激发时间较短，使得轻元素检测不到或含量偏差较大。

（5）现有便携式 X 射线荧光光谱仪检测 Si 元素含量时，检测结果偏差较大或有争议时，应进行定量分析。

（6）检测时，检测面未全部覆盖检测窗口，检测结果将会偏小。

（7）试件检测表面没有处理或没有处理干净，表面带有或残留油漆、氧化皮、表面缺陷（如夹渣、裂纹、凹坑等）都会影响检测结果。

（8）检测时检测窗口未垂直紧贴检测部位，散射严重，探测器计数较少。

2.4　典型案例

2.4.1　直读光谱仪对输电线路钢管杆材质检测

对某 220kV 输电线路钢管杆进行材质检测，钢管杆设计材质为 Q345B。

根据 DL/T 1424 规定，钢管杆的制造质量应符合《输变电钢管结构制造技术条件》（DL/T 646—2012）的规定，钢管杆设计材质 Q345B 的化学成分应符合《低合金高强度结构钢》（GB/T 1591—2008）的要求。

检测依据 GB/T 4336—2016；质量判定依据 GB/T 1591—2018。

（1）查阅标准 GB/T 1591—2018，了解 Q345B 钢中所含合金元素种类及含量。

（2）按设备制样要求对样品进行磨制，用磨样机或立式砂轮机将试样及标准物质打磨平整，露出金属光泽，试样的加工及打磨平面应具有代表性并足够保证每次的激发点不重合。

（3）按照定量光谱仪操作规程，开机预热，打开各开关及氩气，激发废样至仪器稳定。

（4）选择仪器菜单中的分析程序进行标准化再校准，待仪器提示"标准化成功"后，调取合适的类型标准化程序，激发控制样品三次以上并保存。

（5）在相应的类型标准化程序中激发试样三次以上取其平均值并保存，检测结果见表 2-5。

表 2-5　　　　　　　　　　　Q345B 钢定量分析检测结果　　　　　　　　　　单位：%

元素名	碳（C）	硅（Si）	锰（Mn）	磷（P）	硫（S）	钼（Mo）	钒（V）
试样	0.16	0.13	0.47	0.017	0.007	0.05	0.11
标准要求	≤0.20	≤0.50	≤1.70	0.035	0.035	≤0.10	≤0.15

（6）记录相关检测数据，对比 GB/T 1591—2018 中 Q345B 的化学成分，材质满足标准《输变电钢管结构制造技术条件》（DL/T 646—2012）的要求。

2.4.2　便携式 X 射线荧光光谱仪对变电站户外密闭箱体的材质检测

2.4.2.1　对某 1000kV 变电站不锈钢材质户外密闭箱体进行材质检测。

根据《电网金属技术监督规程》（DL/T 1424—2015）规定，户外密闭箱体材质宜为 Mn 含量不大于 2% 的奥氏体型不锈钢或铝合金。

检测依据标准《电力设备金属光谱分析技术导则》（DL/T 991—2006）；质量判定依据标准《不锈钢和耐热钢牌号及化学成分》（GB/T 20878—2007）。

现场采用便携式 X 射线荧光光谱仪对户外密闭箱体进行材质检测。主要检测步骤如下：

（1）查阅被检户外密闭箱体的材质信息。

（2）检查仪器、标准试块等是否完好、齐全。开机，完成设备校准。

（3）检查被检箱体 6 个面的表面状况，彻底擦拭或打磨待检部位，确保检测面干净，无涂镀层、灰尘、油漆、腐蚀产物等影响检测结果的因素存在。

（4）根据被检户外密闭箱体的牌号，在仪器上选取相应的标准库。

（5）将便携式 X 射线荧光光谱仪的检测窗口垂直对准被检测部位，扣动扳机。采用手动激发模式检测时，应仔细观察各元素化学成分检测数据的变化，数据稳定后方可停止检测。如采用自动激发模式，激发时间不宜小于 10s，保证检测结果的准确性。

（6）户外密闭箱体每个表面检测应不少于 3 点，测点应均匀分布。

（7）检测时，应将设备的检测窗口垂直并紧贴检测部位，检测过程中仪器检测窗口不得有移动、晃动、歪斜等，激发停止后方可将设备移开；检测结果见表 2-6，记录相关检测数据，对比 GB/T 20878—2007 中奥氏体不锈钢的材质化学成分，该户外密闭箱体材质符合标准 DL/T 1424—2015 规定要求。

表 2-6　　　　　　　　　　户外密闭箱体材质主要元素及含量

序号	检测部位	主要元素及含量（%）			
		Fe	Mn	Cr	Ni
1	箱体正门	72.06	0.98	18.02	8.02
2	箱体左侧门	71.33	1.01	18.11	8.12
3	箱体右侧门	71.28	1.04	18.02	7.91
4	箱体背面	72.01	1.01	17.93	8.02
5	箱体顶面	71.56	1.06	17.95	8.03
6	箱体底面	72.02	1.09	18.21	7.98

2.4.2.2　变电站户外 GIS 传动轴销材质检测

根据《高压交流隔离开关和接地开关》（DL/T 486—2010）规定，户外 GIS 传动轴销要求采用不锈钢或铝青铜等防锈材料。

检测依据标准 DL/T 991；质量判定依据标准《不锈钢棒》（GB/T 1220—2007）。

现场采用便携式 X 射线荧光光谱仪对轴销进行材质检测，轴销一般为圆柱体，为避免检测面曲率的影响，应选取轴销的端面作为检测面，主要检测步骤参考案例 2.4.2.1。

检测结果见表 2-7，根据各元素含量，该轴销与 GB/T 1220 中 06Cr19Ni10 的化学成分相符，满足标准 DL/T 486 的要求。

表 2-7　　　　　　　GIS 传动轴销材质主要元素及含量　　　　　　　单位：%

序号	检测样品部位	Fe	Mn	Cr	Ni
1	轴销端面	71.97	0.98	18.02	8.02
2	06Cr19Ni10 标准成分	余量	≤2.00	18.00～20.00	8.00～10.00

第 3 章
金 相 检 测

3.1 基本知识

金属材料的性能与化学成分、组织状态密切相关。当材料的化学成分确定后，它的性能就取决于材料的组织状态。金属的相结构称为金相，金相中携带着许多有关冶金质量和生产工艺的信息，如相的形貌、晶粒大小、缺陷及非金属夹杂物的数量和分布情况等等，根据材料的组织结构与其化学成分之间的关系，可以确定各类材料经不同加工工艺处理后的显微组织，并以此判别材料的性能及质量的优劣。金属材料服役期间产生的许多变化能够通过金相组织反映出来，通过金相检测可以了解金属材料运行情况，观察裂纹的起始位置、扩展形态、分布特点等，可以为失效分析提供一定的判定依据。

金相学是综合地研究金属和合金成分、组织与性能关系的科学，其研究手段包括肉眼、放大镜、光学显微镜、电子显微镜以及 X 射线衍射等。金相显微镜主要是指光学显微镜，它是进行显微分析的主要工具，利用金相显微镜在专门制备的试样上观察材料的组织和缺陷的方法，通常称为金相显微分析，也称为金相检测，在金属材料的检测和研究领域中占有重要地位。

3.1.1 金相显微镜的观察方法

金相显微镜的观察方法有明场、暗场、正交偏光、锥光偏光、相衬、微差干涉相衬、干涉、荧光和共聚焦等方法。本节仅介绍明场、暗场、正交偏光等较为常用的观察方法。

1. 明场

明场照明是金相显微镜主要的照明方式与观察方法。在明场照明中光源光线通过垂直照明器转 90°角进入物镜，垂直（或接近垂直）地射向样品表面，由样品表面反射过来的光线再经过物镜通过平面反射镜或通过棱镜达到目镜，如果试样是一个抛光的镜面，反射光几乎全部进入物镜成像，在目镜中可看到明亮的一片。如果试样抛光后经过浸蚀，试样表面高低不平，则反射光将发生漫射，很少进入物镜成像，在目镜中看到的是黑色的像。由于试样的组织是在明亮的视场内成像的，故称为明场照明。

2. 暗场

暗场照明是物体的一种照明方式，它是指以足够倾斜的射线照明物体时，由于没有射线直接进入物镜而得到的观察结果。暗场照明与明场照明不同，其光源光线经聚光镜后形成一束平行光线，通过暗场环形光阑，平行光线的中心部分被挡住，形成一束管状光束；然后经过平面玻璃反射，再经过暗场曲面反射镜的反射，管状光束以很大的倾斜角投射在样品上。

如果试样是一个镜面，由试样上反射的光线仍以极大倾斜角向反方向反射，不能进入物镜，在视场内一片漆黑，只有试样凹洼之处才能有光线反射进入物镜，试样上的组织将以白亮映像衬在漆黑的视场内，如同星星的夜空，故称为"暗场"照明。采用暗场照明时因物像的亮度较低，此时应将视场光栏开到最大。

暗场照明主要有以下三个优点：

（1）由于暗视场入射光束倾斜角度极大，物镜的有效数值孔径随之增加，故物镜鉴别能力亦随之提高。在暗视场照明下观察，即使是极细的磨痕亦能很容易地鉴别。

（2）不像明场照明，入射于磨面的光线并不先经过物镜，因而显著降低了由于光线多次通过玻璃 - 空气界面所形成的反射与眩光，提高了最后映像的衬度。

（3）暗场观察能正确地鉴定透明非金属夹杂物的色彩。例如氧化亚铜在暗场观察时能观察到它的真实色彩是宝石红色。所以暗场观察在鉴定非金属夹杂物时极为重要。

纯铜在退火态下的组织形态为等轴状的 α 单相组织，α 相中有退火孪晶。在明场照明下晶界呈黑色，在暗场照明下，晶界呈白色，明场与暗场观察效果刚好相反。但暗场照明时组织衬度要比明场照明好得多。因此，暗场常用来观察组织固有的色彩，特别是用于鉴别非金属夹杂物，提高组织衬度，观察非常小的粒子（超显微技术）时。

3. 偏光

光是一种电磁波，属于横波（振动方向与传播方向垂直），并且光的振动在各个方向是均衡的。偏光照明是光在照射样品前产生平面偏振光的照明方式。偏光在金相研究的应用主要有以下几个方面：

（1）各向异性材料组织的显示。金属材料按其光学性能可分为各向同性与各向异性两类。各向同性金属一般对偏光不灵敏，而各向异性金属对偏光的反应极为灵敏。根据偏振光的反光原理，在各向异性的金属内部由于各晶粒的位向不同，干涉后的偏振光振动方向的偏转角度不同，在正交的偏光下可以显示出不同的亮度，能清晰地显示若干精细的组织结构，如晶界、孪晶等。在偏光下晶粒的亮度不同，表明晶粒位向有差别，具有相同亮度的两个晶粒，有相同的位向。对各向异性的金属磨面经抛光后不腐蚀就可以看到明暗不同的两个晶粒，对于难以腐蚀出组织的材料来说，是十分有利的分析途径。

（2）各向同性材料的组织显示。如果直线偏振光斜射到各向同性的试样表面上，由于位相的变化，可以通过正交偏振镜观察到明暗不同的晶粒。

（3）多相合金的相分析。当在各向同性晶体中有各向异性的相存在时，假如两相合金中一相为各向同性，另一相为各向异性，在正交偏光下，具有各向异性的相在暗的基体中很容易由偏振光来鉴别。同样，对于两个光学性能不同的各向异性晶体或浸蚀程度不同的各向异性晶体，可由偏振光加以区分。

（4）塑性变形、择优取向及晶粒位向的测定。具有各向异性表面的金相试样上有足够的晶粒时，按统计分布原则，同一磨面上不同视野内观察到的明亮晶粒与暗黑晶粒反光强度的总和应该是相等的。多晶体在塑性变形或再结晶后，由于晶粒的择优取向，致使多晶体具有一致的光轴。因此，在正交偏振光下，整个视野明亮，或整个视野黑暗，趋近于单晶体的偏光效应。

（5）非金属夹杂物的鉴别。非金属夹杂物具有各种光学特性，如反射能力、透明度、固有色彩的均质性与非均质性等，但普通显微镜明场照明时，不能分辨出夹杂物的透明度及固有色彩。在正交偏光下，金属基体为各向同性，反射光被正交的偏振镜阻挡，呈黑暗的消光现象。而夹杂物与基体交界处的反光由于倾斜入射的结果而能透过正交的偏振镜，从而能够显示出夹杂物本来面目。

3.1.2　金相组织显示

钢中非金属夹杂物、石墨、孔洞、显微裂纹、表面镀层等本身就有独特的反射能力，在金相显微镜下可以利用抛光磨面直接观察并进行金相研究，而大多数组成相对光线有强烈的反射能力，在金相显微镜下无法观察到组织。因此，要鉴别金相组织，需要利用物理或化学的方法对磨面进行专门的处理，将磨面上各组成相及边界所具有的不同物理、化学性质转换为磨面反射光强度和色彩的区别，使试样各组织之间呈现良好的衬度，这就是金相组织的显示。

按金相组织显示的本质可以分为化学方法与物理方法两类。化学方法主要是浸蚀方法，包括化学浸蚀、电化学浸蚀及电解浸蚀等。物理方法是借助金属本身的物理性能显示出显微组织，包括光学法、干涉层法等。有些试样还需要两者的结合才能更好地显示组织，如借助金相显微镜上某些特殊的装置（如暗场、偏光、干涉、相衬以及微差干涉衬度等光学方法），以及一定的照明方式来获得更准确的显微组织信息。

化学浸蚀是最常用的金相组织显示方法，它实际上是一个电化学反应过程。由于金属材料中的晶粒之间、晶粒与晶界之间以及各相之间的物理化学性质不同，具有不同的自由能，在电解质溶液中具有不同的电极电位，可组成许多微电池，电位较低部位是微电池的阳极，溶解较快，溶解处呈现凹陷和沟槽。而不同位向的晶粒和不同的组织也被腐蚀，产生凸凹和不同的色泽。

1. 纯金属及单相固溶体合金的浸蚀

单相合金或纯金属的浸蚀是一个单纯的化学溶解过程。浸蚀剂首先把磨面表层很薄的变形层溶解掉，接着就对晶界起化学作用，这是因为在晶界处原子排列不规则，其自由能也较高，晶粒与晶粒之间的结合力相对松弛，所以晶界处较容易浸蚀而呈凹沟，如图 3-1（a）所示。在显微镜垂直照明下，光线在晶界凹沟处被散射，不能全部进入物镜，因而显示出黑色晶界，如图 3-1（b）所示。

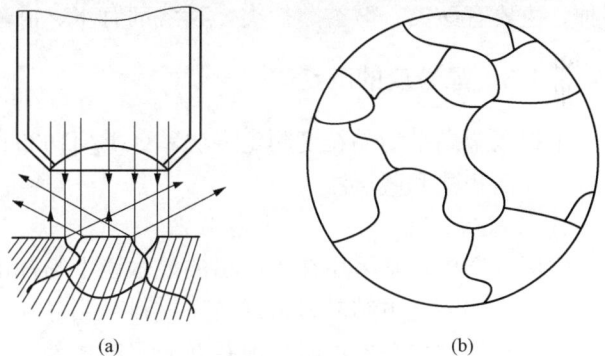

图 3-1　浸蚀显示原理
(a) 晶界处光线的散射；(b) 直射光反映为黑色晶界

2. 两相合金的浸蚀

两相合金的浸蚀主要是电化学的溶解过程。由于合金中的两个组成相具有不同的电位，在相同的浸蚀条件下，具有较高正电位的相成为阴极，在正常的电化学作用下不被溶解而保持原有的光滑平面，另一相则很快被溶解，形成凹坑，这就可把两相组织区分开来。如层片状珠光体是由铁素体＋渗碳体两相组成，较硬的渗碳体具有较高的正电位，浸蚀后不易溶解，呈凸起。而铁素体电极电位较低，容易溶解，形成凹坑，如图 3-2 所示。

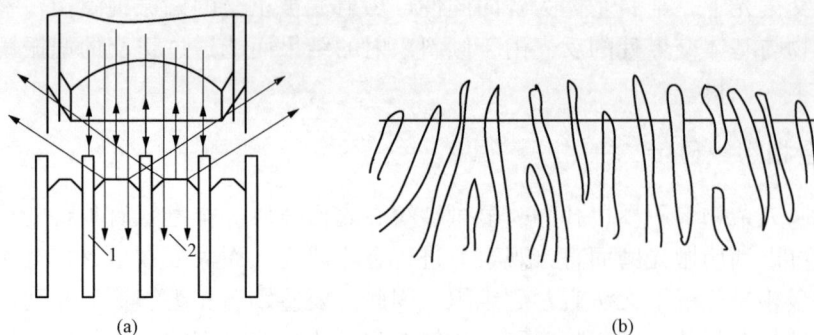

图 3-2　两相组织浸蚀原理示意图
(a) 两相处的光线散射与反射；(b) 层片状珠光体组织
1—渗碳体；2—铁素体

需要指出的是，在浸蚀操作过程中还要考虑组织的放大倍数，以珠光体组织为例，如要进行高倍观察，浸蚀要浅一些，这时由于高倍物镜的焦距短（成像的景深小），如果浸蚀过深，使珠光体中铁素体片层的凹洼过大，使映像变虚并呈灰黑色。而低倍观察时，可浸蚀深一些，使珠光体团的位向关系显得更加分明。

3. 多相合金的浸蚀

多相合金的浸蚀也是电化学溶解过程，其浸蚀原理和两相合金相同，但多相合金化学元素多，相复杂，一种浸蚀剂往往不能收效，仅能作选择性的腐蚀，有的相还不能被腐蚀，所以应采用多种腐蚀剂共同腐蚀，逐步显示组织。

浸蚀剂是显示金相组织的特定的化学试剂，由于金属材料种类繁多，化学浸蚀剂也有很多种，主要有酸类、碱类、盐类，其溶剂有水、酒精、甘油等。

3.1.3　晶粒度的测定

根据《金属平均晶粒度测定方法》（GB/T 6394—2017），测定平均晶粒度的基本方法有比较法、面积法和截点法。

1. 比较法

实际生产中，常采用在 100 倍的显微镜下与标准评级图对比来评定晶粒度。比较法适用于等轴晶粒的完全再结晶材料或铸态材料。当晶粒形貌与标准评级图完全相似时，评级误差最小。比较法评估晶粒度时一般存在一定的偏差（±0.5 级）。

2. 面积法

将已知面积（通常为 5000mm²）的圆形测量网格置于晶粒图形上，选择网络内至多能截获并不超过 100 个晶粒（建议 50 个晶粒为最佳）的放大倍数 M，然后计算完全落到测量网格内的晶粒数 N 内和被网格所切割的晶粒数 N 交，再通过公式算出晶粒级别数 G。面积法精确度的关键在于计数时一定要标记出已计数郭的晶粒，通过合理计数可实现 ±0.25 级的精确度。

3. 截点法

计算已知长度的试验线段（或网格）与晶粒截线或晶界截点的个数，计算单位长度截线数 N_L 或者截点数 P_L 来确定晶粒度级别数 G。截点法的精确度在于计算的截点或截线计数的函数，通过有效的统计结果可达到 ±0.25 级的精确度。

3.1.4 金属表面异质层厚度测量

有时为了使金属部件达到某种性能，需要进行表面处理，例如采用渗碳、渗氮、渗铬、喷丸等技术以增加耐磨性和表面硬度；采用镀锌、镀银等技术以防腐或增加导电性。在检测渗层或镀层质量时，金相法测量其厚度是最主要、最精确的一种方法。镀银层厚度的仲裁法为显微镜法，依据的标准是《金属和氧化物覆盖层 厚度测量显微镜法》(GB/T 6462—2005)。

此外，表面异质层还包括脱碳层、表面覆盖的氧化物等。脱碳层深度包括完全脱碳层和不完全脱碳层。脱碳一般是由于加工热处理过程中过热造成的，脱碳后钢铁表面强度下降、材质劣化，因此对脱碳层深度的测量也是钢材质量的重要控制手段。

3.2 金相检测设备和器材

金相显微镜包括光学金相显微镜和电子金相显微镜。由于光波波长的限制，光学显微镜的放大倍数为几十到 2000 倍，极限分辨率为 250nm 左右，一般仅能观察金相组织中几十微米尺度的细节。如想要观察更精细的结构，就要用放大几万到几十万倍的透射电子显微镜或扫描电子显微镜，分辨率可达到 1nm 以下。

3.2.1 光学金相显微镜基本组成

按光路与被观察试样的抛光面的取向不同，金相显微镜分为正置式和倒置式两种基本类型，正置式显微镜的物镜朝下，倒置式显微镜的物镜朝上。倒置式显微镜仅要求试样待观察面有较好的平整度，正置式显微镜对试样待观察面和背面的平整度都有非常高的要求。电网部件质量监督和失效分析时，一般采用倒置式金相显微镜，如图 3-3 所示。

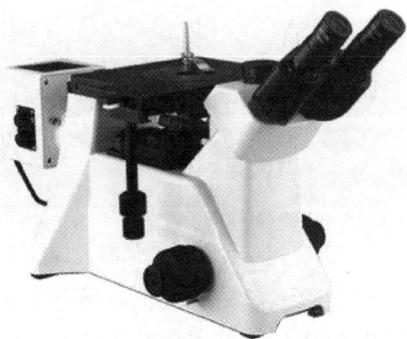

图 3-3 倒置式金相显微镜

金相显微镜一般由照明系统、光路系统、机械系统与摄影系统等组成。

1. 照明系统

照明系统是辅助光源，同时根据不同的研究目的，调整、改变采光方式，并完成光线行程的转换。

金相显微镜一般采用人造光源，并借助于棱镜或其他反射方法使光线投在金相磨面上，靠试样的反光能力，部分光线被反射而进入物镜，经放大成像最终被我们观察。显微镜中光源要求光的强度不仅大而且要均匀，分光特性合适，并在一定范围内可任意调节，发热程度不宜过高，光源要稳定，经济性好。

现代显微镜一般都配有控制度很高的集成式光源，显微镜的光源一般采用安装在反射灯室内的卤素灯，目前常用的有 30W、50W 照明功率的卤素灯，高级型多采用 100W 卤素灯。

2. 光路系统

倒置式金相显微镜光路系统的主要部件包括集光镜、聚光镜、分光镜、反光镜、管镜、棱镜胶合组、平晶、斜方棱镜等。

3. 机械系统

机械系统主要有底座、载物台、镜筒、调节旋钮（聚焦）等。

4. 摄影系统

摄影系统是在一般显微镜的基础上，附加了一套摄影装置。主要由照相目镜、对焦目镜、暗箱、投影屏、暗盒、快门等组成。高端金相显微镜已经将光学显微镜技术、光电转换技术、计算机图像处理技术相互结合，实现在计算机显示屏幕上实时观察动态图像，利用各种金相软件对所拍摄的金相图片进行分析、评级，将所需要的图片及相关信息进行编辑、保存和打印的功能。

3.2.2　金相显微镜的成像原理

金相显微镜是利用光线的反射原理，将不透明的物体放大后进行观察的，由两个透镜组成，因此，显微镜是经过两次成像的光学仪器。将物体进行第一次放大的透镜称为物镜，将物镜所成的像再经过第二次放大的透镜称为目镜。显微镜的基本成像原理图如图 3-4 所示。

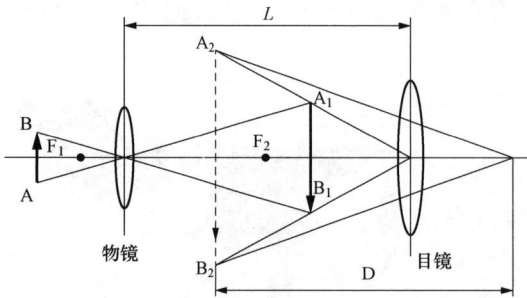

图 3-4　金相显微镜放大成像原理图

由图 3-4 可见：设物镜的焦点为 F_1，目镜的焦点为 F_2，L 为光学镜筒长度，$D = 250\text{mm}$ 为人的明视距离。当物体 AB 位于物镜的焦点 F_1 以外，经物镜放大而成为倒立的实像 A_1B_1，而 A_1B_1 正好落在目镜的焦点 F_2 之内，经目镜放大后成为一个正立放大的虚像 A_2B_2，则两次放大倍数各为：

$$M_物 = A_1B_1/AB \qquad M_目 = A_2B_2/A_1B_1$$
$$M_总 = M_物 M_目 = A_1B_1/AB \times A_2B_2/A_1B_1$$

即显微镜总的放大倍数等于物镜的放大倍数乘以目镜的放大倍数。目前普通光学金相显微镜的最高有效放大倍数为 1600～2000 倍。

3.2.3　金相显微镜的光学技术参数

金相显微镜的光学技术参数包括数值孔径、分辨率、放大率、焦深、视场宽度、覆盖差、工作距离和图像亮度与视场亮度等等。这些参数并不都是越高越好，它们之间是相互联系又相互制约的，每个参数都有一定的合理界限。在使用时，应根据镜检的目的和实际情况来协调参数间的关系，但应以保证分辨率为原则。

1. 数值孔径

数值孔径是物镜孔径半角的正弦值与物镜和样品之间介质的折射率之积，用 NA 来表示。它是物镜和聚光镜的主要技术参数，是判断两者（尤其对物镜而言）性能高低的重要标志。其数值的大小，分别标刻在物镜和聚光镜的外壳上。

物镜的数值孔径表示物镜的聚光能力，物镜对试样上各点的反射光收集得越多，成像质量越高。数值孔径用 NA 表示，并用式（3-1）进行计算，如图 3-5 所示，图中反射光用 R_n 表示。

$$NA = n\sin\varphi \qquad\qquad (3-1)$$

式中 n——物镜与观察物介质之间的折射率；

φ——物镜的孔径半角。

物镜的 NA 值越大，物镜的聚光能力越大，其分辨率越高，显微镜的分辨率也越高。

物镜数值孔径的重要性并不低于其放大倍数，如果数值孔径不足，放大倍数即使尽量提高，也没有多大意义，因为相邻的两点若不能很好地鉴别时，即使放大倍数再高（即虚伪放大）实际上还是不能将这两个点鉴别清楚。为了充分发挥物镜数值孔径的作用，在观察时，聚光镜的 NA 值应等于或略大于物镜的 NA 值，在显微照相时则应小于物镜的 NA 值。

图 3-5 物镜的聚光镜

聚光镜类型不同，其 NA 值大小也不一，总的来说为 0.05～1.4，它可通过调节孔径光阑的大小来改变 NA 值大小，从而达到与物镜 NA 值相匹配使用的效果。

2. 分辨率

分辨率又称鉴别率、解像力或分辨本领。是衡量显微镜性能的一个重要技术参数。物镜的分辨率是指物镜能区分两个物点间的最小距离，用 σ 表示，见式（3-2）：

$$\sigma = \frac{0.61\lambda}{NA} \tag{3-2}$$

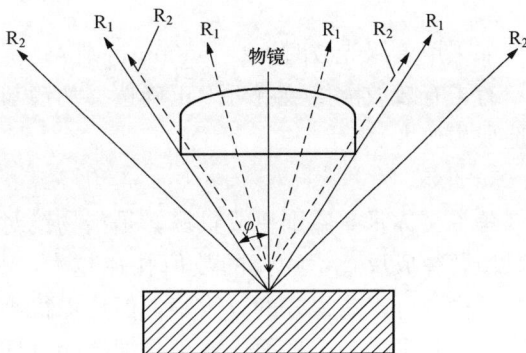

式中 λ——所用光的波长。

可见，波长愈短，分辨率愈高。数值孔径愈大，分辨率愈高。对于一定波长的入射光，物镜的分辨率完全取决于物镜的数值孔径。数值孔径愈大，分辨率就愈高。

3. 放大倍率

放大倍率也称为放大倍数，是指被观察物体经物镜放大再经目镜放大后，人眼所看到的最终图像的大小与原物体大小的比值，它是物镜和目镜放大倍数的乘积。物镜和目镜的放大倍数均标刻在其外壳上。

物镜常用放大倍率有 2.5 倍、5 倍、10 倍、20 倍、50 倍、100 倍等。目镜常用的放大倍率有 5 倍、10 倍、20 倍等。

4. 有效放大倍数

由上所述可知，物镜的放大倍数越高，数值孔径越大，则分辨率越高。但显微镜的分辨率是由照明光线的波长和物镜的数值孔径决定的，因而显微镜的放大倍数也是有限的。显微镜中保证物镜的鉴别率充分被利用时所对应的放大倍数，称为显微镜的有效放大倍数。

有效放大倍数可由以下关系式推导出：人眼的明视距离为 250mm 处的分辨能力为 0.15～0.30mm，因此需将物镜能鉴别的距离 σ 经显微镜放大后成 0.15～0.30mm 方能被人眼分辨。若以 M 表示显微镜的放大倍数，则：

$$\sigma M = 0.15 \sim 0.30\text{mm}$$

又因

$$\sigma = \frac{0.61\lambda}{NA}$$

所以，得出式（3-3）：

$$M = (0.246 - 0.5) \frac{NA}{\lambda} \tag{3-3}$$

如采用黄绿光波时，$\lambda = 550\text{nm}$，则 $M_{有效} = (500 \sim 1000) NA$。

有了有效放大倍数就可以正确选择物镜与目镜的配合，以充分发挥物镜的鉴别率而不至于造成虚放大。

5. 焦深

焦深又称垂直鉴别率或景深，是指物镜对高低不平的物体能清晰分辨的能力，它与物镜的数值孔径成反比，物镜的数值孔径越大，其焦深越小。在物镜的数值孔径特别大的情况下，显微镜可以有很好的分辨率，但焦深很小。对于金相显微镜来说，在高倍放大时，其焦深很小，几乎是一个平面。这也是把金相试样制备成平坦表面的缘故，当显微镜用高倍观察时，由于焦深小，必须运用细调焦装置上下调节，以观察被检物体的全层，弥补焦深小的缺陷。

现代金相显微镜分析软件具有焦深合成功能，即对显微镜头连续变焦时采集的非平面物体的图像序列进行分析，提取序列里每一帧图像中聚焦相对清晰的区域，然后对这些区域按其位置进行聚焦清晰度竞争、图像融合，形成一幅新的各区域都清晰的全景深的图像。

6. 视场直径

视场直径也称为视场宽度或视场范围，它是指在显微镜中所看到的试样的表面区域的大小。目镜和物镜的视场直径是各制造厂家设计光学系统时确定的。放大倍率越高，视场直径越小。因此，若在低倍镜下可以看到被检物体的全貌，而换成高倍物镜，就只能看到被检物体的很小一部分。

7. 镜像亮度与视场亮度

镜像亮度是显微镜图像亮度的简称，指在显微镜下所观察到图像的明暗程度。镜像亮度与物镜数值孔径值的平方成正比，与总放大率的平方成反比。因此，镜像亮度对于在高倍镜下观察和显微照相及投影时尤为重要，如果没有足够的镜像亮度，显微投影屏上的图像会因此暗淡，从而影响观察，显微照相要延长曝光时间。

镜像亮度与视场亮度是两个不同的概念，视场亮度是指显微镜下整个视场的明暗程度。视场亮度不仅与目镜、物镜有关，还直接受聚光镜、光阑和光源等因素的影响。因此，在不更换物镜和目镜的情况下，视场亮度大，镜像亮度就也大。在观察和显微照相时，更重要的是镜像亮度，当其亮度适中时，才能得到满意的图像。

3.3　金相检测工艺

金相检测的基本工艺过程一般包括试样的截取、磨制、抛光和浸蚀，在某些特殊情况下，还需要在磨制前对试样进行夹持或镶嵌。

3.3.1　试样截取

从被检材料或零件上切取一定尺寸试样的过程称为取样。选择合适的、有代表性的试样是进行金相显微分析的首要步骤，包括选择取样部位、检验面及截取方法、试样尺寸等。取样部位是否恰当，直接影响检验结果是否正确。

3.3.1.1　取样的一般原则

金相试样截取的部位必须与检验目的和要求相一致，主要遵循以下几个方面的原则：

（1）按照检验对象取样。如有技术标准或协议规定的，必须按规定取样。

（2）取样部位具有代表性。所取的试样能如实反映材料的组织特征或金属部件的质量，达成金相分析的具体目的。

（3）对于压力加工材料应同时截取横向与纵向试样。

（4）对经过一系列整体热处理后的金属部件，其内部组织是较均匀的，可以任意截取。

（5）金属部件的失效分析，一般应在破断处和远离破断处同时取样，便于作对比分析。

（6）做工艺检验的样品，应包括完整的加工处理和影响区，例如：热处理应包括完整的硬化层；表面处理应包括全部喷涂和渗镀层；铸件应从表面到中心；焊接件应包括焊缝、热影响区和基体。

3.3.1.2　试样磨面选择

金相试样按在金属部件或钢材上所取的截面方向不同，可分为横截面与纵截面。

横向截面指垂直于钢材锻扎方向的面。主要研究：从表层到中心的显微组织状态及变化、晶粒度级别、网状碳化物评级、表面缺陷的深度、氧化层深度、脱碳层深度、腐蚀层深度、表面化学热处理及镀层组织与厚度等。

纵向截面指沿着钢材锻轧方向的面。主要研究：钢中非金属夹杂物含量、变形后的各种组织、晶粒畸变程度、塑性变形程度、带状组织评级、热处理情况等。

3.3.1.3　取样方法

试样截取的方法很多，可根据金属部件的大小、材料性能、现场实际条件灵活选择，常用的方法有：

（1）电火花线切割。适用于较大金属试样切割或有一定形状要求时。

（2）氧乙炔焰切割。适用于较大金属试样的切割，切割时必须预留大于 20mm 的余量，以便在试样磨制中将气割的热影响区除掉。

（3）砂轮切割机切割。适用范围较广，主要用于有一定硬度的材料，如普通钢铁材料以及经热处理后的钢铁材料。切割时，必须用水或其他冷却介质进行冷却，以避免磨削产生的高温引起组织变化。

（4）手锯或机锯。适用于低碳钢、普通铸铁及有色金属等硬度较低的材料。

（5）锤击。适用于硬而脆的材料，如白口铁、高锡青铜、球墨铸铁等。

3.3.1.4　试样截取时的注意事项

（1）取样时应保证材料的组织不发生任何变化。不同的材料软硬程度不同，尤其是较软的材料，若取样不当会造成试样损伤、变形与组织变化。因此，在取样时要避免或减少变形和发热。

（2）试样尺寸大小要合适。试样大小以便于握持、易于磨制为宜。如无特殊要求，一般情况下要对试样进行倒角，以免在以后制备过程中划破砂纸与抛光布。

（3）截取试样时应注意保护试样的特殊表面，如热处理表面强化层、化学热处理渗层、热喷涂层及镀层、氧化脱碳层、裂纹区以及废品或失效部件上的损坏特征。

（4）切面要尽可能光滑、平整。截面的毛刺要尽可能小。

（5）操作设备时应注意安全，从切割设备中取出试样的时候，避免被烫伤。

3.3.2 试样夹持与镶嵌

当试样因尺寸过小（如丝、带、片、管等）、形状不规则而不易握持，或要求保护试样边缘、避免发生倒角时，需要对试样进行夹持或镶嵌。

1. 夹持

试样夹持就是将试样放在夹具中，用螺钉和垫块加以固定。该方法操作简便，适合于夹持形状规则、尺寸较小的试样。制作夹具的材料一般为低碳钢、不锈钢、铜合金等。夹具的形状主要根据被夹持试样的外形、大小、夹持保护的要求选定。常用的夹具有平板夹具、环状夹具和专用夹具，如图3-6所示。

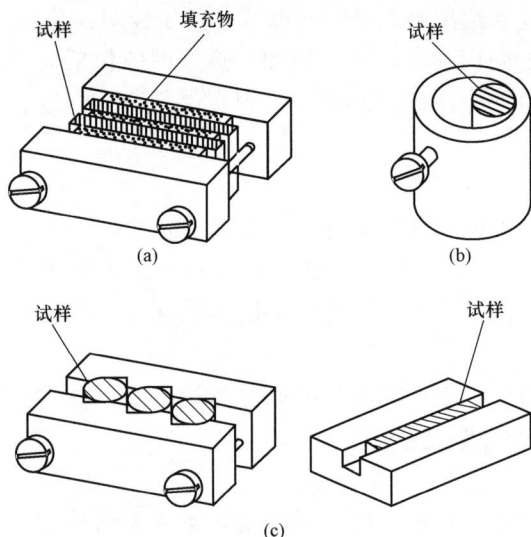

图3-6 金相试样的夹具
（a）平板夹具；（b）环形夹具；（c）专用夹具

2. 镶嵌

（1）镶嵌时必须遵循的原则。

1）不影响试样的显微组织，如机械变形及过热。

2）脱模后的镶嵌料与被镶嵌试样有相近的硬度和耐磨性，否则对保护试样边缘不利。

3）镶嵌料与被镶嵌试样有相近的耐蚀性，避免浸蚀时造成一方强烈被腐蚀。

（2）镶嵌法的分类。

镶嵌法包括热镶嵌法和冷镶嵌法。

1）热镶嵌法，又叫热压镶嵌法。是用镶嵌机将试样和镶嵌料一起放入钢模内加热，冷却后脱模。该方法是最有效、最快捷的镶嵌方法，也是目前最常用的镶嵌方法。金相试样镶嵌机如图3-7所示。

镶嵌机主要包括加压装置、加热装置与钢膜。镶嵌时将准备好的试样磨面向下放入钢模，在模内放入适量镶嵌粉料，紧固顶压螺杆，先转动加压手轮到压力指示灯亮，设定好加热温度后开始加热。加热过程中由于镶嵌粉料逐渐软化，压力指示灯会熄灭，此时应增加压力至指示灯亮，稍等片刻后再停止加热，卸载顶压螺杆，转开定盖，冷却后升模，取出镶嵌好的试样。

常用的镶嵌粉料有酚—甲醛树脂及酚—醛树脂、聚氯乙烯及聚苯乙烯，前两种主要为热固性材料，后两种为热塑性材料，并呈透明或半透明。在酚—甲醛树脂内加入木粉，即成常用的电木粉，可以染成不同颜色。

图3-7 金相试样镶嵌机

2）冷镶嵌法。由于热镶嵌法需要加热和加压，对淬火钢和软金属有一定的影响，故可采用冷镶嵌法。冷镶嵌法适用于不允许加热的试样，较软或熔点低的试样，形状复杂、多孔性的试样等，或在没有镶嵌设备的情况下应用。冷镶嵌法的反应方程式为：环氧树脂＋固化剂＝聚合物（放热）。固化剂主要是胺类化合物，固化剂应适量，用量过多会使高分子键迅速终止，降低聚合物的分子量，强度降低；另一方面会由于放热反应而使镶嵌料温度升高。如果固化剂用量太少，则固化不能完全进行。常用配方为：环氧树脂 90g，乙二胺 10g，还可加入少量增塑剂（如邻苯二甲酸二甲酯）以提高其韧性。冷镶嵌操作示意图如图 3-8 所示。

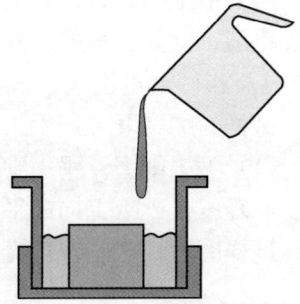

图 3-8　冷镶嵌的操作示意图

当试样与镶嵌料之间的硬度差别较大时，试样经镶嵌后抛磨，试样边缘会发生倒角现象，要获得完全没有倒角的平整磨面多选用机械夹持的方法。

3.3.3　试样磨制

试样的磨制一般要经历粗磨（磨平）和细磨（磨光）两道工序。

1. 粗磨

粗磨的目的是为了消除粗磨磨痕，以得到一个平整的表面。对于较软的金属材料一般用锉刀或粗砂纸修整外形和磨面。对于较硬的钢铁材料，可在砂轮机上磨平，必要时用水冷却，以防试样受热引起金相组织变化。对试样边缘组织或表面层不做金相检验时，试样最好用锉刀或粗砂纸倒角，以免在以后的工序中划破砂纸和抛光布。

2. 细磨

细磨的目的是为了消除粗磨留下的磨痕和变形层，以得到平整而光滑的磨面，为下一步的抛光做好准备。细磨是用某种基底（如砂纸的纸基）上的磨料颗粒以一定强度的压力划过试样表面，以产生磨屑的形式去除粗磨留下的磨痕和变形层，在试样表面留下较细的磨痕和较浅的变形层。

细磨通常在砂纸上进行，砂纸一般分为金相砂纸和水砂纸两种。水砂纸是耐水的，是用碳化硅磨料、塑料或非水溶性黏结剂制成的，常用水砂纸粒度有 120 号、240 号、400 号、600 号，号数越大，粒度越细；金相砂纸一般只能用来干磨，加水研磨时易破损，常用金相砂纸型号与粒度的对照表见表 3-1。

表 3-1　　　　　　　　　　　　常用金相砂纸型号与粒度对照表

粒度	粒度号*	尺寸/μm	代号
280 号	W50	～40	1 号
320 号	W40	40～28	0 号
400 号	W28	28～20	01 号
500 号	W20	20～14	02 号
600 号	W14	14～10	03 号
800 号	W10	10～7	04 号
1000 号	W7	7～5	05 号
1200 号	W5	5～3.5	06 号

* 有些资料中不用 W 而用 M 表示，如 M50、M40 等。

需要指出的是，水砂纸和金相砂纸是两种类型的砂纸，两者之间不能简单地看号数大小比较粗细，例如：虽然 800 号水砂纸比 600 号金相砂纸的号数大，但 800 号水砂纸要明显比 600 号金相砂纸更粗些。

试样的细磨既可用手工又可用机械的方法。

（1）手工细磨。手工细磨时，砂纸平铺在厚玻璃板上，左手按住砂纸，右手握住试样，将磨面轻压在砂纸上向前平推，然后提起，再拉回，不可来回磨。手工细磨操作如图 3-9 所示，试样磨面在磨制及抛光过程中的变化如图 3-10 所示。

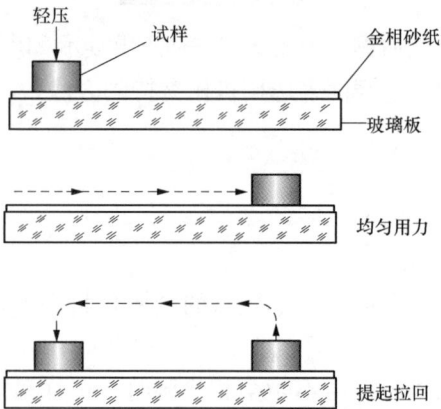

图 3-9　手工细磨操作示意图

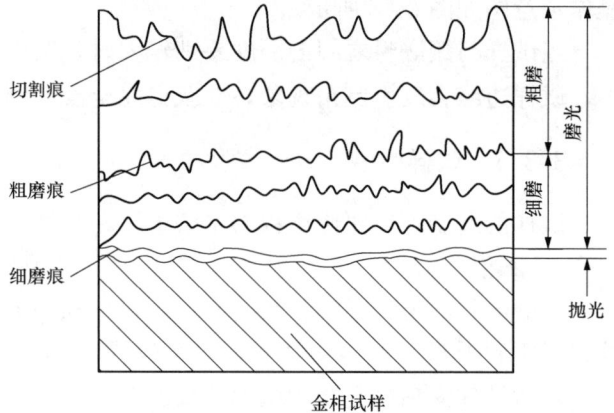

图 3-10　试样磨面在磨制及抛光过程中的变化图

手工细磨时应注意：

1）砂纸由粗到细，更换砂纸时不宜跳号太多，否则难以将前面砂纸留下来的表面划痕和变形层消除。

2）试样的磨制方向应尽量和上道工序的磨痕垂直或呈一定角度，当前磨制的划痕将上道砂纸留下的划痕完全覆盖后方可换下一道砂纸。

3）试样磨制时对试样的压力要适中，压力过小磨削效率低，压力过大会增加磨粒与磨面之间的滚动，产生过深的划痕，而且还会发热并造成新的变形层。

4）更换不同粒度的砂纸时，试样和手要清洗干净，以免将粗砂粒带到下道工序中，在磨制软试样时，应加煤油作润滑剂。

5）砂纸一旦变钝，磨削作用降低，不宜继续使用，否则磨粒与磨面间会产生表面扰乱层。

（2）机械细磨。机械细磨一般是用水砂纸在双盘金相水磨机上进行（如图 3-11 所示），磨制时将砂纸贴在磨盘上，砂纸编号也是从粗到细，其优点是效率高，同时由于在磨制过程中有水不断冷却，热量及磨粒不断被带走，不易产生变形层。

图 3-11　双盘金相水磨机

3.3.4　试样抛光

抛光的目的是去除细磨后磨面上留下来的细微磨痕和变形层，以获得平整光滑的镜面。抛光的方法按其原理的不同，可分为机械抛光、电解抛光和化学抛光等。

1. 机械抛光

金相试样的抛光工序一般分为粗抛与精抛两道，较软的试样一般不经粗抛而直接进行精抛，或采用其他抛光方法，以免造成严重的扰乱层。

粗抛的目的是消除细磨留下来的划痕，为精抛做准备，粗抛常用帆布、粗呢、法兰绒与粒度较粗的抛光剂，若试样磨制时最后一道工序用的砂纸粒度较细，可以不用粗抛而直接进行精抛。精抛的目的是消除粗抛留下来的划痕，得到光亮的磨面，精抛常用丝绒和细的磨料。

机械抛光是最为常用的方法，其操作方法及注意事项如下：

（1）试样经截取、磨光后可能存有残油或附着一些磨料微粒，因此，抛光前必须用水冲洗或用超声波清洗，超声波是最有效和彻底的清洗方法，不仅可以去除表面的污物，而且可除去缝隙、气孔内的细小污物。除此之外，抛光盘、工作台、操作者的手，也应保持洁净。

（2）抛光时握稳试样，磨面应均匀地压在旋转的抛光盘上，用力不宜太重，试样上的磨痕方向应尽量与抛光盘转动的方向垂直或成一定角度，并左右或沿径向方向缓慢移动，防止非金属夹杂物的拖尾现象，当划痕完全消除后，应立即停止抛光，以减少表层金属变形。

（3）抛光时应注意抛光液的浓度不宜过高或过低，过高并不会提高抛光效率，浓度太低则会明显降低抛光效率。

（4）抛光过程中要控制湿度，随时补充磨料及适量的水，以弥补水分的逐渐散失。湿度太大会减弱抛光磨削作用，增加滚动作用，使试样内较硬相呈现浮雕；湿度太低，容易使磨面产生过热或黏结抛光剂并降低润滑性，可能拖伤磨面，磨面失去光泽而有斑点。喷水量的确定以试样离开抛光盘后试样表面的水膜在数秒钟可自行挥发为宜。

（5）抛光后的试样立即用清水冲洗干净，并用酒精冲去残留水滴，可以用吹风机吹干，也可用脱脂棉球拭干。用脱脂棉球擦拭时，应沿一个方向一次性拭干，不可来回擦拭。

（6）清洗完成后，对试样进行低倍检查（目视和放大镜）和显微镜检查（通常在 $100\times$ 以下）。磨面应无划痕，污点、水迹、抛光残留物、无组织及夹杂物曳尾、橘皮状皱纹（多为扰乱层、变形层所致）、麻点等。

抛光磨料应具有高的硬度、强度，其颗粒均匀，好的磨粒外形尖锐呈多角形，破碎后会增加磨粒的切削刃口。若磨粒磨钝后会形成圆粒，不仅会失去磨削能力，还会在抛光盘和试样磨面之间滚动，容易使表面形成有害的扰乱层，甚至会把金属材料中的夹杂物脱出。常用的抛光磨料有：氧化铬（Cr_2O_3）、氧化铝（Al_2O_3）、氧化镁（MgO）、金刚石研磨膏和高效金刚石喷雾研磨剂。金刚石喷雾研磨剂是一种新型高效抛光剂，硬度极高，磨削力极强，制备的样品表面粗糙度低，广泛适用于碳钢、中低合金钢和高合金钢，粒度有 $0.5\mu m$、$1.0\mu m$、$5.0\mu m$ 等，对于电网设备常用钢铁材料，粒度 $1.0\mu m$ 和 $5.0\mu m$ 即可满足金相试样的抛光要求。

抛光织物在抛光过程中主要起支撑抛光磨料的作用，磨削作用可阻止磨料因离心作用而飞出去，其次是起储藏部分水分和润滑剂的作用，使抛光能顺利进行，再次是织物本身能产生摩擦作用，能使试样磨面更加平整光滑。

抛光织物的种类很多，有棉织物、呢子、丝织物和人造纤维等，一般可依据表面绒毛的长短将其分成三类：

（1）具有很厚绒毛的织物，如天鹅绒、丝绒等是常用的抛光织物。但不宜检验夹杂物与铸铁试样，由于长的绒毛会使夹杂物与石墨发生拖尾现象，也容易出现浮雕现象。

（2）质地坚硬致密不带绒毛的织物，如绸缎等织物，使用时用反面作为抛光面，主要用于抛光夹杂物及观察表面层组织的试样。

（3）介于二者之间，具有较短绒毛的织物，如法兰绒、呢子、帆布等，这类抛光布耐用，抛光效果和速度也较好，常用于粗抛。

2. 化学抛光

金属试样表面由于各组成相的电化学电位不同，形成了许多微电池，因此在化学溶液中产生不均匀溶解。在溶解过程中形成一层黏性氧化薄膜，磨面凸起处的厚度比凹陷处薄，溶解扩散速度比凹陷处快，故凸起部分首先溶解，逐渐使磨面平整光滑。

化学抛光液主要由氧化剂和黏滞剂组成。氧化剂起抛光作用，它们由酸类和过氧化氢组成。黏滞剂用于控制溶液中的扩散和对流速度，使化学抛光过程均匀进行。常用的化学抛光液及参数见表 3-2。

表 3-2　　　　　　　　　　　　　常用化学抛光液及参数

序号	抛光液成分	适用材料	抛光工艺参数
1	硝酸 30mL，氢氟酸 70mL，蒸馏水 300mL	铁及低碳钢	60℃
2	草酸 250g，过氧化氢 5mL（30%），硫酸 1 滴，蒸馏水 100mL	碳钢	常温，6min
3	草酸 7g，过氧化氢 5mL（30%），蒸馏水 100mL	低、中、高碳钢	常温
4	氢氟酸 14mL，过氧化氢 100mL，蒸馏水 100mL	碳钢及低合金钢	常温，8～30s，立即水洗
5	磷酸 70mL，冰醋酸 12mL，蒸馏水 15mL	铝及铝合金	95～120℃，2～6min
6	磷酸 70～90mL，硫酸 2.5～5mL，硝酸 3～8mL	铝及铝合金	80～100℃，0.55～2min
7	磷酸 75mL，硫酸 25mL	铝及铝合金	100～120℃，2min
8	磷酸 80mL，冰醋酸 15mL，硝酸 5mL	铝及铝合金	80～90℃，2～5min
9	磷酸 1000mL，过氧化氢 100mL	铝及铝合金	90～100℃，2～3min
10	磷酸 33mL，冰醋酸 33mL，硝酸 33mL	纯铜	60～70℃，0.5～1.5min
11	磷酸 15mL，硝酸 30mL，冰醋酸 55mL	纯铜	85℃，0.5～2min
12	磷酸 50mL，硝酸 28mL，冰醋酸 28mL	铜及其合金	常温，5～9s
13	磷酸 17mL，冰醋酸 66mL，硝酸 17mL	铜合金	48～55℃，30～60s

化学抛光操作与注意事项如下：

（1）根据试样材料选择化学抛光液配方，对于某些不易溶于水的药品可以采用加热的方式加速其溶解。

（2）化学抛光液应在烧杯中调配，可用木、竹或不锈钢镊子将试样夹住浸入抛光液中，搅拌并适时取出观察，也可夹持一小团被抛光液完全浸湿的脱脂棉球反复擦拭试样表面，擦拭时应注意不要划伤样品表面，直至达到抛光要求。

（3）抛光后的试样应立即用清水冲洗干净，并用酒精冲去残留水滴，可以用吹风机吹干，也可用脱脂棉球拭干。用脱脂棉球擦拭时，应沿一个方向一次性拭干，不可来回擦拭。

（4）化学抛光液使用一段时间后，抛光作用会减弱，需要及时更换新溶液。

化学抛光操作简单、快速,无须专用设备,抛光后的表面无变形层。但磨面凸起部分和凹陷部分的溶解速度差别不大,故经化学抛光后只能使磨面光滑,无法消除微小的起伏,在低和中等放大倍数下进行显微镜观察时,一般影响不大,但在高倍下则会看到波浪起伏,对试样观察造成一定程度的干扰。

3. 电解抛光

电解抛光采用电化学溶解作用,使试样达到抛光的目的。电解抛光(也称阳极抛光或电抛光)是把试样作为阳极,另一种经选择的金属作为阴极,将试样放入电解液中,接通直流电源,在一定的条件下,使试样磨面上凸起处产生选择性溶解,逐渐使磨面变得平整光滑。电解抛光装置原理图如图 3-12 所示。

电解抛光因金属材料的不同相应的电解抛光液成分也不同,电解抛光液的成分是确定电解抛光品质的重要因素,正确地选用抛光液至关重要。电解抛光液的种类很多,广泛应用的电解液主要有两种:一种是高氯酸电解液,另一种是铬酸电解液。常用的电解抛光液及规格见表 3-3。

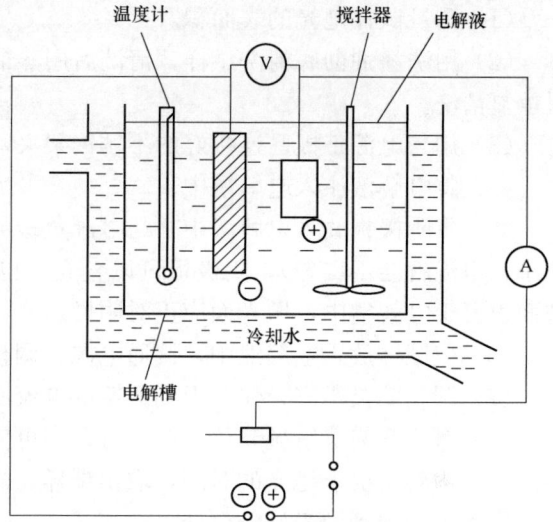

图 3-12　电解抛光装置原理图

表 3-3　　　　　　　　　　　　　　　常用的电解抛光液及规格

抛光液名称	成分/mL		规范	用途
高氯酸-乙醇水溶液	乙醇, 水, 高氯酸($\omega=60\%$)	800 140 60	30~60V 15~60s	碳钢、合金钢
高氯酸-甘油溶液	乙醇, 甘油, 高氯酸($\omega=30\%$)	700 100 200	15~50V 15~60s	高合金钢、高速钢、不锈钢
高氯酸-乙醇	乙醇, 高氯酸($\omega=60\%$)	800 200	35~80V 15~60s	不锈钢、耐热钢
铬酸水溶液	水, 铬酸	830 200	1.5~9V 2~9min	不锈钢、耐热钢
磷酸水溶液	水, 磷酸	300 700	1.5~2V 5~15s	铜及铜合金
磷酸-乙醇溶液	乙醇, 水, 磷酸	380 200 400	25~30V 4~6s	铝、镁、银合金

影响抛光时间的主要因素是电解液本身的抛光能力、金相试样待抛面预先的粗糙度（应磨到 600 号或 800 号金相砂纸）以及电解液的新旧程度。建议参阅《金属试样的电解抛光方法》（YB/T 4377—2014）。

电解抛光操作步骤及要求如下：

（1）测量试样抛光的表面积。

（2）用洗涤剂彻底清洗试样，清洗后用蒸馏水漂洗，如果试样表面与水不完全润湿，应再重复清洗。

（3）用与电源正极已连接好的不锈钢架夹，夹牢试样边部。

（4）将电解液注入电解槽中。

（5）将阴极板放入电解液中并与电源负极导线连接（阴极面积不能小于 $50cm^2$，阴极面积小，电流就会不均匀），阴极板可以直立，也可以平放在电解槽内，欲抛光的金相试样的磨面也置于电解槽中，抛光面应正对阴极。

（6）把试样放入电解液中，接通电源，调整到所要求的适当电压。

（7）调整阳极距离，便于得到预期的电流密度。

（8）对于简易电解抛光仪，抛光过程中可插入一支温度计，以便检测电解液温度。

（9）达到所要求抛光的时间，取出试样，断开电源开关。立即用水漂洗，然后用酒精清洗，干燥后即得到抛光好的试样。

电解抛光易得到一个无残留划痕的磨面，由于无机械力的作用，也不产生附加的表面变形，易消除表面变形扰动层。因此，经电解抛光的金相试样能显示材料的真实组织，尤其是硬度较低的金属或单相合金，对于极容易变形的合金，如奥氏体不锈钢、高锰钢等采用电解抛光更为合适。但有些电解抛光表面因形成钝化层而难以浸蚀，从而容易出现假象。电解抛光对金属材料成分的不均匀性及显微偏析特别敏感，所以对具有偏析的金属材料难以进行良好的电解抛光，甚至不能进行电解抛光。含有夹杂物的金属材料，不少溶液会先浸蚀非金属夹杂物，如果夹杂物受电解浸蚀，则夹杂物会被全部抛掉，如果夹杂物不被电解浸蚀，则保留下来的夹杂物会在试样表面上形成凸起浮雕。

3.3.5 试样浸蚀

金相组织显示常采用化学浸蚀的方法，而浸蚀剂是显示金相组织的特定的化学试剂，由于金属材料种类繁多，化学浸蚀剂也有很多种，归结起来有这样几类：酸类、碱类、盐类，其溶剂有水、酒精、甘油等。

1. 钢铁材料常用化学浸蚀剂

钢铁材料常用的化学浸蚀剂有硝酸酒精溶液、苦味酸溶液。浸蚀主要通过氧化作用，使试样中不同的组织受到不同程度的氧化溶解后反映出衬度，从而达到显示微观组织的目的。在用这两类浸蚀剂浸蚀铁素体和渗碳体两相组织时，其浸蚀的效果是不同的。硝酸酒精溶液能显示铁素体晶界，但不能显示金相组织细节部分，而且不太均匀，不能显示碳化物。苦味酸酒精溶液不仅显示组织均匀，而且能很好地显示和区分金相组织中相的细微部分，如马氏体和碳化物，但腐蚀速度较慢。对于化学性质不同的材料，需要选择不同成分的浸蚀剂，还应注意浸蚀剂的浓度、温度和浸蚀时间等的控制，才能获得理想的浸蚀效果。

常用钢铁材料化学浸蚀剂的成分、适用范围及使用要点见表 3-4。

表 3 - 4 　　　　　　　　　　　　　　　钢铁材料常用的化学浸蚀剂

序号	浸蚀剂	成分	适用范围及使用要点
1	硝酸酒精溶液	硝酸 2～4mL，乙醇 98～96mL	各种铸铁、碳钢、低合金钢等；浸蚀速度随溶液浓度增加而加快
2	硝酸酒精溶液	硝酸 25～30mL，乙醇 75～70mL	显示淬火高速钢的晶界和各种类型的碳化物
3	苦味酸酒精溶液	苦味酸 4g，乙醇 100mL	各种铸铁、碳钢、低合金钢等，显示珠光体、马氏体、贝氏体、淬火钢中的碳化物
4	饱和苦味酸水溶液	苦味酸 100g，水 100mL，适当加入洗净剂等润湿剂，加热 75～85℃	显示调质钢及渗碳钢的原奥氏体晶界
5	盐酸苦味酸水溶液	盐酸 5mL，苦味酸 1g，水 100mL	显示淬火回火后的钢的奥氏体晶粒或马氏体；除铁素体晶粒晶界外，一切组织均能显示，渗碳体最易浸蚀、奥氏体次之、铁素体最慢
6	氯化铁盐酸水溶液	三氯化铁 5g，盐酸 50mL，水 100mL	高合金钢、奥氏体不锈钢、奥氏体 - 铁素体不锈钢

2. 有色金属材料常用化学浸蚀剂

有色金属浸蚀剂的种类很多，应根据不同的合金以及组成相的特点，选用不同的浸蚀剂和采用不同的浸蚀方法，以便取得理想的浸蚀效果。有色合金的成分一般都比较复杂，各种组成相的抗蚀能力各有差异，全部都浸蚀到清晰可见比较困难，在同一个试样上，往往需要交替采用不同成分的浸蚀剂和采用不同的显示方法才能满足要求。

常用有色金属材料化学浸蚀剂的成分、适用范围及使用要点见表 3 - 5。

表 3 - 5 　　　　　　　　　　　　　　　有色金属材料常用的化学浸蚀剂

序号	浸蚀剂名称	成分	适用范围及使用要点
1	氯化铁盐酸水溶液	氯化铁 5g，盐酸 15mL，水 100mL	纯铜、黄铜及铜合金；铅、镁、镍、锌等合金；复杂合金的晶界
2	高锰酸钾氨水溶液	氨水 2 份，高锰酸钾（0.4%）3 份	显示铜、黄铜和青铜中的晶界
3	混合酸	硝酸 2.5mL，氢氟酸 1mL，盐酸 1.5mL，水 95mL	显示铝及铝合金的一般组织；显示硬铝组织；适用于 Al - Cu - Si - Mn、Al - Fe - Cu、Al - Cu - Si、Al - Cu - Mg、Al - Cu - Si - Zn 等复杂合金
4	氢氟酸水溶液	氢氟酸 0.1～1mL，水 99mL	显示一般铝合金组织、铸造铝合金和退火铝合金，能使 Al_3Ni 和 Al_3Fe 强烈浸蚀并发黑
5	高浓度氢氟酸水溶液	氢氟酸 50mL，水 50mL	显示工业高纯铝、工业纯铝及 Al - Mn 系合金的晶粒
6	氢氧化钠水溶液	氢氧化钠 1g，水 100mL	显示铝及铝合金组织

3. 化学浸蚀方法及注意事项

化学浸蚀方法有热浸蚀和冷浸蚀两种。

（1）热浸蚀法。是把浸蚀剂置于烧杯中，加热到预定温度，把试样磨面朝上放入烧杯中，保持预定时间，取出后水冲，再用酒精清洗后用吹风机吹干即可观察。

（2）冷浸蚀法。指在常温下的浸蚀，是常用的方法。具体操作方法有两种：第一种是浸入法，用木、竹或不锈钢镊子将试样夹住，抛光面朝下浸入浸蚀剂中轻轻搅动，以免表面产生沉淀物而形成不均匀的浸蚀；第二种是擦拭法，用木、竹或不锈钢镊子夹持一小团被浸蚀剂完全浸湿的脱脂棉球，反复擦拭试样表面，脱脂棉球需要不断补充新鲜试剂，直至达到理想的衬度为止。擦拭法会使试样表面留下划痕，尤其对较软的金属材料，除非特殊要求，一般不用擦拭法。

即使同一种材料热处理状态相同，采用的浸蚀剂不同，其浸蚀效果也会截然不同。浸蚀时间受多方面因素影响，如浸蚀剂成分、试样材质、热处理状态和温度等，主要依效果而定。一般放大倍数越高，浸蚀应越浅，浸蚀时间要短；放大倍数越小，浸蚀应越深，浸蚀时间要长。对于易氧化的材料（如碳钢、灰口铸铁、可锻铸铁、球墨铸铁等），浸蚀时一定注意被浸蚀面不能有水存在，浸蚀完用水冲洗后，要用无水乙醇多冲两遍，用热风吹干试样时温度不宜过高；试样一旦被氧化，就无法正确显示组织形貌，必须重新抛光后再浸蚀。

浸蚀的好与坏在很大程度上取决于浸蚀剂的正确选择与浸蚀时间的控制。在浸蚀过程中，应注意观察试样表面的情况，一般以试样的抛光面失去光泽呈灰色为宜，时间一般从几秒到几十秒。如果浸蚀不足，可以重复浸蚀；如果浸蚀过深，必须重新抛光后再浸蚀，有时甚至重新磨光与抛光后再浸蚀。

3.4 典型案例

某换流站交流滤波器场 500kV 瓷柱式断路器开关合闸过程中母线侧灭弧室的传动机构拐臂断裂，导致合闸不到位，灭弧室内部拉弧，最终导致灭弧室瓷套破裂。

宏观检查可见，内、外侧拐臂均断裂于拐臂本体处，如图 3-13 所示，断口较粗糙，无可见塑性变形，呈脆性断裂形貌，内侧拐臂断口处以及内、外侧拐臂的侧面均存在大量气孔，如图 3-14、图 3-15 所示。内侧拐臂断口较平整，断口存在一处尺寸较大的气孔缺陷，如图 3-16 所示，最大尺寸约 5mm，并覆盖有腐蚀产物，断口存在磨损现象，如图 3-17 所示；外侧拐臂断口有一定倾斜角度（如图 3-18 所示），从内、外侧断口表面形貌特征分析，可以确认内侧拐臂先于外侧发生断裂。

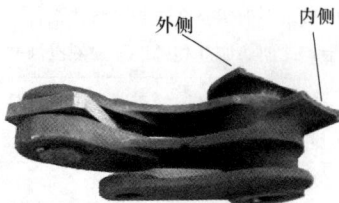

图 3-13 内、外拐臂断口

图 3-14 内侧拐臂侧面气孔

图 3 - 15　外侧拐臂侧面气孔

磨损

图 3 - 16　内侧拐臂断面处气孔

图 3 - 17　内侧拐臂断口形貌

图 3 - 18　外侧拐臂断口形貌

对内、外两侧拐臂断口处取样，分别编号为 1 号、2 号，进行金相检测，检测步骤如下：

1. 查阅资料

拐臂材质为 QT 500 - 7 球墨铸铁。

2. 取样

用记号笔在内、外侧拐臂处标记取样部位，采用线切割截取样品。因拐臂厚度较小，为避免试样磨制过程中磨面出现斜面、边缘弧度等，采用热镶嵌法制备试样，将试样待磨面倒置于钢模底部，适量加入镶嵌料，紧固顶压螺杆，先转动加压手轮到压力指示灯亮，设定好加热温度后开始加热。待压力指示灯熄灭后，继续增加压力至指示灯亮，等 10 分钟左右停止加热，卸载顶压螺杆，转开定盖，冷却后升模，取出镶嵌好的试样。

3. 粗磨

将 120 号水砂纸置于水平玻璃板上，按手工细磨的方法磨制磨面，直至金属磨面完全露出、平整。

4. 细磨

使用双盘金相水磨机，将带背胶的 240 号、400 号、600 号水砂纸依次平整粘贴在磨盘上，调节水量大小，按水砂纸编号由小到大的顺序磨制试样。试样的磨制方向应尽量和上道工序的磨痕垂直，每道砂纸磨制后，观察试样磨面形貌，当上一道工序的磨痕消失后，用清水冲洗试样，清除污染物和磨料。

用水砂纸磨制完成后，清洗试样、晾干（或用脱脂棉擦拭磨面）。再依次用 400 号、600 号金相砂纸手工磨制试样。

5. 抛光

抛光前对试样进行超声清洗，将绒毛较短的织物平整粘贴在抛光盘上。铸铁试样的抛光微粒应首选氧化镁粉，因为它对于石墨的剥落程度最轻，而且抛光后试样表面亮度较好，纹痕极少。选用润滑性良好的煤油作润滑剂，转速控制在 $300\sim400\mathrm{r/min}$，对于不能调速的抛光机在抛光盘中心处抛光，抛光时间控制在 $3\sim5\mathrm{min}$。抛光时握稳试样，磨面均匀地压在旋转的抛光盘上，用力不宜太重，试样上的磨痕方向应尽量与抛光盘转动的方向垂直或成一定角度，并左右或沿径向方向缓慢移动，适量添加水以保持抛光织物的湿度。试样磨面光滑、平整、无肉眼可分辨磨痕时，试样抛光工序完成。

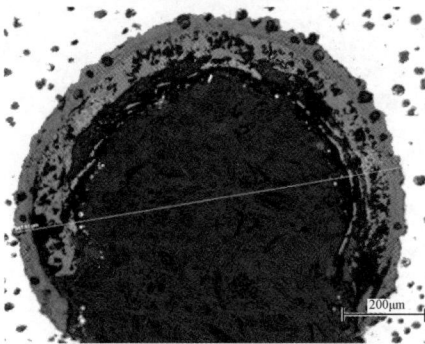

图 3-19　2 号截面气孔缺陷

6. 未经浸蚀试样观察

用无水乙醇清洗磨面及试样边缘附着的抛光织物和污染物，用电吹风吹干后将试样放置在金相显微镜下，观察磨面上的气孔、石墨分布形态等，如图 3-19～图 3-21 所示，测量气孔尺寸。使用金相分析软件测定 1 号、2 号试样石墨的球化率。

7. 浸蚀

将 4% 硝酸酒精溶液倒入表面皿中少许，手持试样使其磨面向下浸入表面皿中轻轻摇动。浸蚀过程中，应注意观察试样表面的情况，当试样的抛光面失去光泽呈灰色时将试样取出，用无水乙醇冲洗，吹干试样。

8. 浸蚀后试样观察

将试样置于金相显微镜下观察显微组织形貌，如图 3-22、图 3-23 所示。

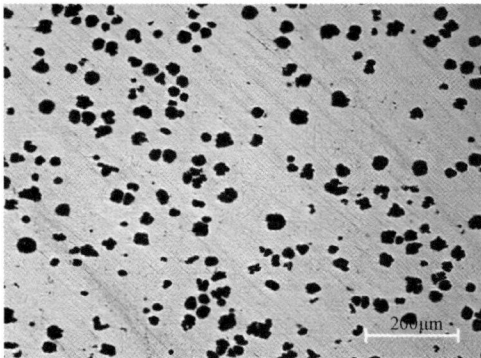

图 3-20　1 号球团状石墨（未浸蚀）

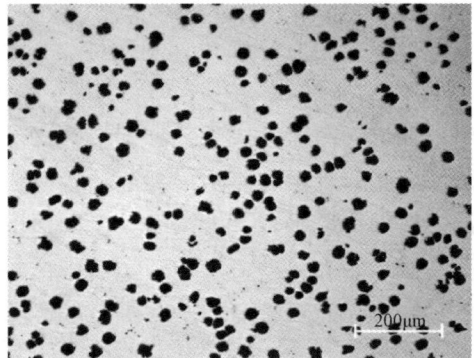

图 3-21　2 号球团状石墨（未浸蚀）

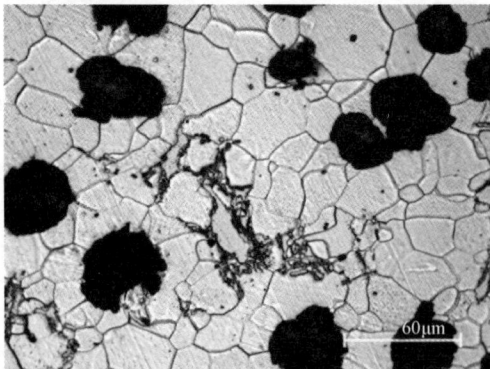

图 3-22　1 号金相组织形貌

图 3-23　2 号金相组织形貌

　　金相检测表明，1 号试样截面未见明显缺陷，2 号试样截面可见气孔缺陷，气孔直径为 $952\mu m$。1 号、2 号试样中石墨大部分呈球团状，参照《球墨铸铁金相检验》（GB/T 9441—2009），球化率分别为评定为 90%、89%，球化级别分别为 2 级、3 级。1 号、2 号试样的金相组织均为铁素体、石墨和珠光体。

　　除宏观检查和金相检测外，还进行了硬度检测、拉伸试验和断面成分能谱分析，试验结果表明拐臂的硬度和抗拉强度均远低于标准下限，断面气孔区域 P、S、Al、Si 等杂质含量远高于无缺陷区域。综合分析认为，拐臂铸造工艺不良，在铸造成型过程所产生的大量气孔缺陷直接导致了材料硬度和抗拉强度性能不合格，不足以长期承受开关分合操作下的应力，于最薄弱部位形成裂纹，裂纹在应力作用下逐渐扩展，最终断裂。

第4章
力 学 性 能 检 测

金属材料在各种外加载荷（拉伸、压缩、弯曲、扭转、冲击、交变应力）作用下抵抗破坏的性能称为金属材料的机械性能（力学性能）。金属材料的机械性能主要指标有强度、硬度、塑性、韧性等，这些性能指标可以通过机械性能试验测定。对一般金属材料而言，常见的机械性能试验有拉伸性能试验、冲击性能试验、弯曲性能试验等。对紧固件而言，常见的机械性能试验包括螺栓（或螺钉）成品楔负载试验、螺母保证载荷试验等。

4.1　基本知识

4.1.1　拉伸性能试验

拉伸性能试验是指在承受单向拉伸载荷下测定材料特性的试验方法。利用拉伸性能试验得到的数据可以确定材料的弹性极限、弹性模量、抗拉强度、屈服强度、断后伸长率和断面收缩率等性能指标，是考察材料力学性能的基本试验方法之一。因为它具有简单、可靠、试样容易制备等优点，所以是力学性能试验中最普遍、最常用的方法。所得到的强度和塑性数据，是工程设计、材料验收和材料研究的重要依据。

拉伸性能试验过程中可以真实地观察到材料在外力作用下产生弹性变形、塑性变形和断裂等各个阶段的全过程，可以研究金属材料在给定条件下的力学性能变化规律。

依据拉伸性能试验过程中获得应力 - 应变曲线，如图 4 - 1 所示，可以将试样受拉过程分为弹性变形阶段、塑性变形阶段及断裂三个阶段。

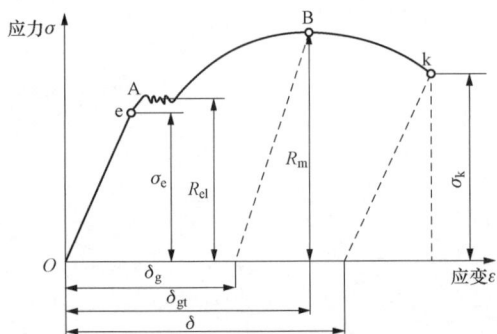

图 4 - 1　低碳钢应力 - 应变曲线

1. 弹性变形阶段

这个阶段中试样的变形是弹性的，如果试样所受的外力卸除，则试样的伸长便消失，试样会迅速地恢复到原来的长度，不产生残余伸长。

（1）比例极限。在图 4 - 1 的 Oe 段，应力与应变是正比例关系，此段也称为线弹性比例变形阶段。保持应力与应变成正比例关系的最大应力就称为比例极限。

（2）弹性极限。在图 4 - 1 中，当超过 e 点后，虽然仍然是弹性变形，但应力与应变成比例的关系被破坏，超过 A 点后，材料就产生了塑性变形。所以 A 点的应力就是材料由弹性变形过渡到弹 - 塑性变形的应力，称为弹性极限。

2. 塑性变形阶段

在这个阶段中，试样的变形不但发生弹性变形，同时产生塑性变形。即当外力卸除后，其变形不能全部恢复，而留下了永久性变形，这种变形叫作塑性变形。

（1）屈服强度（R_{eL}、R_{eH}）。在拉伸曲线上，当超过 A 点时，外力不增加或者下降，而试样仍在继续伸长，这种现象称为屈服现象，它所对应的应力叫作屈服强度。上屈服强度（R_{eH}）是指试样发生屈服而力首次下降前的最大应力，下屈服强度（R_{eL}）是指在屈服过程中不计初始瞬时效应的最小应力。

（2）规定塑性延伸强度（R_P）。塑性延伸率即规定的引伸计标距百分率时对应的应力。部分材料在实际试验时并不呈现出明显屈服状态，而呈现出连续的屈服状态，此种情况材料不具有可测的上屈服强度和下屈服强度性能，此时建议测量规定塑性延伸率为 0.2% 时的应力，即 $R_{P0.2}$，并注明无明显屈服。

（3）抗拉强度 R_m。屈服现象过后，若继续使试样变形，需不断增加载荷。随着变形的增大，施加的载荷也不断增加。对塑性材料来说，应力-应变曲线上 B 点以前的试样变形为均匀变形，即试样各部的伸长基本是一样的。过了 B 点后，变形将集中于试样的某一部位。抗拉强度是表征材料对最大均匀变形的抗力，表征材料在拉伸条件下所能承受的最大载荷应力值，即式（4-1）：

$$R_m = F_m / S \tag{4-1}$$

式中　F_m——试样承受最大均匀变形的外力，N；

　　　　S——标距段横截面积，mm²；

　　　　R_m——抗拉强度，MPa。

3. 断裂

试样拉伸试验的最终过程是断裂。断裂从宏观上看是瞬间现象，实际上在拉伸曲线图上过 B 点后，试样的变形就是转向局部变形，进入缩颈后即孕育着断裂。

断后伸长率（A）是断裂后试样标距长度与原始标距长度的相对伸长量除以试样的原始标距长度，用百分数表示。应将试样断裂的部分仔细地配接在一起使其轴线处于同一直线上，并采取特别措施确保试样断裂部分紧密接触后测量试样断后标距。断后伸长率按式（4-2）计算：

$$A = \frac{L_u - L_0}{L_0} \times 100\% \tag{4-2}$$

式中　A——断后伸长率，%；

　　　　L_0——试样原始标距长度，mm；

　　　　L_u——断后试样的标距长度，mm。

断面收缩率（Z）是试样平行长度部分的原始横截面积与试样断后最小横截面积之差除以试样平行长度部分的原始横截面积，用百分数表示。将试样断裂部分仔细地配接在一起，使其轴线处于同一直线上。断裂后最小横截面积的测定应准确到 ±2%。断面收缩率按式（4-3）计算：

$$Z = \frac{S_0 - S_u}{S_0} \times 100\% \tag{4-3}$$

式中　Z——断面收缩率，%；

　　　S_0——平行长度部分的原始横截面积，mm^2；

　　　S_u——断后最小横截面积，mm^2。

4.1.2　冲击性能试验

冲击性能试验工作原理是将规定几何形状的缺口试样置于试验机两支座之间，缺口背向打击面放置，用摆锤一次打击试样，测定试样的吸收能量。

夏比冲击试验是金属力学试验中最基本的试验方法之一，冲击吸收能量是部分冶金产品质量标准对材料的检验指标之一，较为直观地反映材料的抗弹、塑性变形的能力和材料抗破断的缺口敏感度，是评定金属材料在冲击载荷下韧性的重要手段，一直是材料理化检验的重要考核指标，是工程设计和构件安全使用的重要考量依据。

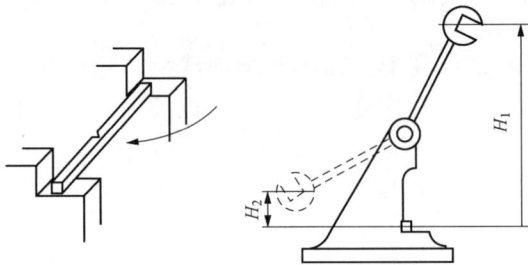

图 4-2　摆锤冲击试验装置

通常采用的摆锤冲击试验装置如图 4-2 所示。试验时，将具有一定质量 m 的摆锤提至一定高度 H_1，使之具有一定的势能 mgH_1；将试样置于支座上固定好，然后将摆锤释放，在摆锤下落到最低位置时将试样冲断，摆锤冲击试样时的速率一般为 4～7m/s，试样缺口根部应变率与缺口形状尺寸有关，一般为 $10^3/s$ 数量级；摆锤冲断试样时损失一部分能量，这部分能量即摆锤冲断试样所做的功，称为吸收能量，记为 K，剩余的能量使摆锤扬起一定的高度 H_2。于是，吸收能量 K 为：

$$K = mgH_1 - mgH_2 = mg（H_1 - H_2）\tag{4-4}$$

根据试验测定的吸收能量，可求出材料的冲击功 A_K：

$$A_K = \frac{K}{S}\tag{4-5}$$

式中　K——吸收能量，J；

　　　S——试样缺口截面积，cm^2；

　　　A_K——冲击吸收功，J/cm^2。

4.1.3　弯曲性能试验

弯曲性能试验是测定材料承受弯曲载荷时的力学特性试验，以圆形、方形、矩形或多边形横截面试样在弯曲装置上经受弯曲塑性变形，不改变加力方向，直至达到规定的弯曲角度。弯曲试验时，试样两臂的轴线保持在垂直于弯曲轴的平面内。试样一侧为单向拉伸，另一侧为单向压缩，最大正应力出现在试样表面，用于检验材料表面缺陷。电网设备用钢结构 180°冷弯试验常采用的支辊式弯曲试验装置示意图如图 4-3 所示。

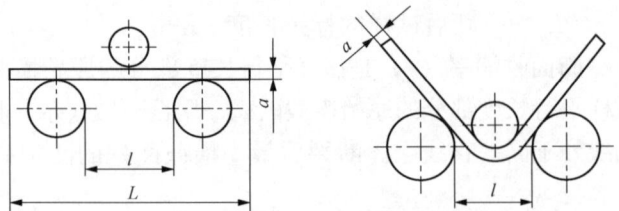

图 4-3　支辊式弯曲试验装置示意图

4.2　力学性能检测设备和器材

4.2.1　电子万能试验机

材料试验机是最基本的、也是最重要的材料力学性能测试设备，一般可通过更换不同的工装来实现拉伸、压缩、弯曲、剪切等力学试验，因此也被称为电子万能试验机，如图 4 - 4 所示。根据试验加载的动力源不同，试验机分为液压试验机和电子试验机两大类。现在的试验机一般采用伺服系统进行控制，以提高试验机的精度和可靠性，并结合计算机软件提供丰富的加载控制及数据采集处理功能。

4.2.1.1　电子万能试验机结构

电子万能试验机一般由测量系统、中横梁驱动系统及载荷机架三部分组成。

1. 测量系统

测量系统主要是用以检测材料的承受载荷大小、试样的变形量及中横梁位移多少等。载荷测量是通过应变式载荷传感器及其放大器来实现的。电子万能试验机特点之一是载荷测量范围宽，几克至上百吨，都可以满足精度指标要求。它一方面是通过更换不同量程的载荷传感器；另一方面是改变高性能载荷放大器的放大倍数来实现。放大倍数一般分为 1、10、20、25、50、100 等，与不同量程的传感器配合实现整机载荷量程的覆盖，以满足全载荷试验量程的覆盖。

图 4 - 4　电子万能试验机

试样变形的测量是通过引伸计及放大器构成应变测量系统实现的。标距种类一般分为 100、50、25、12.5mm 等。为了扩大使用范围，通常用改变放大器的放大倍数来实现。一般放大器的放大倍数可分为 1、2、5、10 及 20 五个档级，从而减少了引伸计的规格种类。

2. 中横梁驱动系统

中横梁驱动系统一般由速度设定单元、伺服放大器、功率放大器、速度与位置检测器、直流伺服电动机及传动机构组成。由直流伺服电动机驱动主齿轮箱，带动丝杠使中横梁上下移动，实现拉伸、压缩和各种循环试验。速度设定单元主要是给出了与速度相对应的准确模拟电压值或数字量，要求精度高、稳定可靠，并且范围宽。伺服放大器的作用实际上是一个将速度给定信号、速度检测信号、位置检测信号及功率放大器的电流大小汇总在一起，按要求运算后发出指令去驱动功率放大器，进而使直流伺服电动机按预先给定速度转动。伺服控制系统有三个环路，即通常所说的速度、位置及电流反馈，采用了光电编码器类的解析器，作为检测元件的位置反馈系统是速度控制精度高的基本保证。

3. 载荷机架

包括上横梁、中横梁、台面和丝杠副。有的试验机用两根圆柱与上横梁和台面构成框架，这两根圆柱作为中横梁上下运动的导向柱；也有的用槽钢与上横梁和台面构成框架，这样既保证了机架的刚度又使机架结构匀称合理。传动载荷丝杠一般选用梯形丝杠或滚珠丝杠，丝杠与中横梁啮合处采用了消隙结构。试验机在做全反复试验时，可大幅减少载荷换向间隙，从而提高传动精度。

4.2.1.2　试验机技术要求

试验机测力系统应按照《静力单轴试验机的检验 第1部分 拉力和（或）压力试验机测力系统的检验与校准》（GB/T 16825.1—2008）进行校准，并且其准确度应为1级或优于1级。为了保证试验结果准确可靠，拉伸试验机应满足如下要求：

(1) 加力和卸力应平稳、无冲击和颤动；

(2) 测力示值误差不大于1%，达到试验机检定的1级精度；

(3) 指针的变动不大于0.1个分度；

(4) 试验保持时间不应少于30s，在30s内力的示值变动范围应小于0.4%；

(5) 试验机及其夹持装置应保证试样轴向受力。

试验机应由计量管理部门或本单位的计量管理人员按有关规程检定，凡未检定或检定不合格的试验机，严禁在生产及科研中使用。

4.2.1.3　引伸计的结构及选用

引伸计是测量拉伸试样的微量变形，或者研究构件在外力作用下的线性变形所采用的仪器。引伸计一般由以下三部分组成：

(1) 感受变形部分。用来直接与试样表面接触，以感受试样的变形。

(2) 传递和放大部分。把所感受的变形加以放大的机构。

(3) 指示部分。指示或记录变形大小的机构，有机械式和光学式两种。

应变式位移传感器主要由粘贴有应变片的弹性元件组成。在小应变条件下，弹性元件上的应变与所受外力成正比，也与弹性元件的变形成正比。如果在弹性元件的合适部位粘贴上应变片，并接成电桥形式，则可将弹性元件所感受的变形转换成电参量输出，再通过放大、显示或记录仪器就可以把变形量显示或记录下来。这种传感器的特点是精度高、线性好、装卸方便，试样断裂时，弹性元件能自动脱落，可用来测定拉伸全曲线。

引伸计的准确度级别应符合《单轴试验用引伸计的标定》（GB/T 12160—2002）的要求。测定上屈服强度、下屈服强度、屈服点延伸率、规定塑性延伸强度、规定总延伸强度、规定残余延伸强度及规定残余延伸强度的验证试验，应使用不低于1级准确度的引伸计；测定其他具有较大延伸率的性能，例如抗拉强度、最大力总延伸率和最大力塑性延伸率、断裂总延伸率及断后伸长率，应使用不低于2级准确度的引伸计。

4.2.2　摆锤冲击试验机

摆锤冲击试验机一般包括以下部分：主机身、取摆机构、挂脱摆机构、摆锤、度盘或显示屏、砧座、防护装置、电气控制单元。

图4-5　摆锤冲击试验机

从自动化程度上分为手动、半自动、全自动冲击试验机、全自动机器人冲击试验机等。从显示方式上分为度盘显示、液晶显示、计算机显示冲击试验机。

早期的摆锤冲击试验机多采用度盘显示，挂摆、冲击、制动均为人工手动控制（如图4-5所示），原理是利用摆锤冲击前势能与冲击后所剩势能之差在度盘上显示出来的方式，得到所测试样的吸收能量。

全自动冲击试验机通过高速载荷测量传感器产生信号，经高速放大器放大后，由快速 A/D 转换器转换成数字信号送给计算机进行数据处理，同时通过检测角位移信号送给计算机进行数据处理，精确度高。由于加载了高速角位移监控系统和载荷测量传感器经计算机高速采样及数据处理，可显示载荷挠度（或载荷时间）曲线以及能量时间曲线，能够瞬时测定和记录。材料在人工批量试样上料后，自动进行试样冲击，完成试验后自动上传试验数据，实现了全自动化冲击试验。

4.2.3　低温冲击试验机

全自动机器人送样低温冲击试验机如图 4-6 所示，其集成系统主要由冲击试验机、工业机器人、气动夹具、试样盘、试样盘定位台、低温槽、安全围栏及控制系统操作站组成。以机器人为位置核心，组成一套封闭式全自动冲击试验系统。机器人运动速度快，自动对中，重复定位精度高，试样转移时间（离开低温环境至打断）不大于 5s 的要求，保证了冲击试验数据的精度。

低温冲击试验机主要包括冲击试验机、低温装置及电器控制操纵部分。

（1）冲击试验机与室温冲击试验机相比，它除了底座、机身、摆锤及表盘，增加了保护罩。低温冲击试验时，试样靠机械自动送到支座上。

（2）低温冷却装置。试样低温冷却装置应满足《金属材料夏比摆锤冲击试验方法》（GB/T 229—2007）的规定。低温装置能够冷却试样到所要求的试验温度，并能保持这一温度。当试样温度降到试验温度时，应保持足够时间，使试样表面温度与心部温度一致。

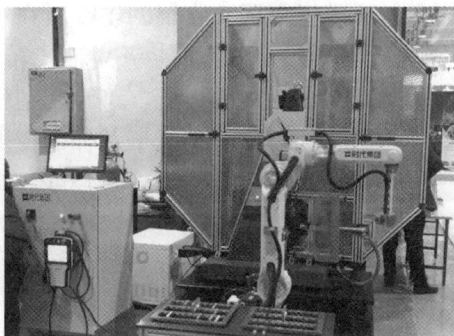

图 4-6　全自动机器人送样低温冲击试验机

（3）保温。试样应在规定温度下保持一段时间。使用液体介质时，介质温度应在规定温度 ±1℃ 以内，保温时间不少于 5min；当使用气体介质冷却试样时，试样距低温装置内表面以及试样与试样之间应保持足够的距离，试样应在规定温度下保持至少 20min。

（4）冷源。低温冲击试验试样冷却装置使用的冷源，最常用的是干冰（固体二氧化碳）和液氮。用乙醇作为介质，干冰为冷源，可以获得 −70℃ 以上的温度；用液氮作为冷源可获得 −90～0℃ 的低温。当试验温度为 −90～−70℃ 时，一般使用液氮作为冷源。对于输变电构件的低温冲击试验一般温度为 −20℃ 和 −40℃，常采用乙醇作为介质，干冰为冷源。

（5）低温控制。试样置于冷却装置后，应均匀搅拌介质以使温度均匀。测温用热电偶应置于一组试样中间处。

（6）试样转移。当试验不在室温进行时，试样从低温装置中移出至打断的时间应不大于 5s。转移装置应能使试样温度保持在允许的温度范围内，转移装置与试样接触部分应与试样一起冷却，应采取措施确保试样对中装置不引起低能量高强度试样断裂后回弹到摆锤上而引起不正确的能量偏高指示。试样端部和对中装置的间隙或定位部件的间隙应大于 13mm，否则，在断裂过程中，试样端部可能回弹至摆锤上。

一般试样转移过程中温度会逐步回升，试样实际温度会高于在低温容器中的试样温度。为了减少送样时温度升高的影响，可采取对试样冷却时有一定过冷度的方法，以补偿送样过程中温度升高的影响。

4.2.4 弯曲试验机

弯曲试验一般在各类万能试验机和压力试验机上进行。试验机的精确度应为1级或优于1级；应能在规定的速度范围内控制试验速度，加力、卸力应平稳，无振动、无冲击；试验机应有三点弯曲试验装置，施力时弯曲试验装置不应发生相对移动和转动。常用三点弯曲装置要求如下：

（1）两个支辊的直径应相同，压头的直径一般与支辊的直径相同。支辊和压头的长度应大于试样直径或宽度。

（2）两个支辊的轴线应平行，压头的轴线应与两支支辊的轴线平行。

（3）压头的轴线至两个支辊的轴线的距离应相等，偏差不大于±0.5%。试验时，力的作用方向应垂直于两支支辊的轴线所在平面。

（4）试验时，支辊应能绕其轴线转动，但不发生相对位移。两个支辊间的距离应可调节，应带有指示距离的标记，跨距应精确到±0.5%。

（5）支辊的硬度应不低于试样的硬度，其表面粗糙度 Ra 应不大于 $0.8\mu m$。

（6）支辊式弯曲装置的支辊长度和弯曲压头的宽度应大于试样宽度或直径。弯曲压头的直径由产品标准规定。支辊和弯曲压头应有足够的硬度。

（7）除非另有规定，试验前支辊间距 l 应按式（4-6）确定，对于180°弯曲试验，试验过程中距离会发生变化。

$$l = (D + 3a) \pm \frac{a}{2} \tag{4-6}$$

式中　l——支辊间距，mm；

　　　D——弯曲压头直径，mm；

　　　a——试样厚度或直径，mm。

4.3 力学性能检测工艺

4.3.1 试样制备

4.3.1.1 试样状态

按照产品标准规定，试样状态分为交货状态和标准状态。电网设备金属技术监督检测工作中，一般在到货验收阶段开展检测工作，也可根据工作需要在设备制造阶段截取样坯，如在铁塔制造厂家截取钢板、角钢、法兰等样坯，其试样状态均可认为是交货状态。

1. 交货状态

用于交货状态试验的试料应从下列两种状态中任选一种：

（1）成形或热处理完成以后的产品。

（2）如在热处理之前取样，试料应在与交货产品相同的条件下进行热处理。

所采用试料切割方式应不能改变用于制作试样的那部分试料的特性，当试料需要压平或矫直时，除非产品标准另有规定，压平或矫直应在冷状态下进行。

2. 标准状态

用于标准状态下试验的试料，应按产品标准或合同规定的生产阶段取样。所采用的试料切割方式应不改变用于提供后续热处理试样部分试料的特性，如果试料应压平或矫直，可在热处理前进行热加工或冷加工。热加工温度应低于最终热处理温度。

4.3.1.2　试样类型

1. 从原材料上直接切取样坯，然后按标准规定加工成标准试样。如角钢、地脚螺栓、钢板板材、直缝焊管管材和导地线线材等，根据国家标准、行业标准或国网企标的规定，按批次在某一特定部位取出一定尺寸的样坯，加工成所需的拉伸、弯曲和冲击等试样。

2. 从产品（结构或零部件）的某一部位（一般是最薄弱、最危险的部位）截取样坯，加工成一定尺寸的试样，进行相应的力学性能试验。一般常用于失效分析和构件应力校核，校核设计计算结果的正确性，也可检验产品热处理及加工工艺等是否符合相关产品标准要求，查找失效原因。

3. 把零部件或结构件作为样品，直接进行力学性能试验，如断路器弹簧、紧固件螺栓和螺母等。

4.3.1.3　样坯截取的原则和规定

1. 样坯截取原则

取样部位要有代表性，对原材料而言，由于型材、棒材、板材、管材等各部位的性能不尽相同，因此应在特定的部位取样，才有代表性和可比性。对实际零部件而言，具有代表性的一般是最薄弱、最危险部位。

样坯截取部位、方向、尺寸和数值均应按有关标准、技术条件或协议进行。

2. 样坯截取相关规定

按照《钢及钢产品　力学性能试验取样位置及试样制备》（GB/T 2975—2018）的要求，样坯截取的规定是：

（1）样坯应在外观及尺寸合格的钢产品上截取。

（2）取样时，应对抽样产品、试料、样坯和试样做出标记，以保证始终能识别取样的位置及方向。

（3）截取样坯时，应防止受热、加工硬化、变形而影响其力学性能。样坯的截取方法一般有烧割法和冷剪法两种。用烧割法切取样坯时，材料在加热下熔化，从而使样坯从整体中分离出来。在熔化区附近，材料所经受的局部高温将会引起材料性能的很大变化，因此从样坯切割线至试样边缘必须留有足够的余量。一般应不小于钢产品的厚度或直径，且最小不得少于 12.5mm。对厚度或直径大于 60mm 的钢产品，其切割余量可根据相关方协议适当减少。用冷剪法（如激光切割、数控锯切、水刀等）切取样坯时，在冷剪边缘会产生塑性变形，厚度或直径越大，塑性变形的范围也越大，因此必须留下足够的剪割余量。冷剪样坯加工余量应按《钢及钢产品力学性能试验取样位置及试样制备》（GB/T 2975—2018）附录 B 执行。在试样加工时，把这一部分余量去掉，从而不影响试样的力学性能。

4.3.1.4　样坯取样位置

电网钢构件力学性能检测主要针对输电线路铁塔和变电站用角钢、钢板、直缝焊管、法兰等，组合电器、变压器等大型设备的底座支撑用工字钢、槽钢等型钢，铁塔用导地线、紧固件和地脚螺栓。

1. 型钢

（1）型钢腿部宽度方向截取样坯位置如图4-7所示。

对于翼缘有斜度的型钢，可从腹板取样如图4-7（b）所示，经协商也可从翼缘处取样进行机加工。对于翼缘无斜度且大于150mm的产品，应从翼缘取拉伸试样，如图4-7（c）所示。对于其他产品，如果产品标准有规定，也可从腹板取样。

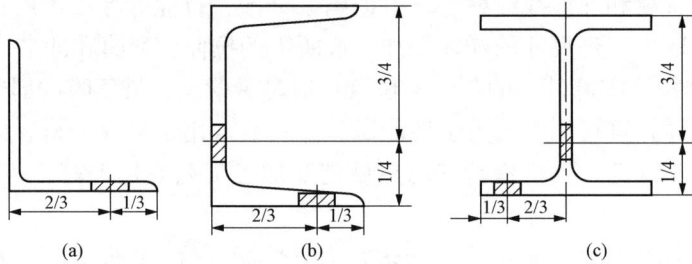

图4-7　型钢拉伸和冲击试样在型钢腹板和翼缘宽度方向的取样位置
(a) 角钢；(b) 槽钢；(c) 工字钢

（2）型钢厚度方向取样位置。

型钢拉伸试样在型钢翼缘厚度方向的取样位置如图4-8所示，除非产品标准另有规定，应位于翼缘的外表面取样，在机加工和试验机能力允许时，应取全厚度试样，如图4-8（a）所示。

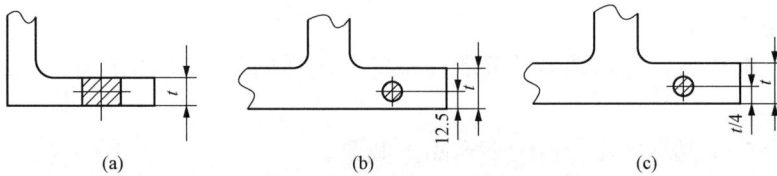

图4-8　型钢拉伸试样在型钢翼缘厚度方向的取样位置
(a) $t \leqslant 50mm$；(b) $t \leqslant 50mm$；(c) $t > 50mm$

型钢冲击试样在型钢翼缘厚度方向的取样位置如图4-9所示。除非产品标准另有规定，试样位置应位于翼缘的外表面。

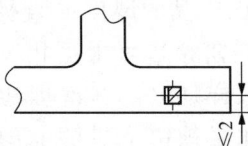

图4-9　型钢冲击试样在型钢翼缘厚度方向的取样位置

2. 圆形棒材和盘条

电网设备中圆形棒材主要有地脚螺栓、导电杆、变压器拉杆和开关传动拉杆等部件，盘条主要有导地线拉制成丝前铝条等。棒材和盘条拉伸试样的取样位置如图4-10所示。当机加工和试验机能力允许时应取全截面试样，如图4-10（a）所示。

棒材和盘条冲击试样的取样位置如图4-11所示。

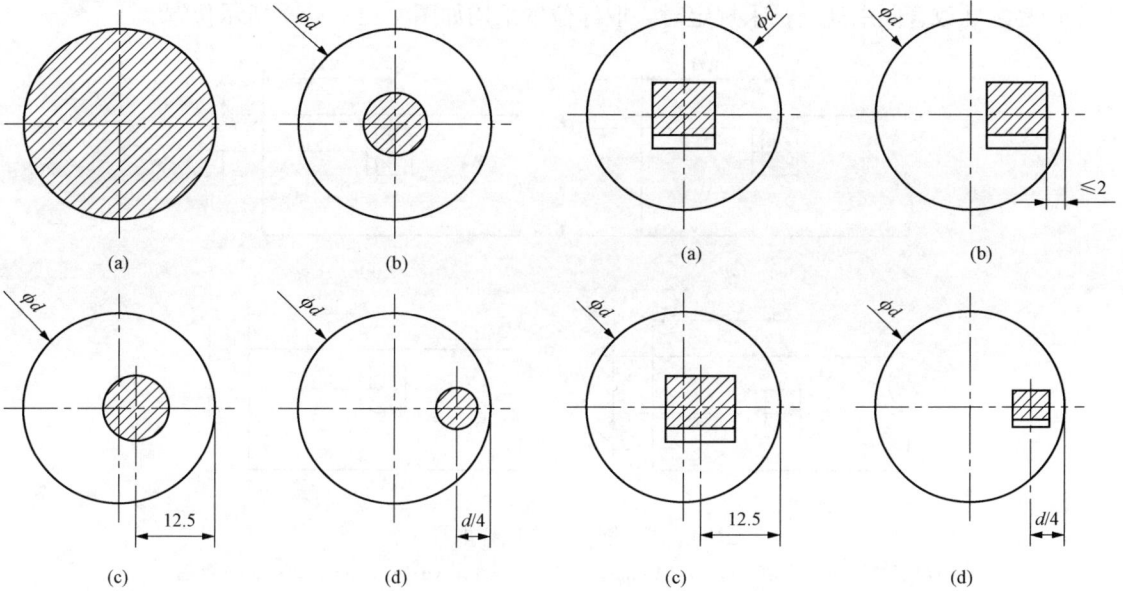

图 4 - 10　棒材和盘条拉伸试样的取样位置

（a）全截面；（b）$d \leqslant 25$mm 时的圆形试样；

（c）$d > 25$mm 时的圆形试样；（d）$d > 50$mm 时的圆形试样

图 4 - 11　棒材和盘条冲击试样的取样位置

（a）$d \leqslant 25$mm；（b）25mm$< d \leqslant 50$mm；

（c）$d > 25$mm；（d）$d > 50$mm

3. 钢板

钢板的取样方向和取样位置应在产品标准或合同中规定。未规定时，应在钢板宽度 1/4 处截取横向样坯。当规定取横向拉伸试样时，钢板宽度不足以在 $W/4$ 处取样，试样中心可以内移但应尽可能接近 $W/4$ 处。

钢板拉伸试样取样位置如图 4 - 12 所示。当机加工和试验机能力允许时应取全截面试样，如图 4 - 12（a）所示。

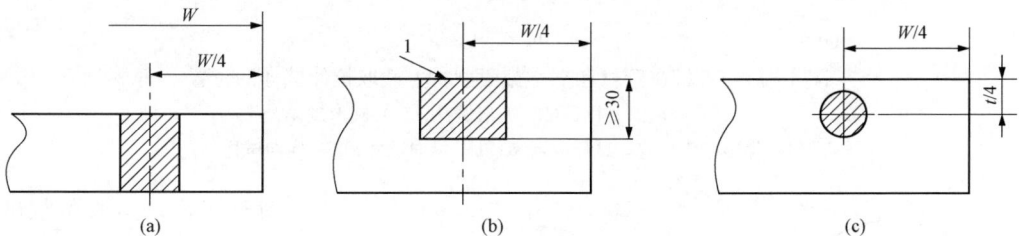

图 4 - 12　钢板拉伸试样取样位置

（a）全截面试样；（b）$t \geqslant 30$mm 矩形试样；（c）$t \geqslant 25$mm 圆形截面试样

1—轧制表面

对于调质或热机械轧制钢板，试样厚度应为产品的全厚度或厚度的一半。对于调质或热机械轧制钢板，当试样厚度为产品厚度的一半时，试样厚度 $t \geqslant 30$mm 不适用。经协商，厚度 20mm$\leqslant t < 25$mm 的钢板，也可用圆形试样，此时试样的中心宜位于产品厚度的中心。

钢板冲击试样取样位置如图 4 - 13 所示。对于厚度 28mm$\leqslant t < 40$mm 的钢板，可选择如图 4 - 13（d）所示位置。对于产品厚度 $t \geqslant 40$mm 的，取样位置如图 4 - 13（a）～图 4 - 13（c）

应在产品标准或合同中规定；未规定时，取样位置采用如图 4-13（b）所示位置。

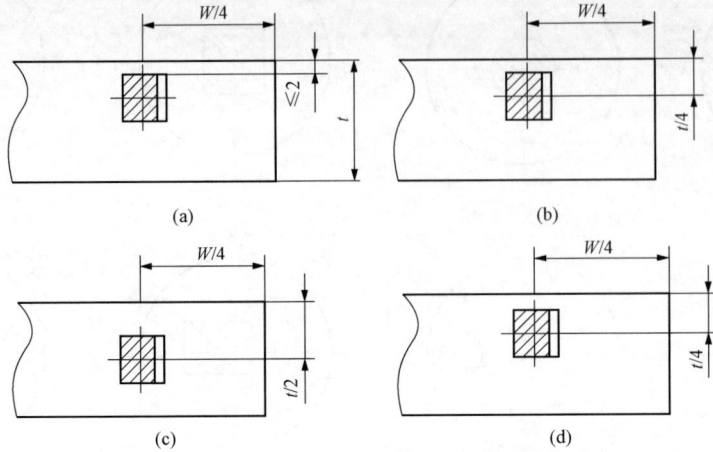

图 4-13　钢板冲击试样取样位置

（a）对于 t 的所有值；（b）$t \geqslant 40\text{mm}$；（c）$t \geqslant 40\text{mm}$；（d）$28\text{mm} \leqslant t < 40\text{mm}$（可选）

4. 管材

截取拉伸试样的位置如图 4-14 所示，机加工和试验机允许时应使用全截面试样如图 4-14（a）所示。

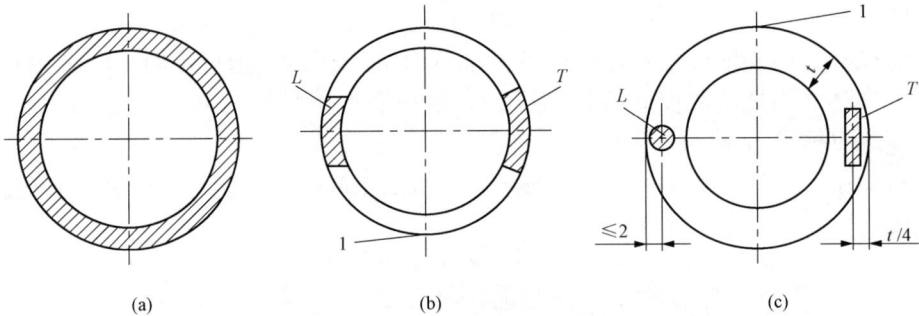

图 4-14　管材在管材和空心截面型材上截取拉伸试样的位置

（a）全截面试样；（b）条形试样；（c）圆形试样

1—焊接接头位置，试样应远离；L—纵向试样；T—横向试样

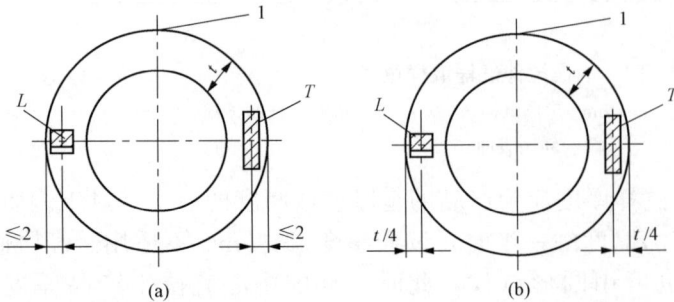

图 4-15　管材在管材和空心截面型材上截取冲击试样的位置

（a）冲击试样；（b）$t > 40\text{mm}$ 冲击试样

1—焊接接头位置，试样应远离；L—纵向试样；T—横向试样

对于焊管，当取条状试样检验焊缝性能时，焊缝应位于试样中部。如产品标准或合同中没有规定取样位置时，则由生产厂家选择。

无缝管和焊管的冲击试样的取样位置如图 4-15 所示。如产品标准或合同中没有规定取样位置，则由生产厂家选择。试样的取样方向由管材的尺寸确定，当规定取横向试样时，应切取 5～10mm 最大厚度试样，获取横向试样所需管材的最小（公称）直径 D_{min} 由式（4-7）给出：

$$D_{min} = (t-5) + \frac{756.25}{t-5} \tag{4-7}$$

式中　D_{min}——管材最小直径，mm；

　　　　t——壁厚，mm。

当无法切取允许的最小横向试样时，应使用 5～10mm 最大宽度的纵向试样。

如图 4-14（a）所示全截面试样也适用于以下管材试验：压扁试验、扩口试验、卷边试验、环扩张试验、环拉伸试验、全截面弯曲试验。图 4-14（b）所示试样适用于条状弯曲试验。

4.3.1.5　试样形状与尺寸

试样的形状与尺寸取决于被检验金属制件的形状与尺寸。通常从产品、压制坯或铸锭切取样坯经机加工制成试样，但具有恒定横截面的产品（型材、棒材、线材等）和铸造试样可以不经机加工而进行试验。

原始标距与原始横截面积有 $L_0 = k\sqrt{S_0}$ 关系者称为比例试样，国际上使用的比例系数 k 的值为 5.65。原始标距应不小于 15mm。当试样横截面积太小，以致采用比例系数 k 为 5.65 的值不能符合这一最小标距要求时，可以采用较高的值（优先采用 k 为 11.3 的值）或采用非比例试样。非比例试样的原始标距 L_0 与其原始横截面积 S_0 无关。

1. 机加工的试样

如果试样夹持端与平行长度尺寸不相同，它们之间应以过渡弧连接。此弧的过渡半径尺寸很重要，如对过渡半径未做规定，建议在相关产品标准中规定。

试样夹持端的形状应适合试验机的夹头，试样轴线应与力的作用线重合。

试样平行长度 L_c 或试样不具有过渡弧时，夹头间的自由长度应大于原始标距 L_0。

2. 不经机加工的试样

如果试样为未经机加工的产品或试棒的一段，两夹头间的自由长度应足够，以使原始标距的标记与夹头有合理的距离。

铸造试样应在其夹持端和平行长度之间以过渡弧连接。过渡弧半径 r 的尺寸建议在相关产品标准中规定。试样夹持端的形状应适合于试验机的夹头。平行长度 L_c 应大于原始标距 L_0。

3. 试样的主要类型

试样的主要类型见表 4-1。

表 4-1　　　　　　　　　　　　　　**试样的主要类型**

产品类型		
薄板-板材-扁材	线材-棒材-型材	
厚度　t	直径或边长	
0.1≤t<3	—	
—	<4	
t>3	≥4	
管材		

4. 直径或厚度小于 4mm 的线材、棒材和型材使用的试样类型

（1）试样的形状。试样通常为产品的一部分，不经机加工。

（2）试样的尺寸。原始标距 L_0 应取 200mm±2mm 或 100mm±1mm。试验机两夹头之间的试样长度应至少等于 L_0+3b_0 或 L_0+3d_0，最小为 L_0+20mm，不经机加工的非比例试样的尺寸见表 4-2。

表 4-2 不经机加工的非比例试样的尺寸

b_0 或 d_0/mm	L_0/mm	L_c/mm	试样编号
≤4	100	≥120	R9
	200	≥220	R10

如果不测定断后伸长率，两夹头间的最小自由长度可以为 50mm。

（3）试样制备。如果以盘卷交货的产品，可进行矫直。

（4）原始横截面积的测定。原始横截面积的测定应准确到±1%。对于圆形横截面产品，应在两个相互垂直方向测量试样的直径，取算术平均值计算横截面积。

可以根据测量试样的总长度、质量和材料密度，按式（4-8）确定其原始横截面积 S_0（单位为 mm^2）：

$$S_0 = \frac{1000m}{\rho L_t} \tag{4-8}$$

式中 m——试样的质量，g；

ρ——试样的材料密度，g/cm^3；

L_t——试样的总长度，mm。

5. 厚度在 0.1~3mm 范围内的薄板和薄带使用的试样类型

（1）试样的形状。试样的夹持头部一般应比其平行长度部分宽，试样头部与平行长度之间应有过渡半径至少为 20mm 的过渡弧相连接，机加工矩形横截面试样如图 4-16 所示。头部宽度应不小于 $1.2b_0$（b_0 为原始宽度）。通过协议，也可以使用不带头试样，对于宽度等于或小于 20mm 的产品，试样宽度可以与产品的宽度相同。

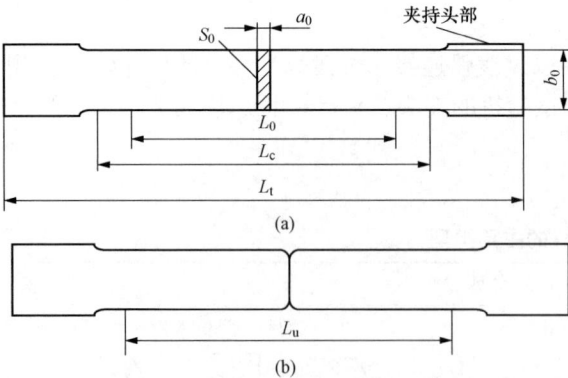

图 4-16 机加工矩形横截面试样

(a) 试验前；(b) 试验后

a_0—板试样原始厚度或管壁原始厚度；b_0—板试样平行长度的原始宽度；

L_0—原始标距；L_c—平行长度；L_t—试样总长度；

L_u—断后标距；S_0—平行长度的原始横截面积

（2）试样的尺寸。试样的尺寸要求如下：

1）平行长度应不小于 $L_0+b_0/2$。

2）对于宽度等于或小于 20mm 的不带头试样，除非产品标准中另有规定，原始标距 L_0 应等于 50mm。对于这类试样，两夹头间的自由长度应等于 L_0+3b_0。

3）矩形横截面比例试样的尺寸见表 4-3。

表 4-3　　　　　　　　　　　矩形截面比例试样的尺寸

b_0/mm	r/mm	$k=5.65$			$k=11.3$		
		L_0/mm	L_c/mm	试样编号	L_0/mm	L_c/mm	试样编号
10				P1			P01
12.5	≥20	$5.65\sqrt{s_0}$ ≥15	≥$L_0+b_0/2$ 仲裁试验: L_0+2b_0	P2	$11.3\sqrt{s_0}$ ≥15	≥$L_0+b_0/2$ 仲裁试验: L_0+2b_0	P02
15				P3			P03
20				P4			P04

注　1. 优先采用比例系数 $k=5.65$ 的比例试样。如比例标距小于 15mm，建议采用表 4-3 的非比例试样。

　　2. 如需要，厚度小于 0.5mm 的试样在其平行长度上可带小凸耳以便装夹引伸计。上下两凸耳宽度中心线间的距离为原始标距。

4）较广泛使用的三种矩形横截面非比例试样的尺寸见表 4-4。

表 4-4　　　　　　　　　　　矩形横截面非比例试样的尺寸

b_0/mm	r/mm	L_0/mm	L_c/mm		试样编号
			带头	不带头	
12.5		50	75	87.5	P5
20	≥20	80	120	140	P6
25		50	100	120	P7

宽度 25mm 的试样其 L_c/b_0 和 L_0/b_0 与宽度 12.5mm 和 20mm 的试样相比非常低。这类试样得到的性能，尤其是断后伸长率（绝对值和分散范围），与其他两种类型试样不同。

5）试样宽度公差应满足表 4-5。

表 4-5　　　　　　　　　　　试样宽度公差

试样名义厚度/mm	尺寸公差①	几何公差②
12.5	±0.05	0.06
20	±0.10	0.12
25	±0.10	0.12

①　如果试样的宽度公差满足本表要求，原始横截面积可以用名义值，而不必通过实际测量再计算。

②　试样整个平行长度 L_c 范围内，宽度测量值的最大值与最小值之差。

（3）试样的制备。试样的制备要求：

1）制备试样应不影响其力学性能，应通过机加工方法去除由于剪切或冲切而产生的加工硬化部分材料。

2）优先从板材或带材上制备，应尽可能保留原轧制面。

3）通过冲切制备的试样，在材料性能方面会产生明显变化，尤其是屈服强度或规定延伸强度，会由于加工硬化而发生明显变化。对于呈现明显加工硬化的材料，通常通过铣削和磨削等手段加工。

4）对于十分薄的材料，建议将其切割成等宽度薄片并叠成一叠，薄片之间用油纸隔开，每叠两侧夹以较厚薄片，然后将整叠材料机加工至试样尺寸。

5）机加工试样的尺寸公差和几何公差应符合表 4-5 的要求。

（4）原始横截面积的测定。原始横截面积应根据试样的尺寸测量值计算得到。原始横截面积的测定应准确到 ±2%。当误差的主要部分是由于试样厚度的测量所引起时，宽度的测量误差不应超过 ±0.2%。

6. 厚度≥3mm 的板材和扁材及直径或厚度≥4mm 的线材、棒材和型材使用的试样类型

（1）试样形状。平行长度和夹持头部之间应以过渡弧连接，试样头部形状应适合于试验机夹头的夹持，圆形截面机加工试样如图 4-17 所示。圆形横截面试样的夹持端和平行长度之间过渡弧的半径应不小于 0.75d，其他试样的夹持端和平行长度之间过渡弧的半径应不小于 12mm。

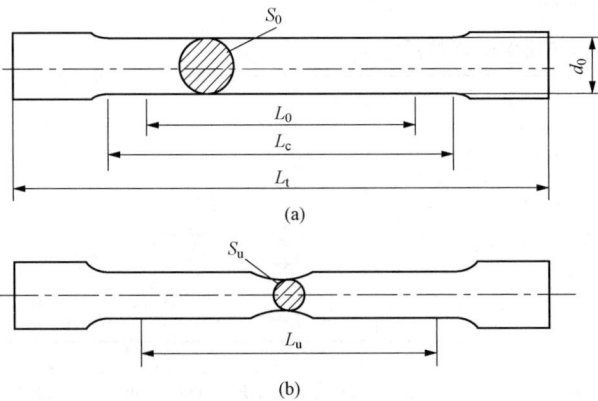

图 4-17 圆形截面机加工试样

（a）试验前；（b）试验后

d_0—圆试样平行长度的原始直径；L_0—原始标距；
L_c—平行长度；L_t—试样总长度；L_u—断后标距；
S_0—平行长度的原始横截面积；S_u—断后最小横截面积

如相关产品标准有规定，型材、棒材等可采用不经机加工的试样进行试验。

试样原始横截面积可以为圆形、方形、矩形或特殊情况时为其他形状。对于矩形横截面试样，推荐其宽厚比不超过 8:1。

一般机加工的圆形横截面试样其平行长度的直径一般不应小于 3mm。

（2）试样的尺寸。试样的尺寸要求如下：

1）机械加工试样的平行长度 L_c 应至少等于：①圆形横截面试样，$L_0 + d_0/2$；②其他形状试样，$L_0 + 1.5\sqrt{S_0}$；③对于仲裁试验，平行长度应为 $L_0 + 2d_0$ 或 $L_0 + 2\sqrt{S_0}$。

2）对于不经机加工试样的平行长度，试验机两夹头间的自由长度应足够，以使试样原始标距的标记与最接近夹头间的距离不小于 $\sqrt{S_0}$。

3）通常使用比例试样时，原始标距 L_0 与原始横截面积 S_0 关系见式（4-9）：

$$L_0 = k\sqrt{S_0} \qquad\qquad (4-9)$$

式中 L_0——原始标距，mm；

S_0——原始横截面积，mm^2；

k——比例系数，通常取 5.65，也可以取 11.3。

圆形横截面比例试样和矩形横截面比例试样尺寸优先采用表 4-6 和表 4-7 推荐的尺寸，在 L_0 大于 15mm 的前提下，应优先 $L_0 = 5d$ 的短比例试样，否则选用 $L_0 = 10d$ 的长比例试样。若有需要，也可采用定标距试样。

表 4 - 6　　　　　　　　　　　　　　　　圆形截面比例试样的尺寸

b_0/mm	r/mm	$k=5.65$			$k=11.3$		
		L_0/mm	L_c/mm	试样编号	L_0/mm	L_c/mm	试样编号
25				R1			R01
20				R2			R02
15				R3			R03
10		$5d_0$	$\geqslant L_0+d_0/2$ 仲裁试验：L_0+2d	R4	$10d_0$	$\geqslant L_0+d_0/2$ 仲裁试验：L_0+2d_0	R04
8	$\geqslant 0.75d_0$			R5			R05
6				R6			R06
5				R7			R07
3				R8			R08

注　1. 如果相关产品标准无具体规定，优先采用 R2、R4 或 R7 试样。

　　2. 试样总长度取决于夹持方法，原则上 $L_t>L_c+4d_0$。

表 4 - 7　　　　　　　　　　　　　　　　矩形横截面比例试样的尺寸

b_0/mm	r/mm	$k=5.65$			$k=11.3$		
		L_0/mm	L_c/mm	试样编号	L_0/mm	L_c/mm	试样编号
12.5				P7			P07
15			$\geqslant L_0+1.5\sqrt{s_0}$ 仲裁试验：$L_0+2\sqrt{s_0}$	P8		$\geqslant L_0+1.5\sqrt{s_0}$ 仲裁试验：$L_0+2\sqrt{s_0}$	P08
20	$\geqslant 12$	$5.65\sqrt{s_0}$		P9	$11.3\sqrt{s_0}$		P09
25				P10			P010
30				P11			P011

注　如果相关产品标准无具体规定，优先采用比例系数 $k=5.65$ 的比例试样。

　　4）矩形横截面非比例试样的尺寸见表 4 - 8，如果相关产品标准有规定，允许使用非比例试样。平行长度应不小于 $L_0+b_0/2$。对于仲裁试样，平行长度应为 $L_c=L_0+2b_0$。

表 4 - 8　　　　　　　　　　　　　　　　矩形横截面非比例试样的尺寸

b_0/mm	r/mm	L_0/mm	L_c/mm	试样编号
12.5		50		P12
20		80	$\geqslant L_0+1.5\sqrt{s_0}$ 仲裁试验：$L_0+2\sqrt{s_0}$	P13
25	$\geqslant 20$	50		P14
38		50		P15
40		200		P16

（3）试样制备。

1）试样横向尺寸公差见表 4 - 9。

表 4 - 9　　　　　　　　　　　　　　　试样横向尺寸公差

名称	名义横向尺寸	尺寸公差①	几何公差②
机加工的圆形横截面直径和四面机加工的矩形横截面试样横向尺寸	≥3 ≤6	±0.02	0.03
	>6 ≤10	±0.03	0.04
	>10 ≤18	±0.05	0.04
	>18 ≤30	±0.10	0.05
相对两面机加工的矩形横截面试样横向尺寸	≥3 ≤6	±0.02	0.03
	>6 ≤10	±0.03	0.04
	>10 ≤18	±0.05	0.06
	>18 ≤30	±0.10	0.12
	>30 ≤50	±0.15	0.15

① 如果试样的公差满足本表，原始截面积可以用名义值，而不必通过实际测量再计算；如果试样公差不满足本表，就很有必要对每个试样的尺寸进行实际测量。

② 沿着试样整个平行长度，规定横向尺寸测量值的最大值与最小值之差。

2) 对于表 4 - 9 给出的尺寸公差，例如对于名义直径 10mm 的试样，尺寸公差为 ±0.03mm，表示试样的直径尺寸不应超出上限 10.03mm 和下限 9.97mm，应控制在 9.97～10.03mm 内。

3) 对于表 4 - 9 中规定的几何公差，例如对于满足上述机加工条件的名义直径 10mm 的试样，沿其平行长度最大直径与最小直径之差不应超过 0.04mm。因此，如果试样的最小直径为 9.97mm，其最大直径不应超过 9.97mm+0.04mm=10.01mm。

（4）原始横截面积的测定。对于圆形横截面和四面机加工的矩形横截面试样，如果试样的尺寸公差和几何公差均满足表 4 - 9 的要求，可以用名义尺寸计算原始横截面积。对于所有其他类型的试样，应根据测量的原始试样尺寸计算原始横截面积 S_0，尺寸测量应精确到 ±0.5%。

7. 管材使用的试样类型

（1）试样的形状。试样可以为全壁厚纵向弧形试样、管段试样、全壁厚横向试样或从管壁厚度机加工的圆形横截面试样，如图 4 - 18、图 4 - 19 所示。

（2）纵向弧形试样。纵向弧形试样的尺寸见表 4 - 10。相关产品标准可以规定不同于表 4 - 10 的试样尺寸。纵向弧形试样一般适用于管壁厚度大于 0.5mm 的管材。为便于试验机夹持试样，可压平纵向弧形试棒的两头部，但不应将平行长度部分压平。不带头部的试样，两夹头间的自由长度应足够，以使试样原始标距的标记与最接近的夹头间的距离不少于 $1.5\sqrt{s_0}$。

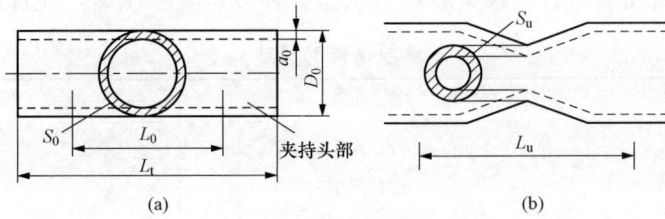

图 4-18　圆形管材试样

（a）试验前；（b）试验后

a_0—原始管壁厚度；D_0—原始管外直径；L_0—原始标距；L_t—试样总长度；L_u—断后标距；
S_0—平行长度的原始横截面积；S_u—断后最小横截面积

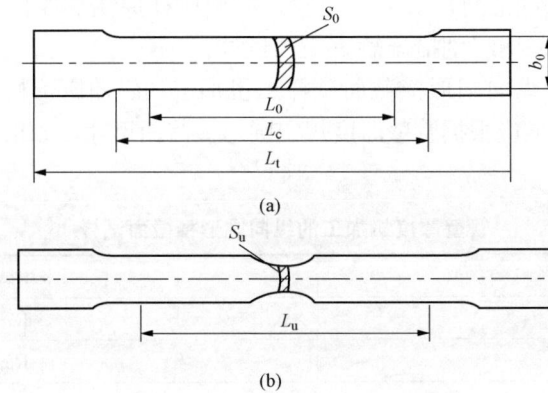

图 4-19　圆管的纵向弧形试样

（a）试验前；（b）试验后

a_0—原始管壁厚度；b_0—圆管纵向弧形试样原始宽度；L_0—原始标距；L_t—试样总长度；L_u—断后标距；
S_0—平行长度的原始横截面积；S_u—断后最小横截面积

表 4-10　　　　　　　　　　　　　　纵向弧形试样尺寸

D_0/mm	b_0/mm	a_0/mm	r/mm	$k=5.65$			$k=11.3$		
				L_0/mm	L_c/mm	试样编号	L_0/mm	L_c/mm	试样编号
30～50	10	原壁厚	≥12	5.65$\sqrt{s_0}$	≥$L_0+1.5\sqrt{s_0}$ 仲裁试验： $L_0+2\sqrt{s_0}$	S1	11.3$\sqrt{s_0}$	≥$L_0+1.5\sqrt{s_0}$ 仲裁试验： $L_0+2\sqrt{s_0}$	S01
50～70	15					S2			S02
70～100	20 或 19					S3/S4			S03
100～200	25					S5			
＞200	38					S6			

注　如果相关产品标准无具体规定，优先采用比例系数 $k=5.65$ 的比例试样。

（3）管段试样。管段试样的尺寸见表 4-11。应在试样两端加塞头。塞头至最接近的标距标记的距离不应小于 $D_0/4$，只要材料足够，仲裁试验时此距离为 D_0。塞头相对于试验机夹头在标距方向伸出的长度不应超过 D_0，而其形状应不妨碍标距内的变形。允许压扁管段试样两夹持头部，加或不加扁块塞头后进行试验。仲裁试验不压扁，应加配塞头。

表 4 - 11 管段试样的尺寸

L_0/mm	L_c/mm	试样编号
$5.65\sqrt{S_0}$	$\geqslant L_0 + D_0/2$ 仲裁试验： $L_0 + 2D_0$	S7
50	$\geqslant 100$	S8

（4）机加工的横向试样。机加工的横向矩形横截面试样，管壁厚度小于 3mm 时，采用表 4-2 或表 4-3 的试样尺寸；管壁厚度大于或等于 3mm 时，采用表 4-6 或表 4-7 的试样尺寸不带头的试样，两夹头间的自由长度应足够，以使试样原始标距的标记与最接近的夹头间的距离不小于 $1.5b_0$。应采用特别措施矫直横向试样。

（5）管壁厚度加工的纵向圆形横截面试样。机加工的纵向圆形横截面试样应采用表 4-5 的试样尺寸。相关产品标准应根据管壁厚度规定圆形横截面尺寸，如果无具体规定，按表 4-12 选定。

表 4 - 12 管壁厚度机加工的纵向圆形横截面试样

a_0/mm	采用试样
8～13	R7
13～16	R5
>16	R4

（6）原始横截面积的测定。试样原始横截面积的测定应准确到 ±1%。管段试样、不带头的纵向或横向试样的原始横截面积 S_0 可根据测量试样的总长度、质量和材料密度，按式（4-10）计算：

$$S_0 = \frac{1000m}{\rho L_t} \tag{4 - 10}$$

式中 m——试样的质量，g；

　　　ρ——试样的材料密度，g/cm^3；

　　　L_t——试样的总长度，mm。

对于圆管纵向弧形试样，按式（4-11）计算原始横截面积：

$$S_0 = \frac{b_0}{4}(D_0^2 - b_0^2)^{1/2} + \frac{D_0^2}{4}\arcsin\left(\frac{b_0}{D_0}\right) - \frac{b_0}{4}\left[(D_0 - 2a_0)^2 - b_0^2\right]^{1/2} -$$
$$\left(\frac{D_0 - 2a_0}{2}\right)^2 \arcsin\left(\frac{b_0}{D_0 - 2a_0}\right) \tag{4 - 11}$$

式中 D_0——管的外径，mm；

　　　a_0——管的壁厚，mm；

　　　b_0——纵向弧形试样的平均宽度，$b < (D_0 - 2a_0)$，mm。

下面两式为简化的公式，适用于纵向弧形试样：

1. 当 $0.1 \leqslant b_0/D_0 < 0.25$ 时，得式（4-12）：

$$S_0 = a_0 b_0 \left[1 + \frac{b_0^2}{6D_0(D_0 - 2a_0)} \right] \qquad (4-12)$$

式中　D_0——管的外径，mm；

a_0——管的壁厚，mm；

b_0——纵向弧形试样的平均宽度，$b < (D_0 - 2a_0)$，mm。

2. 当 $b_0/D_0 < 0.1$ 时，得式（4-13）：

$$S_0 = a_0 b_0 \qquad (4-13)$$

式中　a_0——管的壁厚，mm；

b_0——纵向弧形试样的平均宽度，$b < (D_0 - 2a_0)$，mm。

对于管段试样，按式（4-14）计算原始横截面：

$$S_0 = \pi a_0 (D_0 - a_0) \qquad (4-14)$$

式中　a_0——管的壁厚，mm；

D_0——管的外径，mm。

4.3.2　力学性能试验

4.3.2.1　室温拉伸试验

金属材料室温拉伸试验按照《金属材料拉伸试验　第 1 部分：室温试验方法》（GB/T 228.1—2010）的规定进行。目前拉伸试验一般都在微机控制的万能试验机上进行，本部分仅基于微机控制介绍试验程序，因不同设备生产厂家微机控制软件不同，仅供试验人员参考。

1. 试样检查

试样形状和尺寸取决于待测产品的形状，试样形状及尺寸公差应满足 4.3.1 节相关部分的要求。

2. 标记试样原始标距

应尽量采用小标记、细画线或细墨线标记原始标距，但不得用可能引起试样过早断裂的缺口作为标记。无缺口敏感性的材料可以用小刻痕作为标记。对于比例试样，应将原始标距的计算值修约至最接近 5mm 的倍数，中间值向最大一方修约。原始标距的标记应准确到 $\pm 1\%$。如果平行长度比原始标距长许多，例如不经机加工的试样，可以标记一系列套叠的原始标距。也可以在试样表面画一条平行于试样纵轴的线，并在线上标记原始标距。

3. 原始横截面积测定

宜在试样平行长度中心区域以足够的点数测量试样的相关尺寸，根据试样形状，按第 4.3.1 节相关要求计算原始横截面积 S_0。

4. 标距刻线

根据第 4.3.1 节要求确定原始标距长度，在试样中部划标距刻线，标距的两刻线距夹持部位的距离应满足要求。

5. 环境温度检查

试验一般在室温 10～35℃进行。查阅相关产品标准，对温度的要求严格的试验，试验温度应为 23℃±5℃。

6. 设定试验力零点

试样两端被夹持前，应设定力测量系统的零点。一旦设定了力值零点，试验期间力测量系统不能再发生变化。

7. 试样夹持

根据试样形状选择合适的夹具，检查上、下夹头钳口是否有崩齿或磨损严重的情况。先夹紧试样上端，调整中横梁位置，软件试验力清零，再将试样下端缓慢插入下夹头，锁紧下夹头，确保试样受力方向与试验机加载方向一致。夹持试样时，一般要把试样放入钳口长度的 2/3 以上，以便有效夹持和保护钳口。

8. 安装引伸计

引伸计是试验机的一个重要附件，主要用于试样变形较小的试验，如在测定材料弹性模量和规定非比例延伸强度时，必须安装引伸计。如果不需要测定这两个性能指标，则不必安装引伸计。引伸计应安装在试样的中间，刀口必须垂直于试样表面，引伸计的两根支杆要平行于试样且在同一条线上，最后再调节引伸计的标距，并保证引伸计的标距准确。

如果规定的最小断后伸长率小于 5%，应按照《金属材料　拉伸试验　第 1 部分：室温试验方法》（GB/T 228.1—2010）附录 G 规定的方法进行测定。

如产品标准规定用一固定标距测定断后伸长率，引伸计标距应等于这一标距。

9. 试验速率设定

根据标准《金属材料　拉伸试验　第 1 部分：室温试验方法》（GB/T 228.1—2010），试验人员可自行选择方法 A 或方法 B 和试验速率。产品标准有规定的，应按产品标准规定的方法和试验速率设定。在试样发生屈服前，为准确测量屈服强度，试验速率尽量小一些，尤其是伸长率较低、屈服阶段不明显的材料。为提高试验效率，屈服阶段结束后，可适当提高试验速率。

10. 加载

在软件中输入试样信息，选择试验机运行方向，单击试验开始按钮。

11. 取下引伸计

注意引伸计取下时机。如果要求最大力下的总伸长，引伸计就必须跟踪到最大力以后再取下。对于薄板试样，拉断后冲击不大，引伸计可以直接跟踪到试样断裂；但对于拉力较大的试样，最好是试验机拉伸到最大力以后开始保持横梁位置不动，等取下引伸计以后把试样拉断。

12. 试验结束

试样拉断后，试验结束，及时点击试验结束按钮。

13. 断后伸长率和断面收缩率测定

按照本章断后伸长率和断面收缩率的测量方法和要求，测量相关尺寸，计算断后伸长率和断面收缩率。测量时应注意将试样两部分紧密配接，其轴线应处于同一直线上。测量断面收缩率时，应确保测量数据为断裂部位的最小截面尺寸。

如果断裂处与最接近的标距标记的距离小于原始标距的 1/3，可采用移位法测定断后伸长率。

14. 试验结果评定

（1）原则上只有断裂处与最接近的标距标记的距离不小于原始标距的 1/3 情况方为有

效。但断后伸长率大于或等于规定值，不管断裂位置处于何处，测量均为有效。

（2）能用引伸计测定断裂延伸的试验机，引伸计标距应等于试样原始标距，无须标出试样原始标距的标记。以断裂时的总延伸作为伸长测量时，为了得到断后伸长率，应从总延伸中扣除弹性延伸部分。原则上，断裂发生在引伸计标距 L_0 以内方为有效，但断后伸长率等于或大于定值时，不管断裂位置处于何处测量均为有效。

（3）试验结果数值修约。试验测定的性能结果数值应按照相关产品标准的要求进行修约。如未规定具体要求，应按照如下要求进行修约：

1）强度性能值修约至 1MPa；

2）屈服点延伸率修约至 0.1%，其他延伸率和断后伸长率修约至 0.5%；

3）断面收缩率修约至 1%。

4.3.2.2 摆锤冲击试验

金属材料夏比摆锤冲击试验按《金属材料夏比摆锤冲击试验方法》（GB/T 229—2007）进行。

1. 试验机检查

为保证试验结果的准确性，试验前应对摆锤冲击试验机状况进行检查，主要检查内容如下：

（1）检查摆锤空打时的回零差或空载能耗是否满足要求，回零差不应超过最小分度值的 1/4；

（2）检查摆锤刀刃半径与试验材料相关标准的规定是否相符；

（3）检查砧座是否清洁，是否存在明显磨损现象；

（4）检查砧座跨距，砧座跨距应保证在 $40^{+0.2}$ mm 以内。

2. 试样检查

（1）采用游标卡尺或千分尺检查试样的几何尺寸，尤其要对缺口的加工质量进行仔细检查，以保证缺口根部处没有影响吸收能量的加工痕迹。缺口对称面应垂直于试样纵向轴线。V 形缺口应有 45°夹角，其深度为 2mm，底部曲率半径为 0.25mm；U 形缺口深度应为 2mm 或 5mm（除非另有规定），底部曲率半径为 1mm，如图 4 - 20 和表 4 - 13 所示。

（2）使用冲击试样缺口投影仪检查试样缺口尺寸，缺口投影图像应落在放大图的公差带范围之内。

（3）使用粗糙度仪检测试样表面粗糙度，除端部外，试样表面粗糙度 R_a 应小于 5μm。

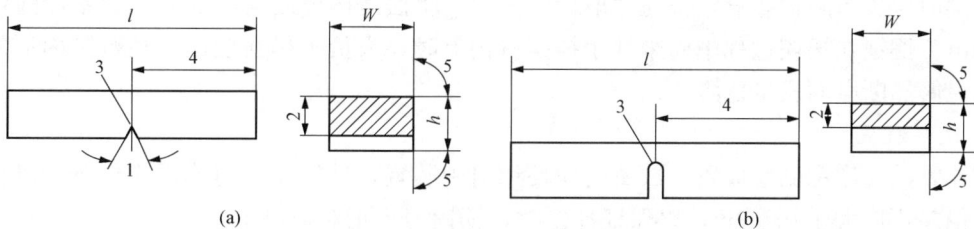

图 4 - 20　夏比冲击试样

（a）V 形缺口试样；（b）U 形缺口试样

注：W、h 和数字 1~5 的含义见表 4 - 13。

表 4 - 13　　　　　　　　　　　　　　　　试样的尺寸与偏差

名称		符号及序号	V 形缺口试样		U 形缺口试样	
			公称尺寸	机加工偏差	公称尺寸	机加工偏差
长度/mm		L	55	±0.60	55	±0.60
高度/mm		h	10	±0.075	10	±0.11
宽度/mm	标准试样	W	10	±0.11	10	±0.11
	小试样		7.5	±0.11	7.5	±0.11
			5.0	±0.06	5.0	±0.06
			2.5	±0.04	—	—
缺口角度/ (°)		1	45	±2	—	—
缺口底部高度/mm		2	8	±0.075	8①	±0.09
					5	±0.09
缺口根部半径/mm		3	0.25	±0.025	1	±0.07
缺口对称面 - 端部距离/mm		4	27.5	±0.42②	27.5	±0.42②
缺口对称面 - 试样纵轴角度/ (°)		—	90	±2	90	±2
试样纵向面间夹角/ (°)		5	90	±2	90	±2

①　如规定其他高度，应规定相应偏差。

②　对自动定位试样的试验机，建议偏差用±0.165mm 代替±0.42mm。

3. 试样标记检查

试样标记应远离缺口，不应标在与支座、砧座或摆锤刀刃接触的面上。试样标记应避免塑性变形和表面不连续性对冲击吸收能量的影响。

4. 环境温度检查

一般情况下室温冲击试验的温度应控制在 23℃±5℃。查阅相关产品标准，如对试验温度有规定，应确保试验温度波动在规定温度±2℃范围内。

5. 选择摆锤

根据试样冲击吸收能量，选择合适摆锤，换摆锤时应确保螺母固定牢固。不得使用大摆锤冲击低能量材料或小摆锤冲击高能量材料，保证试验结果的准确性。

6. 取摆

取摆前应关闭防护装置，按住"取摆"按钮，将摆锤扬至最高位置后，观察保险销是否正常伸出。摆锤在扬摆过程中尚未挂于挂摆机构上时，人员不得在摆锤摆动范围内活动或工作，以免偶然断电而发生危险。

7. 试样放置

试样紧贴支座和砧座放置，放置时应使用对中装置，试样缺口对称面应位于两支座对称面上，偏差不应大于 0.5mm，以保证冲击时，摆锤刀刃正对缺口中心。

标准尺寸冲击试样长度为 50mm，横截面为 10mm×10mm 方形截面。在试样长度中间有 V 形或 U 形缺口，如果试料不够制备标准尺寸试样，可使用宽度 7.5mm、5mm 或 2.5mm 的小尺寸试样。对于低能量的冲击试验，因为摆锤要吸收额外能量，因此垫片的使用非常重要，应在支座上放置适当厚度的垫片，以使试样打击中心的高度为 5mm（相当于宽度 10mm 标准试样打击中心的高度）。但对于高能量的冲击试验，垫片的使用并不十分重要。

8. 冲击

按下"冲击"按钮，完成落摆冲击过程。

9. 记录试验结果

冲击试验完成后，读取指示能量值，应至少估读到 0.5J 或者 0.5 个标度单位（取两者之间较小值）。试验结果应至少保留两位有效数字。

10. 放摆

试验完毕后，按住放摆按钮，将摆锤缓慢放落至铅垂位置时，松开放摆按钮，切断电源。

11. 试验结果评定

（1）正常情况下，冲击试样应沿缺口完全断裂，摆锤打击能量满足试验要求，指示能量值可以准确反映材料的吸收能量。

（2）如试验后试样没有完全断裂，可以读出冲击吸收能量，可与完全断裂试样结果平均后记录。

（3）由于试验机打击能量不足，试样未完全断开，吸收能量不确定时，试验报告中应注明用×J（如 300J）摆锤试验，试样未断开。

（4）如果试样卡在试验机上，试验结果无效，应彻底检查试验机。否则试验机损伤会影响测量的准确性。

（5）冲击试验后，应检查冲击试样，如试样标记在明显变形部位，试验结果可能不代表材料的性能，应在试验报告中注明。

（6）采用小尺寸试样时，试验结果应实际测量值乘以标准尺寸宽度与小尺寸试样宽度的比值进行修正，如采用宽度为 5mm 试样时，实际测量值为 52J，试验结果应为 52J×(10/5)＝104J。

4.3.2.3　弯曲试验

金属材料弯曲试验应按《金属材料　弯曲试验方法》（GB/T 232—2010）规定进行。

1. 试验机检查

（1）检查支辊和弯曲压头是否存在变形、弯曲等；

（2）支辊式弯曲装置的支辊长度和弯曲压头直径是否大于试样宽度或直径；

（3）使用粗糙度仪检测支辊和弯曲压头的表面粗糙度，其表面粗糙度 R_a 应不大于 $0.8\mu m$。一般结合试验机维护时检测或定期检测。

2. 试样检查

（1）试样外观。试样外表面不应存在影响试验结果的裂纹、节疤和折叠等原始表面缺陷。

（2）矩形试样的棱边。试样表面不得有划痕和损伤。方形、矩形和多边形横截面试样的棱边应倒圆。棱边倒圆时不应形成影响试验结果的横向毛刺、伤痕或刻痕。

1）当试样厚度小于 10mm 时，倒圆半径不能超过 1mm。

2）当试样厚度大于等于 10mm 且小于 50mm 时，倒圆半径不能超过 1.5mm。

3）当试样厚度大于等于 50mm 时，倒圆半径不能超过 3mm。

如果试验结果不受影响，允许试样的棱边不倒圆。

（3）试样的宽度。试样宽度应按照相关产品标准的要求，如未具体规定，应按照以下要求：

1）当产品宽度不大于 20mm 时，试样宽度为原产品宽度。

2）当产品宽度大于 20mm 时：

a. 当产品厚度小于 3mm 时，试样宽度为 20mm±5mm；

b. 当产品厚度不小于 3mm 时，试样宽度在 20~50mm。

（4）试样的厚度。试样厚度或直径应符合相关产品标准要求，如未具体规定，应按照以下要求：

1）对于板材、带材和型材，试样厚度应为原产品厚度。如果产品厚度大于 25mm，试样厚度可以机加工减薄至不小于 20mm，并保留一侧原表面。

2）直径（圆形横截面）或内切圆直径（多边形横截面）不大于 30mm 的产品，其试样横截面应为原产品的横截面。对于直径或多边形横截面内切圆直径超过 30mm 但不大于 50mm 的产品，可以将其机加工成横截面内切圆直径不小于 25mm 的试样。直径或多边形横截面内切圆直径大于 50mm 的产品，应将其机加工成横截面内切圆直径不小于 25mm 的试样。

3）锻材、铸材和半成品的试样，其尺寸和形状应在交货要求或协议中规定。

（5）试样的长度。试样长度应根据试样厚度（或直径）和所使用的试验设备确定。

3. 环境温度检查

试验一般在室温 10~35℃进行。查阅相关产品标准，对温度有要求严格的试验，试验温度应为 23℃±5℃。

4. 选择压头

查阅产品相关标准，确定弯曲压头的直径。如输电线路铁塔常用钢结构 180°弯曲试验时，Q235 钢的弯头直径及试样尺寸应按《碳素结构钢》（GB/T 700—2006）表 3 执行，Q355、Q390、Q420、Q460 钢的弯头直径应按《低合金高强度钢》（GB/T 1591—2018）的表 8 执行。

5. 试样放置

除非另有规定，两个支辊间距离应按式（4-6）确定。将试样放在支架上，对于单面加工的试样，将加工面朝向压头，使试样未经机加工的原表面置于受拉变形的一侧，上压头与试样宽度的接触线应垂直于试样长度方向。

6. 弯曲角度确定

按照相关产品标准规定，采用下列方法之一完成试验：

（1）试样在给定的条件和力作用下弯曲至规定的弯曲角度；

（2）试样在力作用下弯曲至两臂相距规定距离且相互平行；

（3）试样在力作用下弯曲至两臂直接接触。

7. 加载

设定加载速率，弯曲压头在两支座之间的中点处缓慢连续施加弯曲压力，以使试样能够自由地进行塑性变形直至达到规定的弯曲角度。

当出现争议时，试验速率应为 1mm/s±0.2mm/s。

上述方法如不能直接达到规定的弯曲角度，可将试样置于两平行压板之间，连续缓慢施加力压试样两端，使试样进一步弯曲，直至达到规定的弯曲角度。

8. 试验结果评定

（1）应按照相关产品标准的要求评定弯曲试验结果。如未规定具体要求，弯曲试验后可不使用放大仪器观察，试样弯曲外表面无可见裂纹应评定为合格。

（2）试验后试样出现裂纹（或裂缝），应分析形成裂纹（或裂缝）的主要原因，若这些裂纹不是由于弯曲变形引起的，则不予考虑或重新试验。

（3）在弯曲外表面可见数量较多、同一方向的变形痕迹，在 10 倍放大镜下可看清其纹路的起伏，但不能确定痕迹的深度，试样可评为合格。

（4）弯曲外表面上出现翘起的鳞片，鳞片下有金属光泽。当增大弯曲角度时，鳞片可掉下，没有向深度发展的趋势，试样可评为合格。

（5）试样外表面上出现一薄层皱皮，除掉这层皱皮后，露出金属基体，基体上无裂纹，试样可判为合格。如果起皮较厚或有争议，可重新取样进行试验。

4.3.2.4　螺栓成品楔负载试验

按照《输电线路杆塔及电力金具用热浸镀锌螺栓与螺母》（DL/T 284—2012）和《紧固件机械性能 螺栓、螺钉和螺柱》（GB/T 3098.1—2010）的规定进行。

1. 试验机检查

该试验一般在万能试验机上进行，试验机夹头不应存在崩齿或磨损严重等现象。试验工装不能使用自动定心装置。

2. 试样检查

（1）成品螺栓进行外观检查应满足《紧固件表面缺陷螺栓、螺钉一般要求》（GB/T 5579.1—2000）和《紧固件表面缺陷螺栓、螺钉特殊要求》（GB/T 5579.3—2000）的要求。

（2）螺栓规格应满足下列要求：

1）公称称长度，$l \geqslant 2.5d$；

2）螺纹长度 $b \geqslant 2d$；

3）$d \leqslant 39mm$（对于 $d > 39mm$ 的螺栓的试验可参照本试验方法）。

（3）螺栓尺寸应满足《输电线路杆塔及电力金具用热浸镀锌螺栓与螺母》（DL/T 284—2012）和《紧固件机械性能　螺栓螺钉和螺柱》（GB/T 3098.1—2010）的要求。

3. 试验装置

（1）根据待检螺栓的规格，选择匹配的内螺纹夹具。

（2）根据《输电线路杆塔及电力金具用热浸镀锌螺栓与螺母》（DL/T 284—2012）的规定选择合适孔径和角度的楔垫。

4. 试样夹持

将楔垫置于螺栓头部，放置在与之匹配的内螺纹夹具中，按室温拉伸试验试样夹持的方法夹持工装。

5. 加载

设定试验机夹头的分离速率，不应超过 25mm/min。加载直至螺栓断裂。

6. 试验结果评定

同时满足以下要求，则检验合格：

（1）螺栓应断裂在未旋合螺纹的长度内或无螺纹杆部。

（2）抗拉强度和最小拉力载荷满足标准 DL/T 284—2012 和 GB/T 3098.1—2010 的要求。

4.3.2.5　螺母保证载荷试验

螺母保证载荷试验应按照《紧固件机械性能　螺母》（GB/T 3098.2—2015）和 DL/T 284—2012 的规定进行。

1. 试验机检查

该试验在万能试验机上进行，试验机夹头不应存在崩齿或磨损严重等现象。

2. 试验装置

选择合适的试验芯棒，应满足以下要求：试验芯棒硬度应在 45～50HRC，芯棒外螺纹精度 5h6g，但大径公差应控制在 6g 公差带靠近下限 1/4 的范围内，芯棒的螺纹尺寸应符合 GB/T 3098.2—2015 的要求。

3. 试样检查

（1）试验前，对螺母进行外观检查，应满足标准《紧固件表面缺陷螺母》（GB/T 5579.2—2000）的要求。

（2）螺母尺寸应满足 DL/T 284—2012 和 GB/T 3098.2—2015 的要求。

4. 试验装置

（1）根据待检螺母的规格，选择匹配的试验芯棒和夹具，检查芯棒螺纹是否存在裂纹、损坏等现象；

（2）按 GB/T 3098.2—2015 的要求选择匹配的夹具孔径；

（3）夹具厚度应不低于螺母公称直径。

5. 试样夹持

按 GB/T 3098.2—2015 的要求，将螺母装在试验芯棒上，放置在与之匹配的夹具中。按室温拉伸试验试样夹持的方法夹持试样。

6. 加载

（1）加载前应先设定试验机最大拉力值，最大拉力值应根据螺母规格和性能等级，按 GB/T 3098.2—2015 规定的螺母保证载荷确定。

（2）设定试验机夹头的分离速率，不应超过 3mm/min。

（3）试验时，如加载载荷超过保证载荷，应限制在最低程度。

7. 试验结果评定

（1）同时满足以下要求，则检验合格：

1）螺母应无断裂或螺纹脱扣；

2）应能用手将螺母旋出，或借助扳手松开螺母，但不得超过半扣。

（2）每个螺母试验结束后，应检查芯棒螺纹是否损坏，如损坏，则该次试验无效，应采用符合标准要求的试验芯棒重新进行试验。

4.3.3　力学性能试验影响因素

4.3.3.1　拉伸试验影响因素

金属材料的力学性能取决于材料的化学成分、组织结构等，化学成分相同、组织结构不同的材料力学性能存在明显的差异。除此之外，力学性能试验影响拉伸试验结果的因素一般有以下几个方面：试样取样方向、试样形状、尺寸公差、试验环境温度、表面粗糙度、试样夹持、拉伸速率、测量器具精度等。

1. 试样加工

在拉伸试验中准确的试样制备是获得准确试验数据的前提，切取样坯和试样时必须防止因受热、加工硬化及变形而影响检测结果。切取样坯时应留有足够的机加工余量，机加工试样时，应把受热或冷加工硬化的部分完全去除掉。从样坯机加工成试样，一般通过车、铣、刨、磨等，但车削、切削和磨削的深度和走刀速度及润滑冷却均应适当，以防止发生因受热或冷加工硬化而影响材料的性能。

2. 取样方向

输变电设备常用钢构件有角钢、直缝焊管、无缝钢管等一般采用轧制成型，材料在热加工时，晶粒和夹杂物会沿着轧制方向流动排列，形成纤维组织，材料性能存在各向异性。取样方向的差异会直接影响金属材料拉伸试验的断后伸长率、屈服强度以及抗拉强度等各项性能指标，尤其是断后伸长率受到的影响更大。通常平行于轧制方向取样，其金属力学性能良好；垂直于轧制方向取样，其金属力学性能则可能不满足标准要求。试验表明，不同方向取样，Q235B 和 Q355B 横向试样的抗拉强度和断后伸长率均低于纵向试样强度和断后伸长率。

3. 试样形状

不同截面形状试样的上屈服强度受形状的影响较大，而下屈服强度影响较小。试样肩部过渡形状的影响也是如此，随着肩部过渡的缓和，上屈服强度明显升高，而下屈服强度变化不大。带头拉伸试样肩部对称性与拉伸试验结果也具有相关性，如果肩部是非对称性的，由于应力分布的原因，导致试样受到偏心力的作用，使试样产生附加弯曲应力，从而造成试验结果的偏差。特别是对于脆性材料，因为非对称性的存在，在拉伸过程中试样的变形不足以使拉伸的施力线与试样的轴线重合，偏差更为显著，对拉伸试验结果影响更大。

4. 试样尺寸公差

《金属材料　拉伸试验　第 1 部分：室温试验方法》（GB/T 228.1—2010）明确了各形状试样的尺寸公差和形状公差，实际机加工过程中所产生的误差是不可避免的，任何误差都会影响试验结果的准确度。矩形横截面试样工作长度部分的对称度、圆形横截面试样工作部分轴线与夹头部分轴线同轴度偏差，都会在拉伸试验时产生偏心力，影响试验结果。一般来说，矩形截面试样的断后伸长率与断面收缩率比截面积相同的圆棒试样的值要小。随着试样截面积的减少，其抗拉强度和断面收缩率有所增加，对于脆性材料而言，尺寸效应更为明显。因此，在制备拉伸试样时，一定要严格按照标准要求进行加工、测量，建立试样验收制度，确保试样的形状和尺寸公差满足标准要求。

5. 表面粗糙度

表面粗糙度对塑性较好的材料影响不明显，但对塑性较差或脆性材料其影响显著增大，随着表面粗糙度的增加，材料的强度和塑性指标都有所降低。试验表明，随着表面粗糙度的增加，抗拉强度和断后伸长率都将明显减小，当粗糙度低于 $0.8\mu m$ 时，其抗拉强度和断后伸长率均趋于稳定。

6. 试验环境温度

通常情况下，温度越高，金属材料的强度性能指标越低，塑性性能指标则越高。如果试验温度相差过大，有可能导致试验测量结果差异较大。拉伸试验的环境温度条件是 10～

35℃，在这个范围内，环境温度变化造成的影响基本可以忽略不计。如果采用高精度传感器或者金属材料对温度敏感，则需要考虑温度影响因素，必要时需要利用温度系数进行修正。

7. 测量仪器精度

尺寸测量仪器和量具是在金属材料拉伸试验过程当中最为常用的测量仪器，测量准确度影响最大的因素主要是其分辨率，必须计量检定合格并在有效期内。试验之前应将与试样接触部位清洁干净。

8. 试样夹持

不同形状的试样必须选择与之相匹配的夹具，不适合的夹具有可能对试样造成一定的附加弯曲应力，试验结果会产生一定的误差。夹具必须有足够的夹持力夹紧试样，夹持不牢，试验过程中试样会打滑甚至断裂，致使得不到准确的数据以及数据偏低等后果。试样夹持时，加载轴线应与试样轴线保持方向一致，不允许对试样施加偏心力，偏心力会使试样产生附加弯曲应力，影响拉伸曲线弹性变形段的线性，从而影响试验结果的准确性。

9. 拉伸速率

在环境温度、试样、夹持方式等条件相同的情况下，提高拉伸速率，测得的材料屈服强度和抗拉强度均会有不同程度的提高，且拉伸速率对于屈服强度的影响比抗拉强度的影响要大，而断后伸长率则会呈现出下降的趋势。不同材料对于拉伸速率改变的敏感程度不同，一般来说，强度低而塑性好的材料的试验结果受拉伸速率的影响较大。

10. 人为因素

试验过程中，在试样夹持、尺寸测量以及数据处理等工作中，一定要严格按照设备操作规程和相关标准要求执行。但由于主观因素和操作技术的不同，测量结果会存在误差；在相同条件下，不同人员进行拉伸试验操作，试验结果也会或多或少的存在差异。特别是单次测量时，结果的波动性更大。应加强人员培训、试验结果比对和设备比对等，不断提高试验人员的操作水平，降低人为因素的影响程度，保证试验结果的准确性和重复性。

4.3.3.2 冲击试验影响因素

夏比冲击试验方法广泛用于评定金属材料在冲击载荷下的韧脆特性。影响夏比冲击试验结果正确性和分散性的因素很多，如试样状态（尺寸、粗糙度、缺口类型及深度）、冲击试验机状态（刚度、摆锤、轴线摆锤长度、刀刃尺寸、回零差、底座的跨距、曲率半径及斜度和能量损失等）、试验条件（冲击速度、试样对中、温度等）、试样材质的不均匀性，以及操作人员的差异等。

1. 材料本身

工件在冶金和热处理过程中会产生大量缺陷，如晶粒异常粗大裂纹、组织异常、夹渣、偏析、白点及非金属夹杂物超标等，这些缺陷都会影响试样冲击性能。

2. 样坯取样位置

样坯的切取方向会对冲击试验结果产生很大影响，需按相关产品标准切取试样。一般沿钢板轧制方向取样（纵向试样），垂直于轧制方向开缺口，A_k 值较高；垂直于钢板轧制方向取样（横向试样），顺着轧制方向开缺口，A_k 值较低。

3. 试样缺口类型

缺口的形状和尺寸对冲击试验结果的影响十分明显，缺口类型或缺口深度不同时，由于应力状态不同而引起脆化倾向有不同的差异，其中缺口曲率半径影响最大，缺口深度影响次之，缺口角度影响较弱。V 形缺口试样的根部曲率半径很小，因此在缺口前端冲击力会引起严重的应力和应变集中，缺口敏感性强；U 形缺口试样的根部曲率半径较大，应力状态对于塑性变形的约束较 V 形缺口小，主要用于韧性较低的材料。随缺口根部尖锐度的增大，应力集中趋于严重，冲击吸收功明显下降；反之当缺口底部半径增加时，冲击吸收功增加。

4. 试样缺口加工

一般使用冲击试样缺口专用拉床制备试样，可一次拉削出完全符合标准的试样缺口。检验试样缺口加工质量是否满足标准要求，应使用冲击试样缺口投影仪，该仪器是利用光学摄影方法将被测的冲击试样 V 形和 U 形缺口轮廓放大 50 倍后投射到投影屏上，与投影屏上缺口标准样板图对比，若缺口投影图像落在放大图的公差带范围之内，则说明缺口尺寸是合格的，否则为不合格，并可根据放大图判断出不合格的部位。

5. 砧座磨损

冲击试验机长期使用后，砧座会发生磨损，如砧座曲率半径变形严重，试验过程中试样与砧座会产生额外的摩擦功，导致试验得到的冲击吸收能量较实际值偏高。研究表明，试样能量级别越高，受砧座磨损影响越大，导致最终测得的冲击吸收能量偏离实际值越大。应定期对砧座进行检查，必要时，应及时更换磨损严重的砧座。

6. 试样放置

当试样缺口中心偏离支座中心线，冲击位置与缺口对称面会有一定距离，试验时，冲击力不会作用在缺口根部截面最小处，将会造成冲击吸收功偏高。

7. 打击中心距离

试样被打击的中心距摆轴轴线距离越大，冲击吸收显示值越小，即与设定值相比负偏差越大，吸收显示值越大，与设定值相比正偏差越大，吸收显示值越小。因此，当采用宽度为 7.5mm、5mm、2.5mm 小尺寸试样时，应在支座上放置垫片，调整试样中心高度，以使试样打击中心高度为 5mm（相当于宽度 10mm 标准试样打击中心高度）。

8. 摆锤刀刃选择

在同一温度下高能量材料冲击试验时，8mm 摆锤刀刃下的冲击吸收能量大于 2mm 摆锤刀刃下的冲击吸收能量，且试样能量越高两者之间差别越大；在同一温度下低能量材料冲击试验时，两者之间的差值变小，有可能 2mm 摆锤刀刃下的冲击吸收能量大于 8mm 摆锤刀刃下的冲击吸收能量。因此，冲击试验前，应查阅材料的相关标准，按标准要求选择摆锤刀刃半径。

9. 试验环境温度

大多数材料的冲击吸收功随温度而变化，温度控制的精度、保温时间以及低温冲击时试样从保温介质中移出至打断的时间间隔都会对冲击试验结果产生影响。对于室温冲击试验的温度应控制在 23℃±5℃，对于低温冲击试验，应在规定温度±2℃范围内进行。

4.4　典型案例

4.4.1　高温过热器入口管拉伸试验

某发电厂 4 号炉高温过热器入口管南数第 9 排西数第 6 根发生爆管，爆口宏观形貌如图

4-21 所示。爆口位于 T91/TP347 对接焊缝 T91 侧，爆口一端距焊缝约 42mm，锅炉累计运行时间约 40000 小时。入口管材质为钢 T91/TP347，规格为 $\phi45\text{mm}\times7\text{mm}$，运行温度为571℃，蒸汽压力为 25.5MPa。

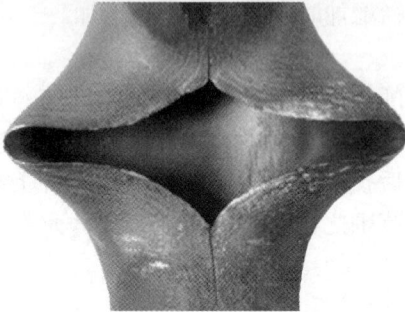

图 4-21 爆口宏观形貌

爆口位于南数第 9 排西数第 6 根 T91 与 TP347 焊缝上部 T91 管段侧，爆口一侧距焊缝约 42mm，爆口张口较大，轴向长约 35mm，周向宽约 95mm，爆口边缘有明显的塑性变形、非常尖锐。爆口处外壁氧化层存在轴向开裂现象，未见明显的腐蚀迹象。

为确定受热面是整体过热还是局部过热，对高度相近的南数第 9 排西数第 17 根 T91 入口管段取样进行对比试验。

按照《钢及钢产品力学性能试验取样位置及试样制备》（GB/T 2975—2018）要求，沿管段轴向采用线切割截取全截面拉伸试样，取样部位包括向火侧、背火侧等位置，并要求在试样一侧端部做取样部位标记。平行长度内试样宽度为 15mm，长度（包括夹持部位）为 200mm，确保 $L_c \geqslant L_0 + 1.5\sqrt{s_0}$。

试验人员收到试样后，采用游标卡尺和粗糙度仪测量试样宽度、厚度和粗糙度等，如图 4-22 所示，符合试验要求。

按照标准《金属材料室温拉伸实验方法细节》（GB/T 228.1—2010），计算试样原始截面积 S_0 和原始标距 L_0，并在试样平行长度中间部位划出标距刻线。

图 4-22 拉伸试样

选用 WDW 300E 微机控制万能试验机，检查上、下夹头钳口有无崩齿和明显磨损现象，将试样两端分别加入上、下夹头，确保试样受力方向与试验机加载方向一致，夹持部位长度约为夹头钳口长度的 2/3。检查确认环境温度为 25℃。

将引伸计安装在试样的中间，刀口垂直于试样表面，调节引伸计两根支杆平行于试样且在同一条线上。

查阅《ASME 锅炉及压力容器规范第 Ⅱ 卷材料 A 篇铁基材料》SA-213 中无 T91 材料拉伸试验速率要求，根据工作经验，设定试验速率为 5mm/min。

试样屈服阶段结束后，为防止引伸计损坏，可取下引伸计。取下引伸计前，应将力-变形曲线转变成力-位移曲线。

试样断裂后，结束试验。记录样品的抗拉强度值和屈服强度值，填写检测过程记录，取下试样。检查断裂部位位于原始标距内，如图 4-23 所示，且距一侧标距刻线的距离大于原始标距的 1/3，试验结果有效。

图 4-23 拉伸试样断裂位置

将试样两部分紧密配接，确保其轴线处于同一直线上，测量断裂后标距长度，计算断后伸长率。

因 ASME 标准中无 T91 材料的断面收缩率性能指标要求，试验中不测量试样断后最小横截面积。

试验结果见表 4-14，南数第 9 排西数第 6 根（爆管管段）上部 T91 管段向火侧试样的抗拉强度低于标准下限值，不合格；南数第 9 排西数第 17 根 T91 管段的抗拉强度值符合标准要求。

表 4 - 14　　　　　　　　　　　　　T91 管段拉伸试验结果

取样位置	样品编号	抗拉强度 R_m/MPa	规定非比例延伸强度 $R_{p0.2}$/MPa	伸长率 A/%
南数第 9 排西数第 6 根	1 号	600	394	26
	2 号	567	423	24
	3 号	614	388	25
南数第 9 排西数第 17 根	4 号	713	520	21
	5 号	719	524	23
	6 号	722	517	21
标准规定值（$t=7.2$）		≥585	≥415	≥20

4.4.2　铁塔用 Q345B 钢板冲击试验

某公司开展输电线路铁塔制造质量安全性能检验时，对某批次厚度为 12mm 的 Q345B 钢板取样开展冲击试验，样坯取样位置约为钢板宽度 1/4，样坯尺寸约为 100mm×100mm，取样方式为火焰切割。采用线切割设备、磨床和冲击试样缺口拉床制备试样 3 件，缺口类型为 V 形缺口，试样标记在试样端部。

使用游标卡尺测量试样尺寸基本为 50mm×10mm×10mm。使用冲击试样缺口投影仪检查缺口尺寸，缺口投影图像落在放大图的公差带范围之内，缺口加工符合要求。采用粗糙度仪检测试样表面粗糙度为 4.2μm，符合要求。

试验设备为 JB - 300B 摆锤冲击试验机。按住"取摆"按钮，将摆锤扬至最高位置后，确保保险销正常伸出，摆锤挂在挂摆机构上。

将试样应紧贴支座和砧座放置，使用对中装置，使试样缺口对称面位于两支座对称面上。

按下"冲击"按钮，完成落摆冲击过程。读取指示能量值为 102J。

按住放摆按钮，将摆锤缓慢放落至铅垂位置时，松开放摆按钮，切断电源。

试样沿缺口完全断裂，如图 4 - 24 所示，其冲击功大于标准《低合金高强度钢》（GB/T 1591—2018）规定值为不小于 34J，试验合格。

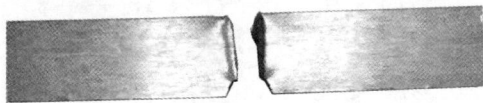

图 4 - 24　冲击试样断裂位置

4.4.3　铁塔用 Q345B 钢弯曲试验

某公司开展输电线路铁塔制造质量安全性能检验时，审查了制造厂家 Q345B 钢的质量证明书和该批次钢板的入厂复验报告。为确保钢材质量，现场对某批次规格为 1200mm×500mm×12mm（长×宽×厚）的钢板采用火焰切割截取样坯，按 GB/T 2975—2018 的规定，在 1/4 钢板宽度处切取 200mm×200mm 样坯，试样上标注横向方向。选取中心部位沿横向方向，采用线切割截取全截面试样 3 件，试样尺寸为 100mm×25mm（长×宽），线切割面采用磨床磨制，棱边倒圆半径为 1.5mm。

试验人员收到试样后，检查试样尺寸、棱角倒圆符合要求，检查试样原始表面无明显折叠、裂纹等缺陷，试样符合要求。

按 GB/T 1591—2018 弯曲试验的试样要求，采用 180°冷弯试验，选用 WDW 300E 微机控制万能试验机，选择直径为 25mm 弯曲压头。

选择宽度为 100mm 支辊安装在试验机上，调整支辊间距离为 60mm。调整支辊，使弯曲压头轴线处于支辊间距的中心位置。

设定试验速率为 5mm/min，连续加载使试样两臂相互平行，试验结束。

目视检查试样外侧表面无可见裂纹、裂缝，如图 4-25 所示，根据标准《金属材料弯曲试验方法》(GB/T 232—2010)，检测结果判定为合格。

图 4-25 Q345 钢弯曲试样外表面形貌

4.4.4 变电工程钢结构用螺栓楔负载试验

某公司对某 220kV 变电工程钢结构用紧固件进行螺栓楔负载试验，螺栓规格为 M16mm×50mm，螺距为 2mm，粗牙，全螺纹，性能等级为 6.8 级。

试验人员用游标卡尺和钢板尺对螺栓测量螺栓直径和长度，检测结果为螺栓直径 16.20mm，螺栓长度 50.5mm，螺栓主要尺寸与送样清单提供的规格相符。

对螺栓目视检查，螺栓采用热浸镀锌表面防腐处理，无裂缝、爆裂等缺陷。

根据试样规格和螺纹长度，按标准《输电线路杆塔及电力金具用热浸镀锌螺栓与螺母》(DL/T 284—2012)的规定，楔垫角度选择 6°，楔垫孔径 17.5mm。选择与螺栓相匹配的内螺纹夹具。将楔垫置于螺栓头部内侧，旋合内螺纹夹具，使未旋合螺纹长度大于螺栓直径(16mm)。

图 4-26 螺栓楔负载试验　　　　图 4-27 螺栓断裂部位

将组装好的螺纹置于试验工装中，上、下夹头应夹紧，如图 4-26 所示。设定试验机夹头的分离速率为 20mm/min，加载直至螺栓断裂。

经检查，螺栓断裂在未旋合螺纹长度内(如图 4-27 所示)，根据《紧固件机械性能　螺栓、螺钉和螺柱》(GB/T 3098.1—2010)，试验合格。

4.4.5 铁塔用紧固螺母保证载荷试验

某公司对 220kV 输电线路铁塔用螺母进行保证载荷试验，螺母规格为 M20mm，螺距为

2.5mm，性能等级为 6 级。

试验人员采用游标卡尺测量螺母厚度、边宽、规格，螺母主要尺寸偏差符合《紧固件机械性能　螺母　粗牙螺纹》（GB/T 3098.2—2015）的要求，采用规格为 2.5mm 的螺牙匹配螺母螺距，螺牙规与螺母螺纹配合较好，无明显间隙，螺母主要尺寸检测合格。对螺母进行目视检查，螺母成品为热浸镀锌件，表面无裂缝、爆裂等缺陷，根据标准《紧固件表面缺陷　螺母》（GB/T 5779.2—2000），外观检查合格。

根据螺母规格，选择孔径为 $\phi20$ 夹具，选择螺距为 2.5mm、规格为 M20 的试验芯棒。

将组装好的螺母置于试验工装中，调整中横梁，分别夹紧上、下夹头。设定试验机夹头的分离速率为 3mm/min，设定最大加载载荷为 176.4kN、保载时间为 15s，连续加载。

试验过程中，当加载载荷为 150.8kN 时，螺母发生脱扣，试验终止。

重复上述步骤，对同批次其他 2 个螺母进行保证载荷试验，共有 2 个螺母发生脱扣，如图 4 - 28 所示。

根据 GB/T 3098.2—2015 的规定，该批次螺母不合格。

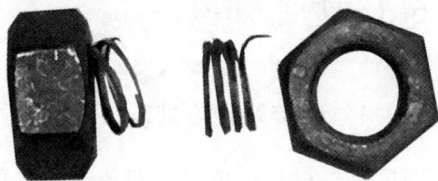

图 4 - 28　螺母脱扣

第5章
硬 度 检 测

5.1 基本知识

5.1.1 硬度及硬度试验

硬度是指材料抵抗局部变形或破坏的能力。金属材料的硬度与强度成正相关关系，可通过测量硬度来估算强度。硬度试验由于设备简单，操作方便，能够敏感地反映出金属材料的化学成分和组织结构的差异，因而被广泛应用于产品质量检测和科学研究中。

硬度试验的方法有很多，根据受力方式，可分为压入法（如布氏硬度、洛氏硬度、维氏硬度、努普硬度等）、回跳法（如里氏硬度等）、刻划法（如莫氏硬度等）。各种常用硬度试验方法适用范围见表 5-1。

表 5-1 常用硬度试验方法适用范围

测量方法	适 用 范 围
布氏硬度试验	测量晶粒较大的金属材料，如铸铁、有色金属及其合金，各种退火、调质处理后以及大多数出厂供货的钢材。对于较软的金属，如纯铝、铜、铅、锡、锌等及其合金，测出的硬度相当准确
洛氏硬度试验	A 标尺适用于测量高硬或薄硬材料，如硬质合金、渗碳后淬硬钢、经硬化处理后的薄钢带、薄钢板等。B 标尺适用于测量中低硬度的材料，如经退火后的中碳钢和低碳钢、可锻铸铁、各种黄铜和大多数青铜以及经固溶处理时效后的各种硬铝合金等。C 标尺适用于测量经淬火及低温回火后的碳素钢、合金钢以及工、模具钢等
表面洛氏硬度试验	适用于薄材、各种强化层以及化学热处理表面层的硬度测量
维氏硬度试验	除特别小和薄试验层的样品外，测量范围可覆盖所有金属
小力值维氏硬度试验	试验力值介于维氏和显微维氏之间，适用于表面强化层及化学热处理表面层以及各种渗层、镀层等
显微维氏硬度试验	适用于测量薄件、微小件、金属覆盖层或显微组织的硬度，以及具有极硬硬化层的表面
努普硬度试验	适用于微小件、极薄件或显微组织的硬度，以及具有极薄或极硬硬化层零件的表面硬度
里氏硬度试验	适用于大件、组装件、形状复杂件的现场检验
锤击式布氏试验法	适用于正火、退火或调质处理的大件及原材料的现场检验

通过以上各种硬度试验测得的硬度值一般不能直接比较大小，需要进行换算，此外，硬度值与抗拉强度估算值之间也可以进行换算，相关规定要求及换算表见《金属材料 硬度值的换算》（GB/T 33362—2016）。根据电网金属材料的样品特点和实际检测需要，本章仅介绍最常用的布氏硬度、洛氏硬度、维氏硬度。

5.1.2 布氏硬度

布氏硬度检测方法是 1900 年由瑞典工程师 J. A. Brinell 在研究热处理对轧钢组织的影响时首次提出的，该方法是应用最久、最广泛和常用的硬度检测方法之一。由于其压痕较大，硬度值受试样组织显微偏析及成分不均匀的影响很小，检测结果分散度小，复现性好，能够较客观地反映出材料的真实硬度。

1. 布氏硬度检测的基本原理

将一定直径 D 的碳化钨合金球以规定的试验力 F 压入试样表面，保持一定时间后卸除试验力，测量试样表面上压痕直径 d，根据压痕直径（d）计算出压痕凹印面积 A。布氏硬度值是试验力 F 除以压痕球形表面积 A 所得的商。

布氏硬度用 HBW 表示，符号之前为硬度值，符号之后依次为压头直径、试验力值、试验力保持时间（如果在标准规定的 10~15s 不标注）。如 208HBW10/3000/30 表示用直径 10mm 的碳化钨合金球在 3000kgf 试验力作用下保持 30s 测得的布氏硬度值为 208。

压痕为一球冠形，如图 5-1 所示，其面积为：

$$A = \pi D h$$

$$\mathrm{HBW} = F/A = F/\pi D h \qquad (5-1)$$

$$h = \frac{D}{2} - \overline{OB} = \frac{D}{2} - \sqrt{OA^2 - AB^2}$$

$$= \frac{D}{2} - \sqrt{\left(\frac{D}{2}\right)^2 - \left(\frac{d}{2}\right)^2}$$

$$= \frac{1}{2}(D - \sqrt{D^2 + d^2}) \qquad (5-2)$$

将式（5-2）代入式（5-1），则：

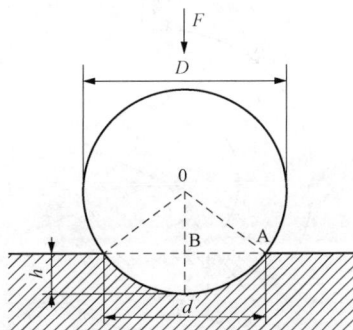

图 5-1 布氏硬度试验原理图

$$\mathrm{HBW} = \frac{F}{\frac{\pi D}{2}(D - \sqrt{D^2 - d^2})} = \frac{2F}{\pi D(D - \sqrt{D^2 - d^2})} \qquad (5-3)$$

式（5-3）中，试验力的单位为千克力，而在国际单位制（SI）中，试验力的单位则变为牛顿，两种单位的换算关系为：1kgf=9.8N。当采用国际单位制时，为了保持原硬度试验中的硬度数值不变，布氏硬度值的计算公式相应改变为：

$$\mathrm{HBW} = 0.102 \times \frac{2F}{\pi D(D - \sqrt{D^2 - d^2})} \qquad (5-4)$$

式中　F——施加的试验力，N；

　　　D——碳化物合金球压头直径，mm；

　　　d——压痕直径，mm。

需指出的是，在一些文献资料中有时会看到布氏硬度用 HBS 表示。HBS 和 HBW 都是布氏硬度符号，两者存在一定区别。在 2003 年 6 月 1 日前，我国执行的是《金属布氏硬度试验方法》（GB/T 231—1984），其中规定：用钢球压头进行试验的用 HBS 表示，用碳化钨合金球压头进行试验的用 HBW 表示。同样的试块，当其他试验条件完全相同的情况下，两种试验结果略有不同，HBW 值往往稍大于 HBS 值。HBS 只能检测 450HB 以下的硬度，否则就会导致压头变形而无法测得准确的硬度值，HBW 的测量范围虽然稍宽，一般也只能测量 650HB 以下的硬度，两者之间一般不需要进行换算。从 2003 年 6 月 1 日开始，原 GB/T 231—1984 废止，我国等效执行国际标准 ISO 6506，并制定了《金属布氏硬度试验 第 1 部分：试验方法》（GB/T 231.1—2002）［该标准最新版本为《金属材料 布氏硬度试验 第 1 部分：试验方法》（GB/T 231.1—2018）］，明确取消了钢球压头，全部采用碳化钨合金球压头。

　　2. 布氏硬度检测中相似原理的应用

　　在进行布氏硬度试验时，照常理分析，对应同一试样采用不同直径的球和不同的试验力时，凹印面积会有变化，但单位面积上的抗力应该是相同的，即布氏硬度值应为常数。实际上，在硬度检测中试验力与球直径任意变换时，直径的变化与凹印面积的变化在球冠与接近球径处是非线性关系的，对于软硬差异大的材料，压头压入深浅不同对应其应力状况也是复杂的。实际上，对于同一材料，即使用固定直径的球形压头，其硬度值 HB 随试验力 F 的改变也是有差异的。所以上述理想状况是不存在的，即在布氏硬度试验中，不能任意选择压头和试验力，必须遵守一定的原则，这就提出了相似原理问题。

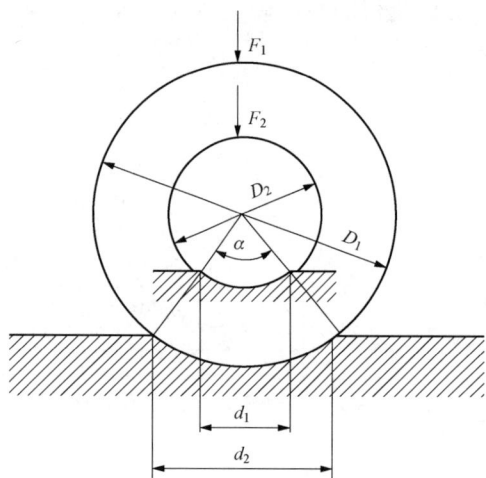

图 5-2　相似原理图

相似原理指出：在均匀的金属中，只要压入角 α 不变，不论压痕多大，金属的平均抵抗应力相等。相似原理图如图 5-2 所示。对于硬度不同的各种材料，如能采用变换试验力和相应变换压头球径的办法获得统一的压入角，就能获得准确的可比的硬度值。但实际工作中，由于材料千差万别，不同材料硬度值变化范围很大，目前还不能实现这一技术要求。为了得到较理想硬度结果，应当合理选择搭配试验力和球径，控制压入角 α 和压痕直径 d 在一定范围内变化，这样就能实现对同一种材料有相同的硬度值，对不同硬度的材料获得可比较的硬度结果。

对于同一种材料，在不同试验力 F_1 和 F_2 作用下，直径分别为 D_1 和 D_2 的球所产生的压痕分别为 d_1 和 d_2，压入角分别为 α_1 和 α_2。从图 5-2 中可以看出：

$$d_1 = D_1 \sin \frac{\alpha_1}{2} \tag{5-5}$$

将式（5-5）代入式（5-4）可得：

$$HBW = \frac{0.102 \times 2 F_1}{\pi D_1 (D_1 - \sqrt{D_1^2 - d_1^2})} = \frac{0.102 \times 2 F_1}{\pi D_1 \left(D_1 - \sqrt{D_1^2 - D_1^2 \sin^2 \frac{\alpha_1}{2}} \right)}$$

$$= \frac{0.102 F_1}{D_1^2} \left[\frac{2}{\pi \left(1 - \sqrt{1 - \sin^2 \frac{\alpha_1}{2}} \right)} \right]$$

同理可得：

$$HBW = \frac{0.102 F_2}{D_2^2} \left[\frac{2}{\pi \left(1 - \sqrt{1 - \sin^2 \frac{\alpha_2}{2}} \right)} \right]$$

若要使所得硬度值相等，需满足 2 个并列的条件：① $\alpha_1 = \alpha_2$；② $\dfrac{0.102F_1}{D_1^2} = \dfrac{0.102F_2}{D_2^2}$。

需要注意的是，$\dfrac{0.102F}{D^2}$ 与 α 并不是相互独立的参量，它们之间也存在一定的关系，大量的实验结果可以证明，只要保持 $\dfrac{0.102F}{D^2}$ 的值为一常数（用 K 表示），就可以使压入角 α 保持不变，从而可以保证得到几何相似的压痕。

不论采用的试验力和直径是否相同，只要保证 K 值不变，则对同一材料来说布氏硬度值是一样的，而对不同的材料来说，所得布氏硬度值是可进行比较的。而当选用的 K 值不同时，布氏硬度值则不能直接进行比较。

K 值并不是随便规定的。各种金属材料的软硬相差很大，如果只规定一个 K 值，对于较硬的材料，压入角会太小，而对于较软的材料，压入角又会很大。当压入角太小、即压痕太小时，测量误差就较大；当压入角较大但小于 90°时，压痕直径随着压入深度的增加有较大的变化，此时最有利于测量压痕；而当压入角大于 90°时，随着压入深度的增加，压痕直径的变化较小，为了提高所测量硬度的精确度，应当将压入角（或压痕直径）限制在一定的范围内。压入角应控制在 28°～74°，相应的压痕直径控制在 $0.24D$～$0.6D$，最理想的 d 值为 $0.375D$，相应的 α 角为 44°，此时球体压印的外切交角为 152°～106°，最理想的外切交角为 136°。因此，当 d 值低于 $0.24D$ 或高于 $0.6D$ 时都无法从压痕直径、试验力与硬度值对照表中查得数据。

3. 布氏硬度检测中常数 K、压头和试验力的选用

进行布氏硬度试验时，对于不同软硬的材料，应选用不同的 K 值，一般的规律是硬的材料选高 K 值，软的材料选低 K 值。K 值从 30 到 1 差别很大，主要是为在进行不同软硬的材料的检测时，使其压入角 α 相近，使压痕直径（d）能控制在 $0.24D$～$0.6D$。应先选定 K 值，然后以尽可能地选取大直径压头为原则，结合试样的厚度、宽度两个限制条件选用压头直径和试验力。布氏硬度试验中，常数 K 的选用表见表 5-2。布氏硬度检测用碳化钨球直径与试验力的关系见表 5-3。

表 5-2 常数 K 的选用表

材料	硬度范围（HBW）	$\dfrac{0.102F}{D^2}$（K）
钢、镍合金、钛合金	—	30
铸铁*	＜140	10
	≥140	30
铜及铜合金	＜35	5
	35～200	10
	＞200	30
轻金属及合金	＜35	2.5
	35～80	5 10 15
	＞80	10 15
铅、锡	—	1
烧结金属	依据 GB/T 9097	

* 对于铸铁，压头的名义直径应为 2.5mm、5mm 或 10mm。

表 5 - 3　　　　　　　　　布氏硬度检测用碳化钨球直径与试验力的关系表

硬度符号	球直径 D/mm	$\dfrac{0.102F}{D^2}$ (K)	试验力 F/N
HBW10/3000	10	30	29420
HBW10/1500	10	15	14710
HBW10/1000	10	10	9807
HBW10/500	10	5	4903
HBW10/250	10	2.5	2452
HBW10/100	10	1	980.7
HBW5/750	5	30	7355
HBW5/250	5	10	2452
HBW5/125	5	5	1226
HBW5/62.5	5	2.5	612.9
HBW5/25	5	1	245.2
HBW2.5/187.5	2.5	30	1839
HBW2.5/62.5	2.5	10	612.9
HBW2.5/31.25	2.5	5	306.5
HBW2.5/15.625	2.5	2.5	153.2
HBW2.5/6.25	2.5	1	61.29
HBW1/30	1	30	294.2
HBW1/10	1	10	98.07
HBW1/5	1	5	49.03
HBW1/2.5	1	2.5	24.52
HBW1/1	1	1	9.807

　　当试样尺寸允许时，之所以优先选用直径大的球压头试验，是为确保在尽可能大的、有代表性的试样区域内得到更具代表性数据。在测得压痕直径 d 后，可查阅《金属材料　布氏硬度试验　第 4 部分：硬度值表》（GB/T 231.4—2009）中的硬度值表得到 HB 硬度值。当 d 小于 $0.24D$ 或大于 $0.6D$ 时，从表中查不到硬度值，说明压头球直径和试验力的选用不合理，应重新选用。当 d 小于 $0.24D$ 时，K 值应向增大方向选用；当 d 大于 $0.6D$ 时，K 值应向减小方向选用。当 d 很接近 $0.24D$ 或 $0.6D$ 时，虽能从表中查出硬度值，但为获得较准确结果和较好的结果可比性，建议重新选用 K 值，尽量使 d 值处于 $0.24D$～$0.6D$ 的中间位置。

5.1.3　洛氏硬度

1. 洛氏硬度检测的基本原理

　　洛氏硬度检测法采用 120°金刚石圆锥或淬火钢球、碳化钨合金球（规定直径的）作为压头，在初始试验力 F_0 作用下，再加上主试验力 F_1，在总试验力 F 作用下，将压头压入试样表面，经规定保持时间后，卸除主试验力 F_1，测量在初试验力 F_0 下的残余压痕深度 h，如

图 5 - 3 所示。

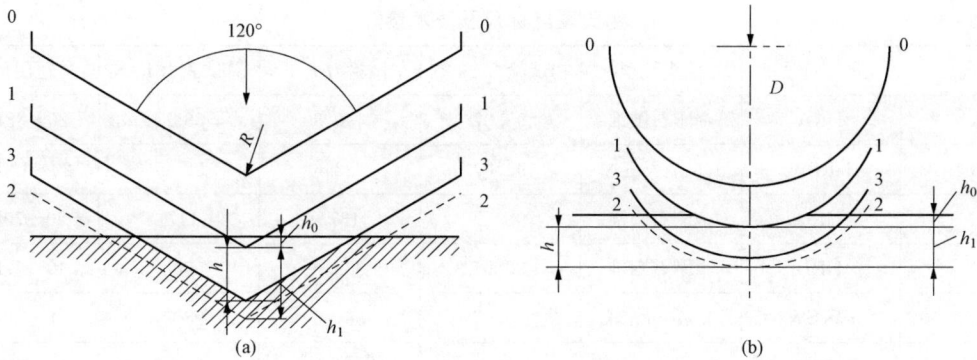

图 5 - 3　洛氏硬度试验原理图

(a) 金刚石圆锥；(b) 淬火钢球或碳化钨合金球

用式（5 - 6）计算洛氏硬度：

$$洛氏硬度 = N - \frac{h}{S} \tag{5 - 6}$$

式中　N——给定标尺的硬度数，对于 A、C、D、N 和 T 标尺，N 取 100，对于 B、E、F、G、
　　　　 H 和 K 标尺，N 取 130；

　　　h——残余压痕深度，mm；

　　　S——给定标尺的单位，mm，对于 A、B、C、D、E、F、G、H 和 K 标尺，S 取 0.002，
　　　　 对于 N 和 T 标尺，S 取 0.001。

2. 洛氏硬度标尺的分类

不同标尺下的洛氏硬度符号及公式见表 5 - 4。由式（5 - 6）可知，残余压痕深度 h 越大，
洛氏硬度值越低。一个洛氏硬度（HR）单位在特定条件下定义为 0.002mm（或 0.001mm）
的残余压痕深度。所谓标尺，是用不同压头和总试验力的组合加以区分。

表 5 - 4　　　　　　　　　　　　　不同标尺下的洛氏硬度符号及公式

符号	公式
HRA HRC HRD	$洛氏硬度 = 100 - \dfrac{h}{0.002}$
HRBW HREW HRFW HRGW HRHW HRKW	$洛氏硬度 = 130 - \dfrac{h}{0.002}$
HRN HRTW	$表面洛氏硬度 = 100 - \dfrac{h}{0.001}$

洛氏硬度标尺及适用范围见表 5-5。

表 5-5   洛氏硬度标尺及技术参数

标尺	硬度符号	压头类型	初试验力 F_0/N	主试验力 F_1/N	总试验力 F/N	适用范围
A	HRA	金刚石圆锥	98.07	490.3	588.4	20～88HRA
B	HRBW	1.5875mm 球	98.07	882.6	980.7	20～100HRB
C	HRC	金刚石圆锥	98.07	1373	1471	20～70HRC
D	HRD	金刚石圆锥	98.07	882.6	980.7	40～77HRD
E	HREW	3.175mm 球	98.07	882.6	980.7	70～100HRE
F	HRFW	1.5875mm 球	98.07	490.3	588.4	60～100HRF
G	HRGW	1.5875mm 球	98.07	1373	1471	30～94HRG
H	HRHW	3.175mm 球	98.07	490.3	588.4	80～100HRH
K	HRKW	3.175mm 球	98.07	1373	1471	40～100HRK
15N	HR15N	金刚石圆锥	29.42	117.7	147.1	70～94HR15N
30N	HR30N	金刚石圆锥	29.42	264.8	294.2	42～86HR30N
45N	HR45N	金刚石圆锥	29.42	411.9	441.3	20～77HR45N
15T	HR15TW	1.5875mm 球	29.42	117.7	147.1	67～93HR15T
30T	HR30TW	1.5875mm 球	29.42	264.8	294.2	29～82HR30T
45T	HR45TW	1.5875mm 球	29.42	411.9	441.3	10～72HR45T

注 1. 表 5-5 中的后 6 行是表面洛氏硬度，N 代表金刚石圆锥压头，T 代表球压头，N 和 T 前边的数表示总试验力（单位为 kgf）。

2. 碳化钨合金球形压头为标准型洛氏硬度压头，钢球压头仅在 HR30TSm 和 HR15TSm 时使用，使用大写 S 和小写 m 来表明使用钢球压头和金刚石试样支座。

3. 洛氏硬度标尺的选用原则

HRA——适用于测定坚硬或薄硬材料，如硬质合金、渗碳后淬硬钢、经硬化处理后的薄钢带、薄钢板等。

HRBW——适用于测定中等硬度的材料，如有色金属、合金、退火钢、各种黄铜和大多数青铜以及经固溶处理时效后的各种硬铝合金等。适用范围是 20～100HRB。当试样硬度小于 20HRB 时，多数情况下金属开始蠕变，变形持续很长时间，很难得到准确的测量结果。当试样硬度大于 100HRB 时，因为球压头压入深度太小，灵敏度降低，影响测量精度。

HRC——适用于测定经淬火及低温回火后的碳素钢、合金钢以及工、模具钢等。一般HRB>100 的材料可用 C 标尺测定，当试样硬度小于 20HRC 时，由于金刚石压头压入过深，由压头几何形状造成的误差增大，影响测量准确性，一般要换用 B 标尺。

HRD——介于 HRA 和 HRC 之间，适用于压入深度介于 A 和 C 标尺之间的各种材料。

HREW——适用于测定一般铸铁、铝合金、镁合金、轴承合金及其他类似软金属。

HRFW——适用于韧化黄铜、紫铜、一般铝合金等。

　　HRGW——适用 HRB 接近 100 的材料，比 HRB 检测接近 100 时的灵敏度高。

　　HRHW——适用于铝、锌、铅等软金属合金。

　　HRKW——适用于轴承合金和其他软金属材料。

　　HR15N——适用于硬质合金、氮化钢、渗碳钢、各种钢板等。

　　HR30N——适用于表面淬火钢、渗碳钢、刀子、薄钢板等。

　　HR45N——适用于淬火钢、调质钢、硬铸铁及零件边缘等。

　　HR15TW——适用于退火铜合金、黄铜、青铜薄板、薄软钢、铝合金等。

　　HR30TW——适用于薄软钢、铝合金、铜合金、黄铜、青铜、可锻铸铁等。

　　HR45TW——适用于珠光体铁、铜镍和锌镍合金薄板。

5.1.4　维氏硬度

1. 维氏硬度检测的基本原理

　　将面角为 136° 的正四棱锥金刚石压头以选定的试验力 F 压入试样表面，保持规定时间后，卸除试验力，测量试样表面压痕对角线长度，如图 5 - 4 所示，并据此计算出压痕凹印面积，维氏硬度是试验力除以压痕表面积所得的商，压痕被视为具有正方形基面并与压头角度相同的理想形状。

　　维氏硬度用 HV 表示，符号之前为硬度值，符号之后依次为选择的试验力值见表 5 - 6、试验力保持时间（10～15s 不标注）。如 635HV30/20 表示在试验力为 294.2N（30kgf）下保持 20s 测定的维氏硬度值为 635。

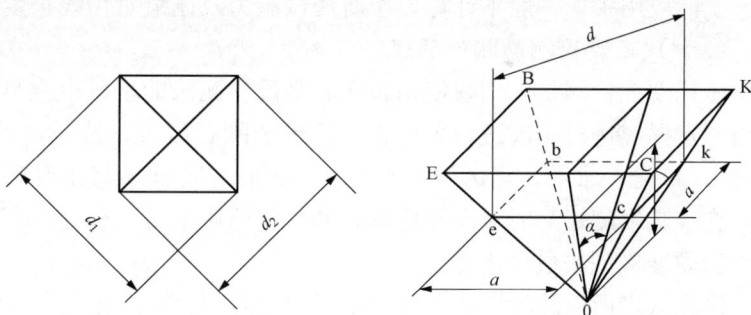

　　维氏硬度压痕计算原理图如图 5 - 5 所示。

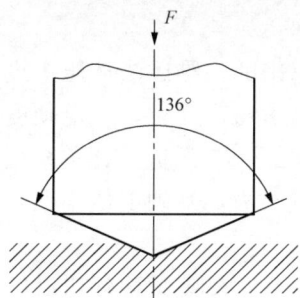

图 5 - 4　维氏硬度试验原理　　　　　　　图 5 - 5　维氏硬度压痕计算原理图

计算公式见式（5 - 7）：

$$HV = 0.102 \frac{F}{A} \tag{5 - 7}$$

式中　HV——维氏硬度符号；

　　0.102——试验力单位由 kgf 变换为 N 后需要乘以的系数，即 $1/g = 1/9.80655 = 0.102$（g 为标准重力加速度）；

　　　F——试验力，N；

　　　A——角锥压痕表面积，mm^2；

$$S = \frac{1}{2}al = \frac{a}{2} \frac{a}{2} / \sin \frac{\alpha}{2} = \frac{a^2}{4} / \sin \frac{\alpha}{2}$$

$$A = 4S = a^2 / \sin\frac{\alpha}{2}$$

由 $a = \dfrac{d}{\sqrt{2}}$ 得

$$A = \left(\frac{d}{\sqrt{2}}\right)^2 / \sin\frac{\alpha}{2} = d^2 / 2\sin\frac{\alpha}{2} \qquad (5-8)$$

式中　S——角锥凹印一个面的面积，mm^2；

　　　l——角锥凹印每面斜三角形的高，mm；

　　　A——$4S$；

　　　d——压痕对角线长度，mm。

将式（5-8）代入式（5-7）可得：

$$HV = \frac{0.102F \cdot 2\sin\frac{\alpha}{2}}{d^2}$$

当 $\alpha = 136°$ 时

$$HV = \frac{0.102F \cdot 2\sin 68°}{d^2} = 0.1891\frac{F}{d^2} \qquad (5-9)$$

对于显微维氏硬度检测所用的试验力小于 $1.96N$（$200gf$），相应的压痕也很小，多用 μm 为单位，则式（5-9）变为：

$$HV = 0.1891 \times 10^6 \frac{F}{d^2} = 189100\frac{F}{d^2} \qquad (5-10)$$

实际应用中，一般不计算，按所用试验力及压痕对角线长度从对照表中查出。

2. 维氏硬度检测的相似原理

维氏硬度检测是人们在使用布氏和洛氏检测法的基础上发展起来的。维氏法从压头设计和材料选择上进行了改进，采用正四棱锥金刚石压头，选一定的面角 α，这时，一定硬度材料的 F/d^2 是一常数。当试验力改变时，压痕的面积 A 与压痕对角线平方 d^2 成正比关系。因此，在维氏硬度检测时对于硬度均匀的材料原则上可以任意选择试验力，其硬度值不变，这是维氏硬度检测法最大优点。

维氏法之所以选择面角为 $136°$ 的角锥体，是为了使维氏硬度和布氏硬度具有相近的示值，以便进行比较。在布氏检测法中，当 $d = 0.375D$ 时，试验力对布氏硬度值影响最小。此时钢球的压入角为 $44°$，钢球压印的外切交角为 $136°$。维氏压头选用正四棱角锥，使其面角为 $136°$，这样角锥体压头的压入角也为 $44°$。

因为压入角相同，在中、低硬度值范围内，布氏和维氏两种检测方法对同一均匀材料会得到相近的硬度值。这是因为两种检测方法均是以凹印的单位面积上承受抗力的大小来反映硬度值的高低，在压入角相同（$44°$）的条件下，同一材料单位面积上的抗力相等。

3. 维氏硬度试验力的分级及选择原则

一般应根据试样硬度、厚薄、大小等情况，从推荐的维氏硬度试验力分级表（见表5-6）中选择试验力进行检测。一般在试样条件允许的情况下，尽量选择较大的试验力，以得到尽可能大的压痕，从而确保在尽可能大的、有代表性的试样区域内得到更具代表性的数据。

表 5-6 推荐的维氏硬度试验力分级表

维氏硬度试验		小力值维氏硬度试验		显微维氏硬度试验	
硬度符号	试验力/N	硬度符号	试验力/N	硬度符号	试验力/N
HV5	49.03	HV0.2	1.961	HV0.01	0.098 07
HV10	98.07	HV0.3	2.942	HV0.015	0.147 1
HV20	196.1	HV0.5	4.903	HV0.02	0.196 1
HV30	294.2	HV1	9.807	HV0.025	0.245 2
HV50	490.3	HV2	19.61	HV0.05	0.490 3
HV100	980.7	HV3	29.42	HV0.1	0.980 7

注 其他的试验力也可以使用，如 HV2.5（24.52N）。

显微维氏硬度是在材料显微尺度范围内测定的维氏硬度，其试验力一般不大于 0.980 7N （100gf）。在常规检验中，显微维氏法适用于测定薄件、微小件以及金属覆盖层的硬度。在金属学、金相学中，显微维氏法常被用来测定金属组织中组成相的硬度，借以鉴定合金相的类别和属性。与维氏硬度和小力值维氏显微硬度不同，显微维氏硬度的试验力小，压痕也小，更易出现误差。

影响显微硬度值准确性的因素很多，主要因素包括以下几个方面：

（1）试样加工。机械抛光对显微硬度值有明显影响，这是因为抛光时表层会产生很小的塑性形变，形成变形层，所以机械抛光所测得的显微硬度值比电解抛光所测得的结果要高，在低载荷下更为明显。因此试样在制备过程中，要尽量减少表面变形层，特别对软材料，最好采用电解抛光或化学抛光。

（2）试样特征。试样材料有明显的结构特征时，压痕形状将不规则。压痕在一个晶粒上不同的位置，如在晶内或临近晶界或临近第二相，对所测结果都会有影响。在选择测量对象时应选取较大截面的晶粒，因为较小截面的晶粒厚度可能较薄，测量结果可能会受晶界或相邻第二相的影响。

（3）载荷。对于同一均匀试样，即使其他检测条件都处于理想状况下，当改变试验力时，也会出现硬度值不相同的情况，这是由于压头以一定的试验力压入试样表面形成压痕，卸载后压痕将因金属的弹性回复而稍微缩小。弹性回复是金属的一种特性，它只与金属的种类有关，而与产生压痕的试验力无关，几乎是一个定值。当试验力较小，压痕很小时，压痕因弹性回复的收缩的比例就比较大，所以根据回复后压痕尺寸计算求得的显微硬度值总是偏高。

（4）压头。压头的四个三角形工作面应光滑、平整，在使用过程中压头受到损坏，如顶角磨损、表面出现裂纹、凹陷或压头上粘有某些其他物质，都会使压痕边缘粗糙和不规则，增大测量误差，影响测量结果。

（5）加载速度和保载时间。硬度定义中的载荷是指静态的含义，但实际上一切硬度试样中载荷都是动态的，是以一定的速度施加在试样上的，由于惯性的作用，加载机构会产生一个附加载荷，因此加载速度过快，会增大压痕，使显微硬度值降低。为了消除这个附加载荷的影响，在施加载荷时应尽可能以平稳、缓慢的速度进行。一般载荷越小，加载速度对其影响就越大。

4. 维氏硬度试样最小厚度与试验力间关系

在维氏硬度检测中，合理选择最小厚度和最大试验力非常重要。如在薄试样或覆盖层上测定其硬度，由于覆盖层一般不会很厚，试验力大了，可能打穿或产生底部效应；试验力小了，影响检测精度。利用计算公式作合理选用，可以得到理想的测试结果。

（1）试样最小厚度计算。根据试验力大小及试样硬度值高低，求试样最小厚度。

由 $HV = 0.1891 \dfrac{F}{d^2}$ 得：

$$d^2 = \frac{0.1891}{HV}F \tag{5-11}$$

根据《金属维氏硬度试验 第1部分：试验方法》（GB/T 4340.1—2009）中对试样的要求，维氏硬度的试样或试验层厚度至少应为压痕对角线长度的 1.5 倍，即 $t \geqslant 1.5d$，将 $d = \dfrac{t}{1.5}$ 代入式（5-11）中得 $t^2 = \dfrac{0.1891 \times (1.5)^2 F}{HV}$，则试样最小厚度为：

$$t_{min} \approx 0.652 \sqrt{\frac{F}{HV}} \tag{5-12}$$

式（5-12）中 t、d 单位为 mm；F 单位为 N。

（2）最大试验力计算。根据式（5-9）得：

$$F_{max} = \frac{d^2}{0.1891}HV \tag{5-13}$$

将 $d = \dfrac{t}{1.5}$ 代入式（5-13），得 $F_{max} \approx \dfrac{t^2 HV}{0.1891 \times 2.25}$

则试样最大试验力为：

$$F_{max} \approx \frac{t^2}{0.425}HV \tag{5-14}$$

式（5-14）中 F_{max} 单位为 N；t 单位为 mm。

（3）试样最小厚度和试验力选用，如图 5-6、图 5-7 所示。按试样最小厚度为压痕对角线的 1.5 倍设计，可用于确定试样的最小厚度，也可用于确定试样的最大试验力。

确定最小厚度的方法：将右边标尺选定的试验力和左边标尺硬度值作一连接线，此连接线与中间标尺的交点所示的值为该条件下试样的最小厚度。

确定最大试验力的方法：将左边标尺硬度值和中间标尺的厚度值（试样的实际测量厚度）作一连线，此连接线与右边标尺的交点所示的值为该条件下试样的最大试验力。

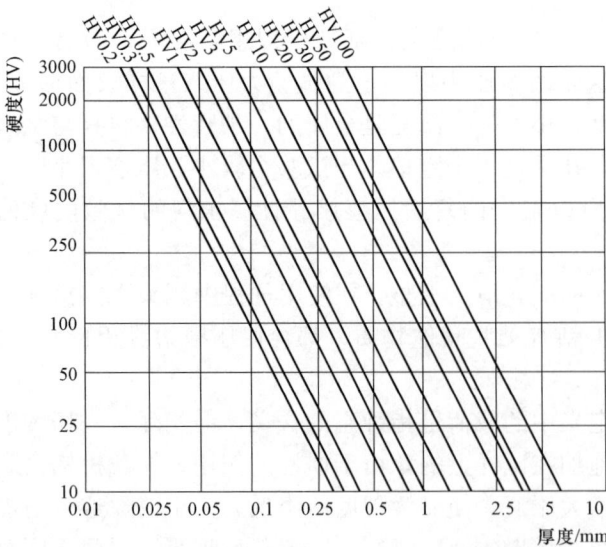

图 5-6 试样最小厚度、试验力和硬度关系图（HV0.2～HV100）

硬度符号　试验力F/N

最小　　对角线
厚度t/mm　长度d/mm

硬度　HV

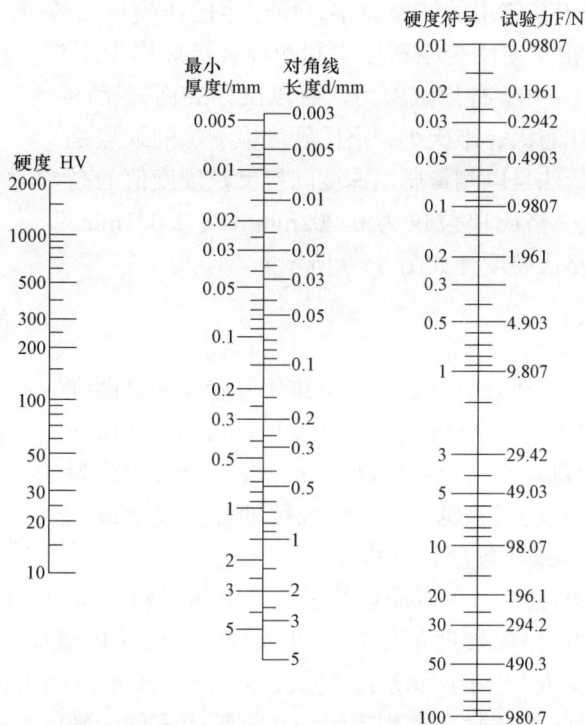

图 5-7　试样最小厚度图（HV0.01～HV100）

5.2　硬度检测设备和器材

5.2.1　布氏硬度计

布氏硬度试验的优点是硬度代表性好，由于通常采用的是 10mm 直径球压头，294.2kN（3000kgf）试验力，其压痕面积较大，能反映较大范围内金属各组成相的平均值，特别适合具有大晶粒金属材料的硬度测定。对于较软的金属，如纯铝、铜、铅、锡、锌等及其合金，测出的硬度相当准确。该方法的试验数据复现性好，精度高于洛氏硬度，低于维氏硬度。

它的不足之处是：压痕较大，不太适合成品检验；对不同软硬材料的试样要选择和更换压头及试验力，压痕测量比较费时；测量的硬度范围不如洛氏法和维氏法宽广，对硬度很高（＞650HBW）的淬火材料而言，因测试时的压头变形问题很难测得准确的数值。数显布氏硬度计如图 5-8 所示。

5.2.2　洛氏硬度计

金属洛氏硬度计是测量金属硬度材料的专用设备，可分为手动洛氏硬度计、电动洛式硬度计、数显洛氏硬度计、表面类洛氏硬度计、光学类洛氏硬度计等。洛氏硬度检测操作简便、

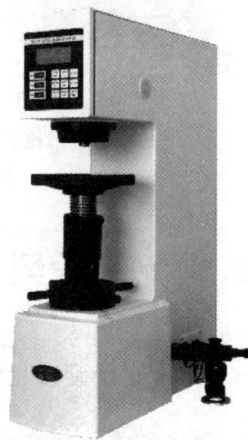

图 5-8　数显布氏硬度计

迅速，工作效率高。由于其使用的试验力小，所产生的压痕比布氏硬度的压痕小，因而对试样表面没有明显损伤。由于使用金刚石压头和两种直径球作为压头，有六种试验力和多种标尺，硬度测量范围宽广。由于有预试验力，所以试样表面轻微的不平度对硬度值的影响比布氏、维氏小。洛氏硬度检测法的缺点是精度较低，这是因为洛氏法是以测量压痕深度间接反映硬度值的高低，检测点很小，且每一洛氏单位仅为 0.002mm（或 0.001mm）深，易出现误差。数显洛氏硬度计如图 5-9 所示。

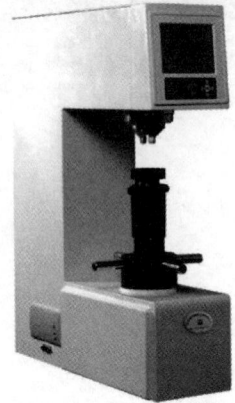

图 5-9 数显洛氏硬度计

5.2.3 维氏硬度计

维氏硬度计分为普通维氏硬度计、小力值维氏硬度计和显微维氏硬度计。普通维氏硬度计一般指载荷在 98.1～490.4N（10～50kgf）的维氏硬度试验机，小力值维氏硬度计一般指最大载荷为 49.04N（5kgf）的维氏硬度试验机，显微维氏硬度计一般指最大载荷为 9.81N（1kgf）的维氏硬度试验机。

维氏硬度计测量范围宽广，可以测量几乎全部金属材料，从很软的材料（几维氏硬度单位）到很硬的材料（3000 维氏硬度单位）都可测量。维氏硬度试验（≥HV5）主要用于材料研究和科学试验方面，除特别小和薄的试验层样品外，测量范围可覆盖所有金属。小力值维氏硬度试验（HV0.2～HV5）主要用于测量小型精密零件的硬度、表面硬化层硬度和有效硬化层深度、镀层的表面硬度、薄片材料和细线材的硬度等。由于试验力很小，压痕也很小，试样外观和使用性能都可以不受影响。显微维氏硬度试验（HV0.01～HV0.2）主要用于金属学和金相学研究，用于测定金属组织中各组成相的硬度、研究难熔化合物脆性等，显微维氏硬度试验还用于极小或极薄零件的测试，零件厚度可薄至 3μm。

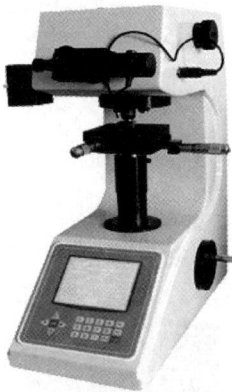

图 5-10 数显显微维氏硬度计

与布氏、洛氏法比较，维氏硬度试验施加试验力后所获得的压痕基本不受试验力大小影响，并具有相似的几何形状，对任一性质相同的材料在变换试验力后得到的硬度值是相同或相近的。压痕具有清晰轮廓的正方形，对角线的测量精度高，有利于确保硬度测量的精确度。维氏硬度试验是常用硬度试验方法中精度最高的，同时它的重复性也较好。数显显微维氏硬度计如图 5-10 所示。

5.3 硬度检测工艺

5.3.1 布氏硬度检测工艺

1. 布氏硬度试样要求

（1）试样表面应平坦光滑，且不应有氧化皮及外界污物，尤其不应有油脂。试样表面应能保证压痕直径的精确测量。对于使用较小压头，有可能需要抛光或磨平试样表面。

（2）制备试样时，应使过热或冷加工等因素对试样表面的影响减至最小。

（3）试样厚度至少应为压痕深度的 8 倍。为了检查试样厚度是否小于压痕深度 h 的 8 倍，h 可按式（5-15）求得。

因 $HB = \dfrac{0.102F}{\pi Dh}$，得：

$$h = \frac{0.102F}{\pi D \cdot HB} \tag{5-15}$$

式中　F——施加的试验力，N；

　　　D——碳化钨合金球压头直径，mm。

试样最小厚度与压痕平均直径的关系表见 GB/T 231.1—2018 附录 A。试验后，试样背部如出现可见变形，则表明试样太薄，检测结果无效，应换合适的试样重新检测。

2. 布氏硬度试验程序

（1）试验一般在 10~35℃进行，对于温度要求严格的试验，温度应为 23℃±5℃。

（2）试验前应按照 GB/T 231.1—2018 附录 B 核查硬度计的状态。

（3）应先按照表 5-2 选定 K 值，然后以尽可能地选取大直径压头为原则，结合试样的厚度、宽度两个限制条件［见式（5-15）及 5.3.1 中的 2（7）］选用压头直径和试验力。试验力的选择应保证压痕直径在 0.24~0.6D 之间。如果压痕直径超出了上述区间，应在试验报告中注明压痕直径与压头直径的比值 d/D。本部分规定的试验力见表 5-3。如有特殊协议，也可采用其他 K 值和试验力。

（4）试样应放置在刚性平台上。试样背面和试台之间应无污物（氧化皮、油、灰尘等）。将试样稳固地放置在试台上，确保在试验过程中不发生位移。

（5）使压头与试样表面接触，垂直于试验面施加试验力，直至达到规定试验力值。从加力开始至全部试验力施加完毕的时间应为 7^{+1}_{-5}s。试验力保持时间为 14^{+1}_{-4}s。对于要求试验力保持时间较长的材料，试验力保持时间公差为 ±2s。一般来说材料越软，试验力保持时间应当越长。

（6）在整个试验期间，硬度计不应受到影响试验结果的冲击和振动。

（7）任一压痕中心与试样边缘距离至少应为压痕平均直径的 2.5 倍；两相邻压痕中心间距离至少应为压痕平均直径的 3 倍。

（8）压痕直径的光学测量既可采用手动也可采用自动测量系统。光学测量装置的视场应均匀照明，照明条件应与硬度计直接校准、间接校准和日常检查一致。两种测量方法如下：

1）对于手动测量系统，测量每个压痕相互垂直方向的两个直径，用两个读数的平均值计算布氏硬度。

2）对于自动测量系统，允许按照其他经过验证的算法计算平均直径。

（9）利用式（5-4）计算平面试样的布氏硬度值，将试验结果修约到 3 位有效数字。布氏硬度值也可通过查阅 GB/T 231.4—2018 获得。

5.3.2　洛氏硬度检测工艺

1. 洛氏硬度试样要求

（1）除非材料标准或合同另有规定，试样表面应平坦光滑，并且不应有氧化皮及外来污物，尤其不应有油脂。

（2）试样的制备应使受热或冷加工等因素对试样表面硬度的影响减至最小。尤其对于压痕深度浅的试样应特别注意。

（3）如图 5-11 所示为洛氏硬度与试样最小厚度关系图。对于金刚石圆锥压头进行的试验，试样或试验层厚度应不小于残余压痕深度的 10 倍；对于用球压头进行的试验，试样或试验层厚度应不小于残余压痕深度的 15 倍。除非可以证明使用较薄的试样对试验结果没有影响。通常情况下，试验后试样的背面不应有变形出现。对于特别薄的薄板金属，应符合 HR30TSm 和 HR15TSm 标尺的特别要求见《金属材料　洛氏硬度试验　第 1 部分：试验方法》（GB/T 230.1—2018）附录 A。

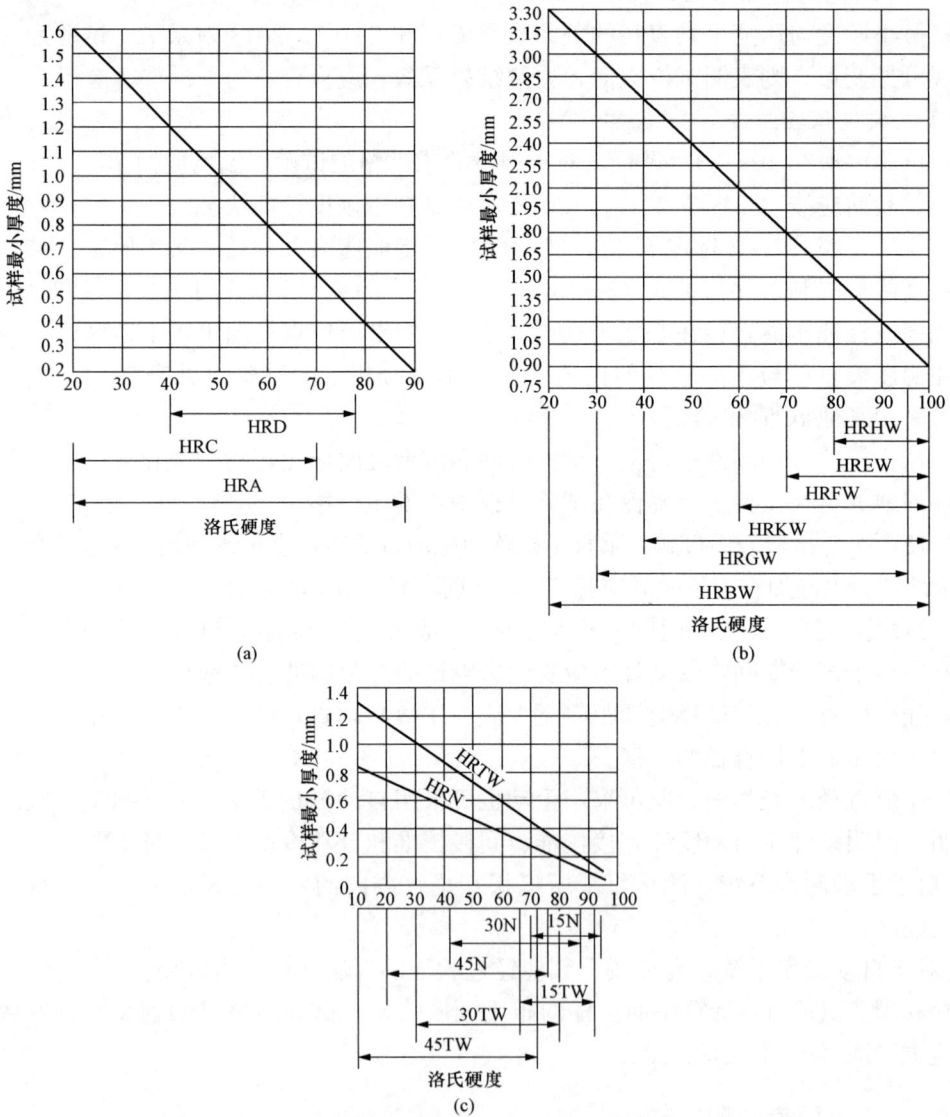

(a)

(b)

(c)

图 5-11　洛氏硬度与试样最小厚度关系图
（a）用金刚石圆锥压头试验（A、C 和 D 标尺）；（b）用球压头试验（B、E、F、G、H 和 K 标尺）；
（c）表面洛氏硬度试验（N 和 T 标尺）

2. 洛氏硬度试验程序

（1）试验一般在 10～35℃的室温下进行。当环境温度不满足该规定要求时，试验室需要评估该环境下对于试验数据产生的影响。当试验温度不在 10～35℃范围内时，应记录并在报告中注明。

（2）选择标尺时，根据试样的材质以及热处理状态，参考 5.1.3 中 3 的标尺的选用原则，选用压头及试验力。

（3）使用者应在当天使用硬度计之前，对所用标尺根据 GB/T 230.1 附录 C 进行日常检查。金刚石压头应按照 GB/T 230.1 附录 D 的要求进行检查。

（4）在变换或更换压头、压头球或载物台之后，应至少进行两次测试并将结果舍弃，然后按照 GB/T 230.1 附录 C 进行日常检查以确保硬度计的压头和载物台安装正确。

（5）压头应是上一次间接校准时使用的，否则应按照 GB/T 230.1—2018 附录 C 中的要求，对常用的硬度标尺至少使用两个标准硬度块进行核查，硬度块按照《金属材料 洛氏硬度试验 第 2 部分：硬度计（A、B、C、D、E、F、G、H、K、N、T）标尺》（GB/T 230.2—2012）表 1 中选取高值和低值各一个。该条款不适用于只更换球的情况。

（6）试样应放置在刚性支承物上，并使压头轴线和加载方向与试样表面垂直，同时应避免试样产生位移。应对圆柱形试样作适当支承。

（7）使压头与试样表面接触，无冲击、振动、摆动和过载地施加初试验力 F_0，初试验力的加载时间不超过 2s，保持时间应为 3^{+1}_{-2}s。

（8）初始压痕深度测量。手动（刻度盘）硬度计需要给指示刻度盘设置设定点或设置零位。自动（数显）硬度计的初始压痕深度测量是自动进行的，不需要使用者进行输入，同时初始压痕深度的测量也可能不显示。

（9）施加主试验力 F_1，使试验力从初试验力 F_0 增加至总试验力 F。洛氏硬度主试验力的加载时间为 1～8s。所有 HRN 和 HRTW 表面洛氏硬度的主试验力加载时间不超过 4s。建议采用与间接校准时相同的加载时间。

（10）总试验力 F 的保持时间为 5^{+1}_{-3}s，卸除主试验力 F_1，初试验力 F_0 保持 4^{+1}_{-3}s 后，进行最终读数。对于在总试验力施加期间有压痕蠕变的试验材料，由于压头可能会持续压入，所以应特别注意。若材料要求的总试验力保持时间超过标准所允许的 6s 时，实际的总试验力保持时间应在试验结果中注明（例如 65HRF/10s）。

（11）保持初试验力测量最终压痕深度。洛氏硬度值由式（5-6）使用残余压痕深度 h 计算，相应的信息见表 5-4、表 5-5。对于大多数洛氏硬度计，压痕深度测量是采用自动计算从而显示洛氏硬度值的方式进行。

（12）对于在凸圆柱面和凸球面上进行的试验，需要按 GB/T 230.1 附录 E、F（表 F.1）进行修正，修正值应在报告中注明。未规定在凹面上试验的修正值，在凹面上试验时，应协商解决。

（13）在试验过程中，硬度计应避免受到冲击或振动。

（14）两相邻压痕中心的距离至少应为压痕直径的 3 倍，任一压痕中心距试样边缘的距离至少应为压痕直径的 2.5 倍。

5.3.3　维氏硬度检测工艺

1. 维氏硬度试样要求

（1）试样表面应平坦光滑，试验面上应无氧化皮及外来污物，尤其不应有油脂，除非在产品标准中另有规定。试样表面的质量应保证压痕对角线长度的精确测量，建议试样表面进行抛光处理。

（2）制备试样时应使由于过热或冷加工等因素对试样表面硬度的影响减至最小。

（3）由于显微维氏硬度压痕很浅，加工试样时建议根据材料特性采用抛光或电解抛光工艺。

（4）试样或试验层厚度至少应为压痕对角线长度的 1.5 倍。试验后试样背面不应出现可见变形压痕。

（5）对于在曲面试样上试验的结果，应使用 GB/T 4340.1 附录 B 表 B.1～表 B.6 进行修正。

（6）对于小截面或外形不规则的试样，可将试样镶嵌或使用专用试台进行试验。

2. 维氏硬度试验程序

（1）试验一般在 10～35℃ 下进行，对于温度要求严格的试验，室温应为 23℃±5℃。

（2）一般应根据试样硬度、厚薄、大小等情况选择试验力，选择原则及方法见 5.1.4 中 3 和 4。

（3）试台应清洁且无其他污物（氧化皮、油脂、灰尘等）。试样应稳固地放置于刚性试台上以保证试验过程中不产生位移。

（4）使压头与试样表面接触，垂直于试验面施加试验力，直至将试验力施加至规定值。从加力开始至全部试验力施加完毕的时间应在 2～8s。对于小力值维氏硬度试验和显微硬度试验，加力过程不能超过 10s，试验力保持时间为 10～15s，对于特殊材料试样，试验力保持时间可以延长，直至试样不再发生塑性变形为止，但应在硬度试验结果中注明且误差在 2s 以内。在整个试验期间，硬度计应避免受到冲击和振动。

（5）任一压痕中心到试样边缘距离，对于钢、铜及铜合金，至少应为压痕对角线长度的 2.5 倍；对于轻金属、铅、锡及其合金，至少应为压痕对角线长度的 3 倍。两相邻压痕中心之间的距离，对于钢、铜及铜合金，至少应为压痕对角线长度的 3 倍；对于轻金属、铅、锡及合金，至少应为压痕对角线长度的 6 倍。如果相邻两压痕大小不同，应以较大压痕确定压痕间距。

（6）应测量压痕两条对角线的长度，用其算数平均值按式（5-9）或式（5-10）计算维氏硬度值，也可在 GB/T 4340.4 中查出维氏硬度值。在平面上压痕两对角线长度之差，应不超过对角线平均值的 5%，如果超过 5%，则应在试验报告中注明。放大系统应能将对角线放大到视场的 25%～75%。

（7）覆盖层（如镀银层）硬度检测，检测力大小应慎重选用，因覆盖层一般都比较薄。如检测力过大，硬度值会受基体材料硬度的影响；如检测力选用过小，容易引入较大误差，都会影响到硬度检测准确性。要获得覆盖层最准确的硬度值，应采用与覆盖层厚度相适应的最大检测力，最大检测力的计算见式（5-14）。覆盖层厚度一般用金相显微镜或覆盖层测厚仪等方法测得。用金相法测覆盖层厚度，应先用合适的浸蚀剂显示。当覆盖层材料的参考硬度未知时，为避免可能受到的基体材料硬度的影响，可先用最小载荷的检测力进行测试，得到一个参考硬度值。在已知厚度和 HV 参考硬度值后，可用式（5-14）求出 F_{max}。

5.4　典型案例

5.4.1　300MW 机组主蒸汽管道布氏硬度检测

某火力发电厂 2 号锅炉主蒸汽管道材质为 P91，规格为 $\phi426\times30mm$。该锅炉已运行20 万小时，根据国家能源局监管办公室要求，依据《火力发电厂蒸汽管道寿命评估技术导则》（DL/T 940—2005），对主蒸汽管道开展寿命评估工作，需对主蒸汽管道进行硬度试验。

1. 取样

取样部位用记号笔标记，避开现场截取样坯时受到气割影响的区域。参照 GB/T 2975—2018 附录 A 管材冲击试样的取样要求，采用线切割方式截取试样，试样尺寸约为 50mm×30mm×10mm（长×宽×厚），将切割好的试样在磨床上磨平。

2. 试样处理

用洗净剂或无水酒精等冲洗待测面及背面，去除表面的污染物、油污等。

3. 检测部位标记

根据 GB/T 231.1 的规定：压头直径和压入点的选择应确保任一压痕中心距试样边缘距离至少为压痕平均直径的 2.5 倍，且两相邻压痕中心间距离至少为压痕平均直径的 3 倍。用记号笔在待测面中间标记 3 个测试部位，其间距约为 10mm，待测部位距边缘约 10mm。

4. 试验参数设置

根据 GB/T 231.1 的要求，选取直径为 10mm 的硬质合金球压头，载荷设置为 3000kgf，试验力保持时间 15s。

5. 试样放置

清理试验台表面污染物，将试样背面放置在试验台上，观察测试部位，使标记部位处于压头正下方。

6. 加载

旋转丝杠使试验台上升，确保试样待测面与压头最大限度地紧密接触，按下按钮加载，保载结束后，反方向旋转丝杠使试验台下降，取下试样。

7. 压痕直径测量及硬度值获取

采用读数显微镜测量压痕直径，测量每个压痕相互垂直方向的两个直径，取两个读数的平均值作为测量结果，查表或计算硬度值。

也可采用全自动布氏硬度测量系统测量硬度值，如图 5-12 所示。测量前，应将试验载荷、压头直径等输入测量系统，测量时，应移动摄像头，将压痕置于摄像头图像的中心位置，可直接读取压痕直径和布氏硬度值。

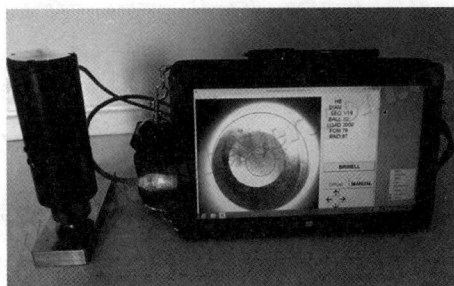

图 5-12　全自动布氏硬度测量系统

8. 检测结论

在标记处检测 3 点，测量结果分别为 212HBW10/3000、214HBW10/3000、212HBW10/3000，平均值取值为 213HBW10/3000。根据《火力发电厂金属技术监督规程》（DL/T 438—2016）附录 C 的规定，P91 硬度值为 185～250HB，该管段硬度检测合格。

5.4.2　变电站隔离开关镀银层硬度检测

隔离开关镀银层硬度检测属于覆盖层硬度检测，一般用显微维氏硬度检测法。

1. 取样

选取隔离开关较为平整区域，采用手工锯方式截取试样，用锉刀、120 号砂纸去除边角毛刺。

2. 试样表面处理

将试样轻轻置于金相抛光机上，抛光织物使用洁净的抛光绒布。抛光时应适量添加冷却水，避免镀层过热、氧化。抛光后采用无水乙醇冲洗表面，电吹风吹干，将待检测面置于金相显微镜下（放大倍数为 100 倍），观察表面无影响检测结果的密集性划痕和麻点。

3. 镀层厚度测量

采用便携式合金分析仪（带镀银层测厚功能），测得镀银层厚度为 $25.04\mu m$。也可采用金相法测量。

4. 试验力选择

按照 DL/T 1424—2015 对导电回路的要求，室外导电回路动接触部位镀银厚度不宜小于 $20\mu m$，且硬度应大于 $120HV$。

将 $t=0.025mm$，$HV=120$ 代入式（5-14），得到 $F_{max}=0.17647N$，介于 0.09807N（10gf）和 0.19614N（20gf）两个等级之间，选择加载载荷为 0.09807N（10gf）。

或采用图解法求解，在图 5-7 中，将 $HV=120$ 和 $t=0.025mm$ 两个点连结，交点介于 0.09807N（10gf）和 0.19614N（20gf）两个等级之间，选择 0.09807N（10gf）。

5. 设定参数

保载时间设定为 15s，加载载荷选取 10gf。

6. 检测部位选取

将试样放置于载物台上，采用 40 倍物镜观察，选取无麻点、划痕部位置于视野区域中间作为检测部位。

7. 加载

单击"开始"按钮，显微维氏硬度计自动加载、保载。

8. 压痕形状观察

试验结束后，用 40 倍物镜观察压痕形状，压痕为规则的正方形（如压痕不规整，说明试样未垂直于压头，不能测量压痕对角线长度，获取硬度值）。

9. 测量压痕对角线长度

调整左右两条线，使其两内侧边缘贴合，按下"清零"按钮。将左侧线内侧贴近对角线左侧端点，再调整右侧线，使其内侧贴近对角线右侧端点，按下"读取"按钮，获取对角线长度。重复上述测量方法，获取另一条对角线长度，读取该测点硬度值。压痕两对角线长度之差，应不超过对角线平均值的 5%，测量结果方为有效。

重复 5～8 步骤，测量 3 点硬度值分别为 125.5HV0.01、125.8HV0.01、125.2HV0.01，取平均值 125.5HV0.01 为隔离开关镀银层的硬度值。

10. 检测结论

根据标准 DL/T 1424—2015，该隔离开关镀银层硬度大于 $120HV$，检测结果为合格。

第二篇　无损检测

第6章
射　线　检　测

常用射线检测技术有 X 射线胶片照相检测（RT）、成像板射线照相检测（CR）、X 射线荧光实时成像检测（图像增强器）、数字实时成像检测（DR）、射线层析检测（CT）等。除了射线层析检测（CT）外，其余三种检测方法主要是射线图像记录媒介存在差异。X 射线胶片照相检测（RT）是 X 射线透过被检测物体衰减后，由胶片记录检测图像，经过暗室处理（显影、定影、水洗、干燥），形成射线底片，在观片灯上进行阅读，判定检测信息。成像板射线照相检测（CR）是以可以重复使用的 IP 板代替胶片，经射线曝光后，经过激光扫描获得图像。数字实时成像检测（DR）是 X 射线透过被检测物体后衰减，由射线接收/转换装置接收并转换成模拟信号或数字信号，利用半导体传感技术、计算机图像处理技术和信息处理技术，将检测图像直接显示在显示器屏幕上，应用计算机程序进行评定，然后将图像数据保存到储存介质中。

常规射线照相检测是将三维物体变为二维图像，不可避免地存在着信息叠加，从而导致被检缺陷空间位置分布、形状与大小及几何尺寸难以精确测量。通过周向旋转多角度透照，形成一组图像，进行计算机数字重构，可以得到检测对象的二维断面或三维立体图像，这就是射线层析检测。射线层析检测（CT）是用 X 射线束对工件一定厚度的层面进行扫描，由探测器接收透过该层面的 X 射线，转变为可见光后，由光电转换变为电信号，再经模拟/数字转换器（Analog/Digital Converter）转为数字信号，输入计算机处理。射线层析检测的特点是需要多角度进行透照，获得图像经过逆向重构，获得带几何坐标（平面或三维）的点灰度集合，因而射线层析检测可以实现工件空间连续性（缺陷检测）、密度连续性（密度测量）、几何尺寸、孔隙率等参数的检测。

6.1　基本知识

6.1.1　原子结构概述

一切物体均由原子构成。原子的中心是一个重的带正电的核，核内主要由质量基本相等的中子和质子组成，中子不带电，质子带正电，原子核只占原子体积的极小部分，核外有带负电的重量很轻的电子在不同的轨道上绕核旋转。

电子电荷与质子电荷基本相等而符号相反，由于核内质子数等于绕核旋转的轨道电子数，所以整个原子呈电中性。

6.1.2　电磁波

X 射线（包括高能 X 射线）、γ 射线、宇宙射线、无线电、红外线、可见光、紫外线等都是电磁波。在真空中，它们以每秒约 3.0×10^5 km 的速度传播。波长 λ、频率 ν 和光速 c 之间的关系为：$c = \lambda \nu$。X 射线的波长范围为 $101.9 \sim 0.0006$nm，γ 射线的波长范围为 $0.1139 \sim 0.0003$nm。

电磁波既有波动性，又有粒子性。尤其对于波长短的 X 射线与 γ 射线，其粒子性十分明显，而可将它们视为以光速运动的光量子（简称光子）群。光量子不带电荷，不能静止存在，静止质量为零。光量子具有的能量大小可通过式（6-1）计算：

$$E = h\nu = hc/\lambda \qquad\qquad (6-1)$$

式中　h——普朗克常数，等于 6.626×10^{-34} J·s；

　　　ν——频率，Hz；

　　　c——光速，等于 2.998×10^5 km/s。

6.1.3　光量子与物质的相互作用

当光量子（X 射线、γ 射线）射进物体时，其强度主要会因光电效应、康普顿-吴有训散射及电子对的生成等三种形式的作用而减弱。究竟以哪种作用为主则决定于光子的能量以及被照射的材料。

1. 光电效应

当较低能量（$10 \sim 50$keV）的光量子射入物体时，光量子可能击中物体原子轨道上的任一电子，光量子将其全部能量给与该电子后被吸收而消失。电子获得了光量子的能量脱离原子而运动，并被称为光电子。失去电子的原子即被电离。这一现象被称为光电效应。光电效应既能发生在被射线照射的物体中，又能发生在探测器内，从而使较低能量的 X 射线工业用计算机断层成像技术（工业 CT）检测成为可能。光电效应随着原子序数的增高而加强，随着光量子能量的增高而减弱。

2. 康普顿-吴有训散射

当光量子碰撞到自由电子或物质原子中与核结合较松的外层价电子时，可能将其部分能量转移给电子而使其被击出，该光量子同时将偏离原入射方向而沿着新的路线前进。这种散射效应被称为康普顿-吴有训散射。被击出的电子被称为反冲电子。在 $0.1 \sim 10$MeV，辐射的衰减主要是康普顿-吴有训散射。康普顿-吴有训散射对轻元素材料较易发生。

3. 电子对的生成

当能量高于 1.02MeV 的光量子与物质作用时，还可能发生电子对生成效应。这时入射光量子的全部能量被用来产生反冲正、负电子对和它们的动能。正电子寿命极短，它很快就失去动能而与另一负电子结合并消失，同时放出两个 0.51MeV 的光量子。当高能光量子辐射到高原子序数的物质时，电子对的生成效应对射线强度的衰减将起主要作用。

4. 衰减系数及半吸收层基本概念

入射到物体的射线，因与物体发生光电效应、康普顿-吴有训散射及电子对效应从而使其强度发生了衰减，强度的衰减与吸收物体的性质、入射深度及入射射线能量相关，它服从比尔指数规律。为了表征入射光量子在入射物体穿行过程中与该物质发生各种相互作用的可能性，我们引入了衰减系数的概念，它是指单位厚度的吸收体引起的射线相对衰减程度。另一个在实际中常用的基本概念是半吸收层厚度，它是指射线在吸收体中衰减到原来的一半所对应的厚度，它与入射线的能量、吸收体的原子序数及密度相关，在通常的估算中，我们近似认为半吸收层厚度与吸收体的密度成反比例关系，这样，知道了某种物质在不同能量下的半吸收层厚度（常用的钢），就可估算其他已知密度物质的半吸收层。这种估算方法在工业CT 检测应用中非常有用，特别是针对不同的检测目标选择合适的射线能量十分方便。

6.1.4　X 射线和 γ 射线的性质

1. X 射线和 γ 射线的共同特点

（1）沿直线传播。它们都以光速（$3.0 \times 10^5 \mathrm{km/s}$）沿直线传播，且不受电场及磁场的影响，所以它们的本质是不带电的。

（2）不可见。人们用肉眼是看不到 X 射线和 γ 射线的，也不能用透镜聚光和用棱镜分光。

（3）有光的特性。它们都有反射、折射、干涉、衍射等现象。

（4）具有穿透能力。它们能穿透不透明的物质，与此同时，被物质吸收或散射，从而引起射线强度的衰减。

（5）具有光化作用。都能使某些物质起光化学作用，能使照相胶片感光。

（6）具有荧光作用。它们都能使某些晶体物质发出荧光。

（7）具有电离性质。它们能排斥原子层中的电子，使气体电离。也能影响液体固体的电性质。

（8）具有生物效应。能引起生物效应，伤害或杀死有生命的细胞。

（9）具有两重性。在具有波动性的同时，也显示了粒子性。量子论认为，光是由许多光量子（简称光子）组成的，这个理论被实践和试验所证实。这就是光的波动性和粒子性的二重性学说。

2. X 射线和 γ 射线的不同特点

虽然 γ 射线与 X 射线的性质相同，但由于 γ 射线与 X 射线的产生方法不同，所以 γ 射线也具有其特殊性。

（1）射线的控制：X 射线的发生及其射线波长和强度均可人为控制；但 γ 射线的发生及其射线波长和强度均不受人为控制。

（2）波谱的分布：X 射线是连续波谱，γ 射线是单一或窄束波谱。

（3）γ 射线遵从放射性规律。

6.1.5　放射性衰变、放射性衰变定律、半衰期

物质发射射线的性质称为放射性，具有放射性的元素称为放射性元素，自然界存在的放射性元素称为天然放射性元素。实际上，原子序数高于 83 的所有天然存在的元素都具有放射性。放射性元素的原子核不稳定，它们能自发地发生转变（蜕变）、发射射线。这种能自发地发出射线的现象，称为天然放射性现象。某些元素的天然同位素也具有放射性，称为放射性同位素。1934 年发现，用人工方法也能得到放射性同位素。在射线探伤中应用的 γ 射线源，主要都是人工放射性同位素。

1. 放射性衰变

放射性的发现揭示了原子核结构的复杂性。利用电场或磁场来研究这种射线的性质时发现，在电场或磁场的作用下，射线分裂为三束，其中两束向相反方向偏转，说明它们是带电粒子组成并带有异种电荷。另一束不发生偏转，说明它不带电。带正电的射线称为 α 射线，带负电的称为 β 射线，不带电的称为 γ 射线。研究证实这三种射线的性质如下：

α射线，其粒子带有两个单位的正电荷，质量数为4，实际就是氦原子核。它穿透物体的能力很弱，在空气中只能飞行几厘米，但具有很强的电离能力。

β射线，是负电子流，它具有较强的穿透能力，甚至能穿透几厘米厚的铝板，但它的电离作用较小。

γ射线，是波长很短的电磁波，穿透物体的能力很强，甚至能穿透几厘米厚的铅板，但它的电离作用很小。

这三种射线都是从原子核中发出来的，一种元素的原子核放出射线后，就变成新的原子核。原子核由于放出某种离子而转变为新核的变化，称为原子核的衰变。原子核自发地放出射线转变为另一种原子核的现象称为放射性衰变。在衰变的过程中电荷数和质量数保持守恒。

放射性衰变的主要方式是α衰变和β衰变。α衰变是指原子核放出α粒子的衰变过程。β衰变是指原子核放出β粒子的衰变过程。当一种放射性元素发生连续衰变时，有的过程是α衰变，有的过程是β衰变，在这些衰变过程中常伴随辐射γ射线。这是由于放射性元素的核，经过上述衰变后，变成处于激发状态的核，当它返回正常状态时，一般将放出γ射线。这个过程也常称为γ衰变。可见，γ射线是在核的能态发生变化的过程中产生的，显然不同于X射线产生过程。但γ射线也是波长很短的电磁波，在本质上与X射线相同，其主要性能也与X射线相同。

不同的原子核具有不同的能级结构，所以不同的放射性元素辐射的γ射线具有不同的能量，其射线为不连续的线态谱。

2. 放射性衰变定律

各种放射性物质，其原子核都在不断地发生衰变，放射性物质的量随着时间不断地减少。实验表明，每个原子核发生衰变的可能性是相同的，但不是同时发生衰变，而是有先有后。在很短的时间间隔内，衰变的原子数量与存在的原子数量成正比。即放射性原子核的减少服从指数衰变规律，见式（6-2）：

$$N = N_0 e^{-\lambda t} \tag{6-2}$$

式中 N_0——开始时刻（$t=0$）放射性物质未发生衰变的原子核数量；

N——t时刻放射性物质尚未发生衰变的原子核数量；

t——经过的衰变时间；

λ——衰变常数，单位时间内原子核的衰变概率。

衰变常数反映了放射性元素衰变的快慢。其值越大，放射性元素衰变越快。不同的放射性元素，衰变常数不同，即各种放射性元素有自己固有的衰变速率。

3. 半衰期

经常采用半衰期描述放射性衰变的快慢，半衰期表示放射性原子核数目因衰变减少至原来数目一半时所需的时间，通常采用$T_{1/2}$表示。按半衰期的定义，当$t=T_{1/2}$时，放射性原子核数目N因衰变减少至原来数目N_0的一半，即：

$$N = N_0 e^{-\lambda t} = N_0/2 \tag{6-3}$$

式中 λ——比例系数，称作衰变常数。

因此，当$e^{-\lambda t}=1/2$，两边取自然对数，$\ln 2=0.693$，最后得半衰期为：

$$T_{1/2} = 0.693/\lambda \tag{6-4}$$

　　放射性元素衰变的速率是由原子核本身决定的，与原子所处的物理状态或化学状态无关，外界条件（如温度、压力等）也不能改变它的衰变速率。每一种放射性元素都有自己的半衰期，不同元素的差别很大，例如放射性元素 60Co 的半衰期为 5.3 年，而放射性元素 192Ir 为 74 天。

　　在已知放射性元素的半衰期后，容易计算经过一定时间后放射性物质存在的数量。在使用 γ 射线源进行射线探伤时，必须考虑到 γ 射线源随时间的变化。

6.1.6　射线检测的基本原理

1. 射线照相检测

　　被测物体各部分的厚度或密度因缺陷的存在而有所不同。当 X 射线或 γ 射线在穿透被检物时，射线被吸收的程度也不同。若射线的原始强度为 I_0，通过线吸收系数为 μ 的材料至距离 l 后，强度因射线探伤被吸收而衰减为 I。若将受到不同程度吸收的射线投射在 X 射线胶片上，经显影后可得到显示物体厚度变化和内部缺陷情况的照片（X 射线底片）。这种方法称为 X 射线照相法。

　　射线照相法能较直观地显示工件内部缺陷的大小和形状，因而易于判定缺陷的性质，射线底片可作为检验的原始记录供多方研究并作长期保存。但这种方法耗用的 X 射线胶片等器材费用较高，检验速度较慢，只宜探查气孔、夹渣、缩孔、疏松等体积性缺陷，而不易发现间隙很小的裂纹和未熔合等缺陷以及锻件和管、棒等型材的内部分层性缺陷。此外，射线对人体有害，需要采取适当的防护措施。

2. 射线层析检测

　　射线层析检测（CT）系统工作时，X 射线被前准直器准直成一个狭窄的射束，通过被检测的工件后被探测器组接收，得到多个角度下射线的强度信号，这些电信号经过光电倍增管或光二极管放大后，再经过模拟/数字转换器转换成数字信号，通过计算机运用一定的数学方法处理后在显示器上得到一个重建的完整的二维层析图像。由于在同一断面上各点材料的密度不同，因而，各点的线性衰减系数也不相同，这样，吸收 X 射线的量也不同，这些差异可在图像上显示出来，为研究、判断、分析提供了可靠的依据。

6.1.7　辐射安全保护

　　在接触电离辐射的工作中，如防护措施不当，违反操作规程，人体受照射的剂量超过一定限度，就会对身体产生有害作用。辐射对机体带来的伤害：一方面是能杀死人体细胞，当这些细胞不能由活细胞的增殖来补充时，则细胞丢失可在组织或器官中产生临床上可检查出的严重程度功能性损伤；另一方面，使得人体细胞发生变异，从而诱发本人发生癌症或遗传给后代，使得后代出现遗传性疾病。因此，辐射安全防护在射线检测中，显得尤其重要。

　　辐射防护的目的在于控制辐射对人体的照射，使得保持在合理的最低水平，保证个人所受到的当量剂量不超过相关标准。常见的辐射防护的三要素是时间防护、距离防护和屏蔽防护。

1. 时间防护

　　在照射率不变的情况下，照射时间越长，工作人员所接受的剂量越大，因此，缩短照射时间便可减少所接受的剂量，或者人们在限定的时间内工作，就可能使他们所受到的射线剂量在最高允许剂量以下，确保人身安全，从而达到防护目的。

2. 距离防护

增大与辐射源间的距离可以降低受照量。在辐射源强度一定时，照射剂量或剂量率跟源之间的距离平方成反比。增加射线源与人体之间的距离便可减少剂量率或照射量，或者说在一定距离以外工作，使人们所受到的射线剂量在最高允许剂量以下，就能保证人身安全，从而达到防护目的。距离防护的要点是尽量增大人体与射线源的距离。

3. 屏蔽防护

在实际工作中，当人与辐射源之间的距离无法改变，而时间又受到工艺操作的限制时，要降低工作人员的受照剂量水平，只有采取屏蔽防护。即在辐射源与人体之间设置足够厚的屏蔽物（屏蔽材料），便可降低辐射水平，使人们在工作所受到的剂量降低最高允许剂量以下，确保人身安全，达到防护目的。屏蔽防护的要点是在射线源与人体之间放置一种能有效吸收射线的屏蔽材料。对于 X 射线常用的屏蔽材料是铅板和混凝土墙、钢板，或者是钡水泥（添加有硫酸钡－也称重晶石粉末的水泥）墙。

以上三种防护方法，各有其优缺点，在实际检测中，可根据实际的条件选择。为了得到更好的效果，往往是三种防护方法同时使用。

根据《工业 X 射线探伤放射防护要求》（GBZ 117—2015），检测单位应取得辐射安全场所许可证（需要线路检测等移动作业的应有对应的移动作业项），并定期检测。人员应取得辐射操作许可证，并建立辐射人员档案，进行承受辐射剂量监测。

6.2　射线检测设备和器材

6.2.1　X 射线的产生

X 射线是从 X 射线管里辐射出来的，是一种能量的转换。X 射线管是由玻璃壳密封的真空二极电子管，当灯丝变压器通电以后，就有电流从灯丝流过，此时灯丝的温度升高到白炽状态而放射出电子，与此同时，高压变压器给阳极加上很高的正电压，给阴极加上很高的负电压，这样，从灯丝里放射出的电子将同时受到阴极的推力（同性电相斥）和阳极的拉力（异性电相吸），从而使电子以极高的速度向阳极飞去。当电子碰到阳极靶上时，它们的运动便急剧地被阻止，使其失去了能量，转换成其他形式的能量，其中 95％以上的能量转换成热能消耗掉，仅有不到 5％左右的能量转换成为有用的光能，即 X 射线。

简单地说，当一束高速运动的电子流，被物体骤然阻止时，由于能量的转换而产生了 X 射线。

6.2.2　X 射线管的构造与作用

普通 X 射线管是由玻璃壳、阴极和阳极组成的。

1. 玻璃壳

玻璃壳内被抽成高度真空，起绝缘和密封作用。

2. X 射线管的阴极

X 射线管的阴极包括发射电子的灯丝和聚焦电子的凹面阴极头两部分，其作用是发射和聚焦电子。

X 射线管阴极的构造不仅决定了 X 射线管的焦点形状和大小，而且也影响到 X 射线管的容量。

有时也将灯丝叫作阴极。灯丝是由钨丝绕制而成，钨丝的直径和长度取决于 X 射线管的管电流和焦点尺寸，而钨丝绕制的形状取决于焦点的形状。目前，X 射线管的焦点形状大致分为圆焦点和线焦点（方形或长方形）两种。因此灯丝也就绕制成圆盘形状和长条形状两种。有的在阴极里绕制成大小不同的两个灯丝，供选择使用，称为双焦点灯丝。双焦点灯丝在工作时，只能其中的一个工作，用操纵台上的开关控制，这样的 X 光机称为双焦点 X 光机。

圆焦点的灯丝绕制成螺旋形，周围被金属碗状体的阴极头所包围，用于聚焦从灯丝里发射出的电子，使其成为集中的一束，飞向阳极并打在靶的一个小点上。

线焦点的灯丝绕制成长的螺旋管形，装在凹面阴极体的凹槽也是对电子起聚焦作用的，槽的形状、角度及灯丝的安装位置等都对聚焦的效果有影响。

阴极的工作原理是：灯丝通电后，被加热到白炽状态，开始从灯丝里发射出电子。由于阴极头上接的是负电位，与电子之间有斥力，所以把电子聚焦成束，在 X 射线管两端高电压电场作用下，电子以高速飞向阳极。由此可见，只有给灯丝加热它才能放出电子，加热温度越高，放出的电子越多，得到的管电流也就越大，（电子有规则地从阴极飞向阳极，即形成了位移电流，因它是在 X 射线管的空间流动而达到阳极，所以也称为管电流），就产生强度更大的 X 射线。所以管电流的大小，是通过改变阴极灯丝加热电流来调整的。

3. X 射线管的阳极

它由阳极靶、阳极罩和阳极体组成。它起阻止电子运动、进行能量转换以产生 X 射线的作用。

工业用 X 射线管一般制成固定式，按射线辐射和方向可分为定向辐射和周向辐射两种。工业 CT 中采用的是定向辐射的 X 射线管。

阳极靶直接承受从阴极飞来的高速电子的撞击，可将电子能量的少部分（不到 5%）变成 X 射线，其余 95% 以上的能量则转换成了热能。因而靶材的选择应该是既坚硬又耐高温。金属钨具备这些条件（其熔点可达 3400℃），因此，现代 X 射线管的靶大多由钨制成。

阳极罩起吸收二次电子及固定射线窗口的作用。高速电子撞击靶材时，会从靶材原子中撞出二次电子。当这些二次电子落到玻璃壳上时，将改变 X 射线管高压电场的分布，从而对电子束的运动产生不良影响。当装上阳极罩后，这些二次电子只能落到阳极罩上而被吸收，对玻璃壳起了隔离作用。安装射线窗口的目的，除让射线顺利通过外，还可吸收二次电子。为此，射线窗口有时用薄铍板制成，铍元素的原子序数很低（$Z=4$）只能吸收那些波长较长的无用射线。

阳极体起支撑靶和散热作用。为了提高靶材的散热效率，阳极体由无氧铜制成，并将它与阳极靶铸造在一起，然后把靶面磨得光亮如镜，因而阳极靶也称阳极镜。

6.2.3　X 射线管阳极的冷却方式

X 射线管阳极的冷却方式可以分为油循环冷却、水循环冷却和辐射散热自冷却三种。

1. 油循环冷却

将射线管阳极体制成空腔注入的冷却变压器油在阳极体内循环，直接把靶传导来的热量带走。此种冷却方式效果较好，但需要增添油循环冷却系统，所以多在体积较大的移动或固定式 X 射线机上采用。

2. 水循环冷却

因为水是导电的，所以采用水循环冷却的 X 射线管的阳极必须接地。水循环冷却效果最好，可直接用自来水冷却，如装上冷冻机，不但提高冷却效率，还可以调整阳极的冷却温度，并实现自动控制。

3. 辐射散热自冷却

将 X 射线管的阳极体制成实心的，并一直延伸到管外，在其端头装上散热器。散热器也可制成叶片式的，若 X 射线管阳极接地，则散热器还可装在射线柜的外面，用空气循环散热。冷却效果不如前两种好，实际中用得不多。

6.2.4　X 射线管的老练硬化

虽然 X 射线管在制造过程中，电极和管壳都经过了严格的排气处理，但由于停置一段时间后或由于过热，X 射线管仍然能够析出气体来，因而可导致气体放电、管电流剧增而使 X 射线管损坏。

气体可从射线管各部件（分）放出来，而某一部件（分）放出的气体又可能被另一部件（分）所吸收，因而内部气压变化不定，毫安表指示也跟着摇摆不定。如遇到此种情况，就应对 X 射线管进行老练硬化处理。处理时，一般是从额定管电压的 1/3、管电流 $1\sim2\text{mA}$ 开始，在半小时至一小时内，逐步升高管电流和管电压，直至额定条件下能够稳定使用为止。现代先进的 X 光机都有 X 射线管的老练硬化训练加热程序，应遵照 X 光机说明书的要求，逐步进行。

6.2.5　X 射线管的焦点

通常都希望用小焦点的 X 光机，X 射线机的焦点，更确切地说是 X 射线管的焦点，直接影响到影像的清晰度。焦点尺寸是衡量 X 射线管质量的一个很重要的指标。在工业 CT 装置中，采用高管电压的 X 射线机，对散热要求很高，所以焦点不可能做得很小。焦点尺寸的大小是与工业 CT 装置分辨率及灵敏度有关的关键尺寸。焦点尺寸越小，工业 CT 装置的分辨率及灵敏度也越高，因而选购时应尽量选购小焦点的 X 射线机。X 射线管的焦点通常是指有效焦点。

6.2.6　γ 射线机

不同的 γ 射线机具有不同的构造，总的来讲，γ 射线机由四部分组成：γ 射线源、源容器（主体机）、输源导管、驱动机构（控制机构）。

γ 射线源是将一定形状和尺寸的放射性同位素密封在金属外壳中，防止放射性同位素散失。金属外壳常用不锈钢制作，其结构在一定的压力、振动、冲击等作用下，必须不发生损坏、不会导致放射性同位素外泄。

源容器是 γ 射线源的储存装置。在不曝光时，γ 射线源被收回放于源容器中，为了减少

γ 射线辐射外泄，源容器内装有屏蔽材料。早期是在钢或黄铜制造的外壳中浇入铅，近年来主要采用贫化铀。更好的材料是钨合金，但其价格昂贵。源容器上有一套安全连锁机构。

6.2.7　电子直线加速器

电子直线加速器是采用电磁场在波导管内不断供给电子能量，使电子加速，电子在加速管内沿直线运动，加速到一定能量后撞击到靶材上产生 X 射线。电子直线加速器更适合于工业射线照相探伤，其能量多为 1～15MeV，结构轻巧使用方便，其焦点直径约 2～3mm。与电子感应加速器相比，其体积较大，但电子束流强度大，产生的 X 射线强度大，约为电子感应加速器的 10～100 倍。电子直线加速器由四大部分组成。

1. X 射线机头

机头是加速器的主要部分，产生高能量、大剂量 X 射线。

2. 调制器柜

调制器为加速器各单元提供高低压电源。

3. 温控水冷机柜

加速器的许多部件必须水冷，如加速管、聚焦线圈、靶、波导窗、磁控管、四端环流器、负载等。要求冷却水的温度变化范围不超过 ±1℃。冷却水系统是闭路循环系统，冷却水使用蒸馏水或去离子水。

4. 控制（台）系统

加速器控制系统分常规型和计算机控制型两种。在常规型加速器控制台中有：控制加速器运行的操作按钮、加速器运行状态和故障指示灯、剂量显示仪表等。在计算机控制型中，有参数显示、参数设置、波形显示、运行提示、故障自诊断、智能曝光、自动档案管理等功能，并可实现远程监测，为用户提供方便的服务。

在高能工业 CT 系统中，加速器 X 射线源是关键部件之一，其射线束的质量对 ICT 系统综合性能影响至关重要。为了获得高分辨率 CT 图像，对加速器系统的焦点尺寸、束流稳定性、剂量率及其空间分布等技术指标有较高的要求。

需要特别说明的是，加速器发出的是脉冲 X 射线，占宽比仅为 1/1000，在数据采集过程中的大部分时间里无 X 射线输出。

6.2.8　射线记录媒介

（1）射线照相胶片，即由在胶片片基的两面均涂布感光乳剂层、结合层和保护层组成。银盐粒度越小缺欠影像越真切，但感光速度变慢，曝光量会成倍增加。因此，只有在检测细小裂纹等缺欠时才选用微粒或超微粒的胶片。

（2）IP 成像板，是由辉光性荧光物质制成的存储荧光板（storage phosphor plate，SPP）上，这种存储荧光板又称影像板或成像板（image plate，IP）。IP 板用于 CR 射线检测，可以裁剪和弯曲，以及多块搭接，应用较为灵活。长期使用的 IP 板会有一定程度的损伤，影响检测灵敏度。

（3）DR 成像板，有直接成像和间接成像两种形式，在直接转换方式中，电压加于作为光电导体的硒层上，X 线的能量直接转换为电信号。而在间接转换方式中，X 射线先由闪烁提转换为光信号，光信号再由光电二极管转换为电信号。

DR 板可以分为非晶硅和非晶硒两种类型。非晶硒板和非晶硅板的差异在于非晶硅可以直接将射线信号转换为电信号，无碘化铯板，也不存在相邻像素干扰问题，但是对 X 射线吸收率较低，在低剂量条件下图像质量不能很好保证。且硒层对于温度较敏感，使用条件受到限制。

DR 板不能弯曲，使用射线机有电压上限要求（225kV 和 450kV 等），会出现坏点、伪影等问题。多数情况下，对使用温度、湿度和震动等也有一定要求。

6.2.9 增感屏

射线胶片对射线的吸收率只有吸收射线强度的 1‰，其余绝大部分射线穿过胶片而损失掉，使得透照时间大大延长。为了提高胶片的感光速度，缩短曝光时间，通常在胶片两侧夹以增感屏。目前常用的增感屏有金属增感屏、荧光增感屏、金属荧光增感屏，金属增感屏获得底片像质最佳，其次是金属荧光增感屏，荧光增感屏最差。射线检测一般使用金属增感屏或不用增感屏。使用增感屏时，胶片和增感屏之间应接触良好。

6.2.10 像质计

像质计是用来检查透照技术和胶片处理质量的。像质计有金属丝型、孔型和槽型三种，其中金属丝型应用最广。衡量该质量的数值是像质指数，对于金属丝型像质计，它等于底片上能识别出的最细钢丝线编号。像质计材料的吸收系数应尽可能接近或等同于被检材料的吸收系数，任何情况下不能高于被检材料系数。

6.2.11 黑度计

黑度计，又叫光学密度计，简称密度计，用来测量射线照相底片的黑度。黑度计使用前需要"校零"。

另外，射线探伤系统的组成还包括铅罩、铅光阑、铅遮板、底部铅板、暗盒、标记带等，其中标记带可使每张射线底片与工件被检部位能始终对照。

6.3 射线检测工艺

本章的射线检测工艺主要是指为了完成对工件或者设备射线检测的基本操作流程。它主要包括以下几部分：检测前的准备；仪器选择；检测参数的选择及控制；检测标记选择；检测；图像处理；检测结果的评定与处理等。

1. 检测前的准备

检测前，表面外观检查要合格，表面不规则状态不得影响或干扰缺陷影像。

一般情况下，射线检测应在所有工序结束后进行，对有延迟裂纹倾向的材料，应在焊接完成 24h 后进行。

2. 仪器选择

根据不同的检测对象选择不同的射线检测设备。比如高空作业需要选择超轻型脉冲射线机、绝缘材料需要选择焦点 $2\sim4\mu m$ 微焦点射线机；对于电气设备高精度分析和尺寸测量，需要高精度三维成像的检测，选择射线层析检测设备；根据检测对象和检测要求的差异，选择不同成像区域尺寸和像素尺寸的成像媒介，如不同的胶片类型、不同的 DR 板尺寸和 CR 胶片尺寸等。

3. 检测参数的选择及控制

主要包括管电压、曝光量、透照几何参数、滤波板材质与厚度、检测设备与检测区域的相对位置、被检工件运动形式和速度、透照方式等。

(1) 射线照相。射线胶片照相检测的底片质量特性用灵敏度、黑度、清晰度来描述，与之相对应，X 射线实时成像检测的图像质量特性用灵敏度、灰度、清晰度来描述。

胶片照相检测的目的是获得清晰的检测对象影像，以灵敏度作为底片质量的主要特性，灵敏度是对细小缺陷检测能力的表征。在工件中沿射线穿透方向上的最小缺陷尺寸，称为绝对灵敏度。缺陷尺寸占射线穿透工件厚度的百分比，称为相对灵敏度。一般采用像质计指数来表征检测灵敏度。

图像清晰度是描述图像细节表现能力的物理量，它表达的是相邻影像之间边界的清晰程度，以相邻两影像之间边界的宽度表示。边界宽度愈大表示图像愈清晰，反之，表示图像不清晰。但是，图像清晰程度是一个定性的概念，其边界宽度具有不确定性，不易定量地测量出来。"清晰"的对立概念是"模糊"，"图像清晰度"相对立的概念是"图像不清晰度"，它表达的是相邻影像之间边界的模糊程度，以模糊区域的宽度表示，模糊区域的宽度较易测量出来。由于 X 射线具有很高的能量，因射线的衍射而使影像边界变得模糊；另外，由于射线源不是真正的点光源，因几何投影的原因，也会使影像边界变得模糊，边界模糊的程度可以通过公式计算或试验方法测试出来，也可以通过量具（或计算机软件）定量地测量出来。因此，在 X 射线检测中（包括胶片照相检测和实时成像检测）以"图像不清晰度"来间接地评价清晰度指标。图像不清晰度分为几何不清晰度和固有不清晰度。几何不清晰度指射线透照几何条件形成的影像边沿虚化现象，由半影造成的不清晰度。影响因素主要有射线源焦点尺寸、焦距、不连续边界距离成像媒介的距离。焦点尺寸越小、焦距越大、不连续边界距离成像媒介的距离越小，几何不清晰度越小。焦点尺寸越大、焦距越小、不连续边界距离成像媒介的距离越大，几何不清晰度越小。固有不清晰度至胶片系统在没有工件直接透照在胶片上形成的不均匀现象，与射线能量和胶片的类型有关。

(2) 射线层析检测。

1) 空间分辨率。空间分辨率也称几何分辨率，是指从 CT 图像中能够辨别最小物体的能力，其表示方法有两种，即等间距圆孔测试卡能分辨清楚小到多少毫米的小孔，另一种则是用各种不同的等间距宽度的条形实物，近似地测试该工业 CT 装置的调制传递函数 MTF 曲线，从曲线中能分辨黑白相间条形带的成对数，即每毫米的线对数（lp/mm）。空间分辨率在此所指的是能辨别图像上细节的能力，而不是指它在图像上确切的大小尺寸，它仅是反映实际最小物体能够分辨清楚的能力。影响几何分辨率大小的主要因素有：扫描矩阵大小（一般讲矩阵大则分辨率低），探测器准直孔宽度，被检物体采样点对应的距离、扫描机械的精度、X 射线焦点大小或 γ 源活性区的大小，以及图像数据校正与图像重建算法是否得当等。

2) 密度分辨率。密度分辨率是工业 CT 装置的重要性能指标，它是利用图像的灰度去分辨被检物体材质的基本方法（因为灰度是直接反映密度的）。密度分辨率又称对比分辨率，其表示方法通常以密度（通过灰度）变化的百分比（%）表示相互变化关系。影响密度分辨率的主要因素是信噪比，噪声的来源主要是辐射源的量子噪声、电子元器件噪声以及重建算法造成的反映在图像上的噪声,其中量子噪声是最主要的,它与辐射源剂量之间的关系按 Brooks 公式计算,要提高密度分辨率,则源的剂量要增加。目前工业 CT 图像一般都具有 8bit 灰度,即 256 级,也有高达 12bit 即 4096 个灰度等级的,因此,一般工业 CT 的密度分辨率介于 1%～1‰(以一定测试区域面积计算)。

3) 空间分辨率与密度分辨率的相互关系。工业 CT 装置的空间分辨率与密度分辨率都是根据所获得的 CT 图像按照一定的方法来测量的,因此,两者都是影响成像的因素。理论和实践均表明,在辐射剂量一定的情况下,空间分辨率和密度分辨率是矛盾的。被检物体大小改变时,密度分辨率也会发生变化,两者之积为一常数,称为对比度细节常数,它取决于射线的剂量和 ICT 装置的性能。从工业 CT 装置的对比度细节曲线中得知,密度分辨率越高(百分比值越小,如 0.2%)空间分辨率就越低,反知,密度分辨率越低(百分比值越大,如 2%)则空间分辨率就越高。这种空间分辨率与密度分辨率的相互关系,在现代先进的工业 CT 装置上都是成立的。另外,剂量对密度分辨率的影响也十分显著,剂量越高,则密度分辨率越高(百分比值越小)。

为了提高空间分辨率,通过减小探测器准直孔宽度、增加扫描矩阵的像素数目是有效的,但它受到密度分辨率的限制(即剂量大小),在一定密度分辨率时,提高一倍空间分辨率就要减少 1/2 像素宽度,而剂量则要增加 8 倍。因此,所有工业 CT 装置的最高空间分辨率与最高密度分辨率均是分别测试得到的,不可能在同一测试条件下,两者均得到最佳值。

4. 检测标志选择

根据检测需求和技术标准,选择与之相应的检测标志。

5. 检测(透照)

根据仪器操作规程及前期相关准备工作、工艺参数选择等,对所需检测的设备或工件进行透照。透照如果在密闭环境下,则应注意通风,防止臭氧损害。

6. 图像处理及评定

对于胶片检测要进行暗室处理,如显影、定影、水洗、干燥等;CR 检测需要进行激光扫描;DR 检测需要进行图像传输和存储;CT 检测需要逆向重构。

图像评定内容包括灰度、信噪比、图像分辨率、图像灵敏度、标记等。

7. 检测质量的评级

根据检测对象和检测标准,进行结果评定并根据客户要求签发检测报告。

6.4 典型案例

6.4.1 GIS 筒体焊缝射线实时成像检测(DR 检测)

特高压 GIS 外壳为筒状结构,厚度 10～20mm,材质为铝合金,直径 1400mm,承受内压 0.5MPa,纵环焊缝为 X 型坡口,焊接工艺为埋弧自动焊,一般采用数字射线对纵环焊缝进行 100% 射线检验,检测设备为射线实时成像,特高压 GIS 筒体及制造加工如图 6-1～图 6-3 所示,执行标准为 NB/T 47013.11—2015《承压设备无损检测 第 11 部分:X 射线数字成像检测》,I 级合格。

射线对面状缺陷检出率低,一般采用超声检测作为面状缺陷的辅助检测手段。但因筒体材料是铝合金，壁厚比较小，厂家一般只采用射线进行焊缝检测。

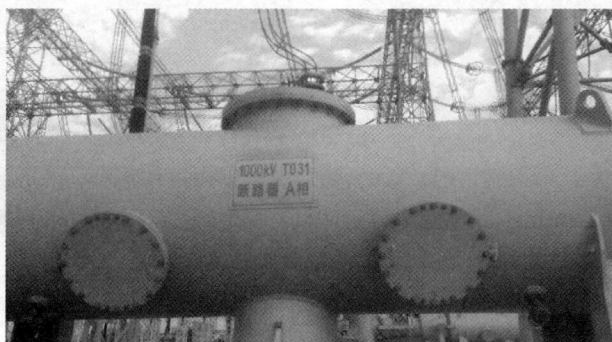

图 6-1　某特高压站 1000kV 断路器

图 6-2　GIS 筒体组装

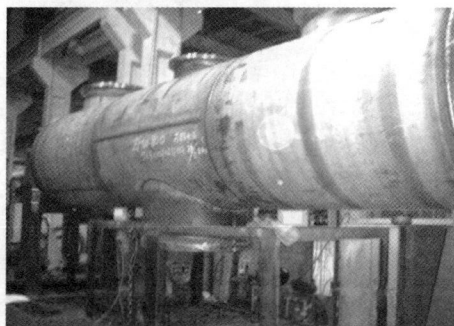

图 6-3　GIS 筒体焊接

1. 试样制作

利用 20mm 厚度板材焊接出 20 块焊接试板，从中挑选出合适的带未熔合缺陷的焊样，焊接试板如图 6-4 所示。

2. 未熔合缺陷检测试验

测试仪器：XR-3 脉冲射线机、维迪斯科 F-R 数字 DR 射线检测系统。

测试对象：焊接试板

测试过程：本项目将工件和成像板位置固定，将物距设定为 20mm，焦距设定为 600mm，通过改变射线机和焊缝中心的偏移距离，测试未熔合类缺陷的检测规律。偏移距离设置为-50mm、0mm、100mm、200mm、300mm。

测试数据：检测结果如图 6-5～图 6-9 所示。

图 6-4　焊接试板

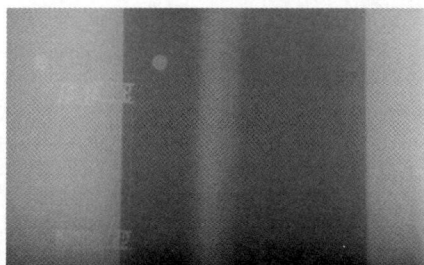

图 6-5　反向偏移 50mm 射线图像

117

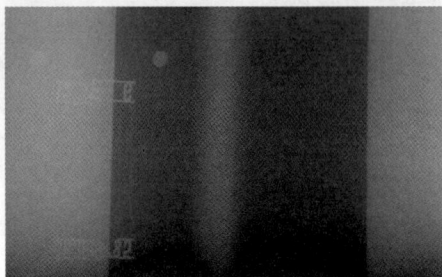

图 6-6 偏移 0mm 射线图像

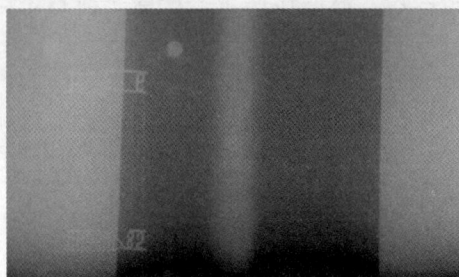

图 6-7 偏移 100mm 射线图像

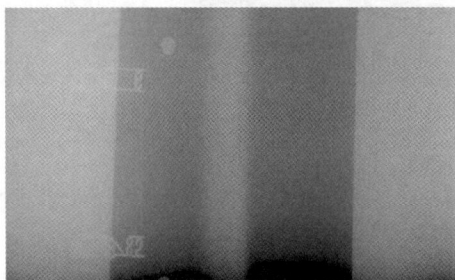

图 6-8 偏移 200mm 射线图像

图 6-9 偏移 300mm 射线图像

不同偏移距离下的射线图像未熔合区域灰度变化率测试结果如图 6-10～图 6-14 所示，偏移距离与缺陷灰度差关系如图 6-15 所示、偏移夹角与缺陷灰度差关系如图 6-16 所示。

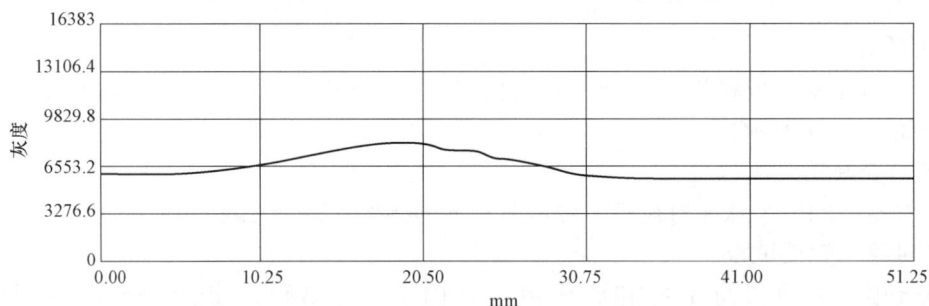

图 6-10 偏移—50mm 射线图像未熔合灰度变化率

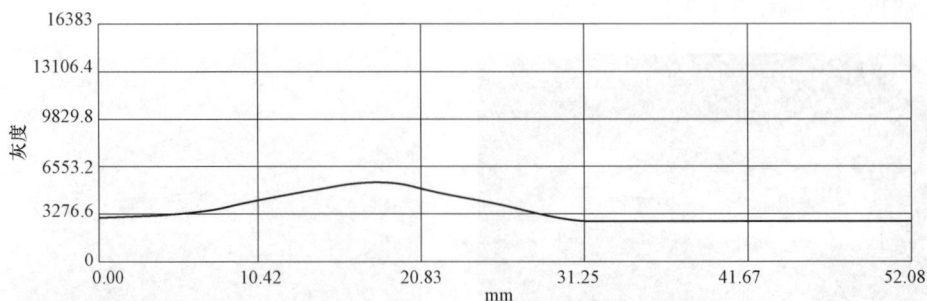

图 6-11 偏移 0mm 射线图像未熔合灰度变化率

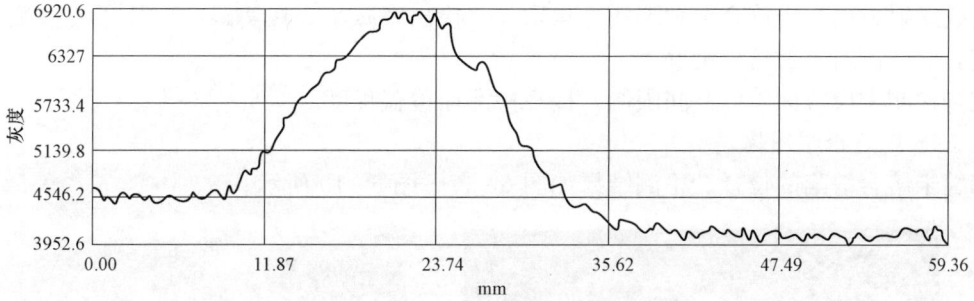

图 6-12　偏移 100mm 射线图像未熔合灰度变化率

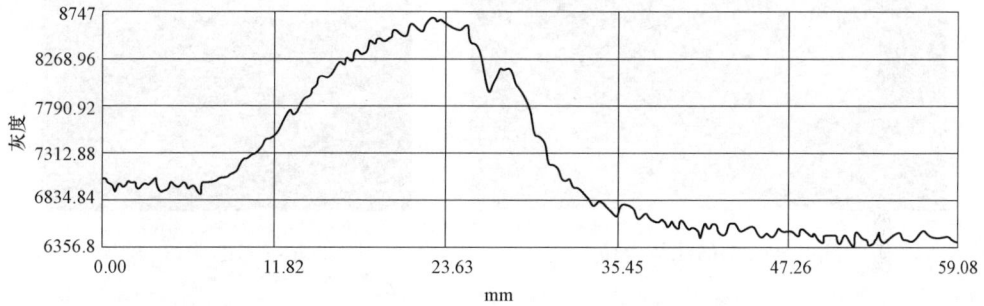

图 6-13　偏移 200mm 射线图像未熔合灰度变化率

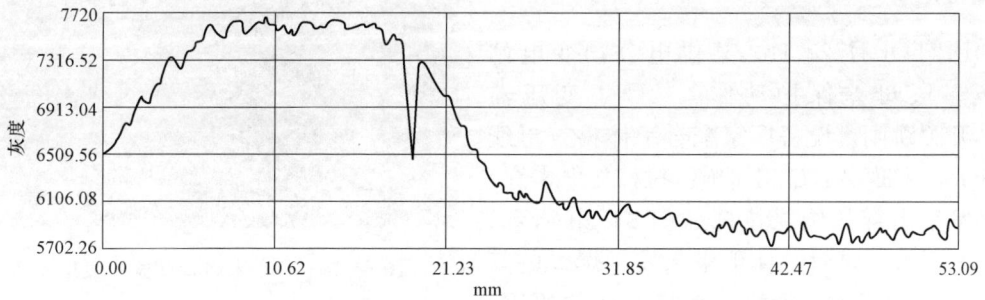

图 6-14　偏移 300mm 射线图像未熔合灰度变化率

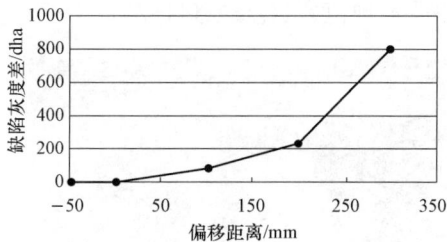

图 6-15　偏移距离与缺陷灰度差关系示意图

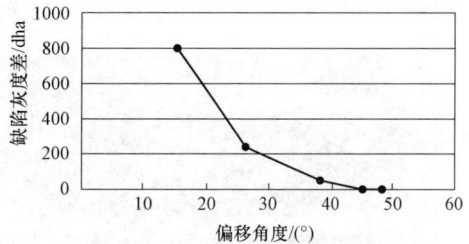

图 6-16　偏移夹角与缺陷灰度差关系图

试验结果分析：

对于坡口上未熔合类缺陷，当射线入射方向与缺陷面夹角大于 35°时无法检出。即采用射线对准焊缝中间直接透照，45°坡口上未熔合类缺陷无法检出。

在夹角小于 35°时，随着射线入射方向与未熔合类缺陷面夹角减小，检出率增加。反之，随着射线入射方向与未熔合类缺陷面夹角增大，检出率减小。在实践中，如果要检测未熔合类缺陷，射线倾斜入射角应足够大。

现场检测中应考虑工件空间限制，提高检测面覆盖程度。

3. GIS 焊缝检测图像

焊缝未熔合缺陷的位置、检测结果如图 6-17～图 6-19 所示。

图 6-17 GIS 未熔合位置

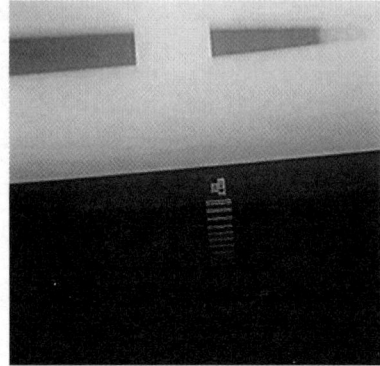

图 6-18 GIS 未熔合图像

6.4.2 变电站绝缘拉杆射线层析检测 (CT 检测)

2018 年 6 月 27 日，某供电公司变电站 110kV 一段母差保护动作，1 号主变压器 110kV 开关跳闸。设备厂家配合解体检查母线隔离开关，发现 A、C 相间绝缘拉杆放电击穿。现场未发生击穿的绝缘拉杆如图 6-20 所示。根据厂家要求，要对解体下来未发生爆炸的其他绝缘拉杆进行 CT 检测，查找爆炸的原因，

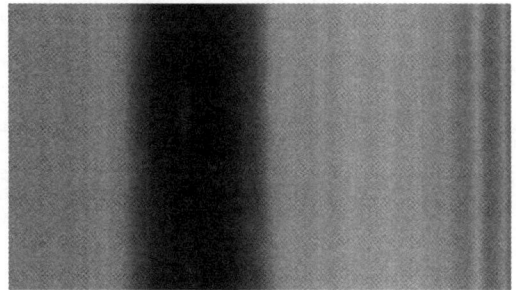

图 6-19 GIS 未熔合试验室复检图像

发生的击穿的绝缘拉杆如图 6-21 所示。检测标准及依据《承压设备无损检测　第 2 部分：射线检测》(NB/T 47013.2—2015)、《环氧管粘结件技术规范》(Q/SS J4132)。

图 6-20 现场绝缘拉杆示意图

图 6-21 解体下来的绝缘拉杆

1. 资料准备

根据供电公司提供的绝缘拉杆相关资料，查阅设计图纸，技术参数如下，规格：1-ϕ45，铝合金棒；2-ϕ53，芳纶纤维，即环氧树脂/铝合金，$T=4mm$。

2. 确定检测工艺参数

绝缘拉杆射线层析检测工艺参数见表 6-1。

表 6-1 绝缘拉杆射线层析检测工艺参数

扫描区域	整体	扫描方式	面阵扫描	检测比例	100%
设备型号	Y. XRD1620	射线管型号	小焦点	焦距	1300mm
管电压	200kV	管电流	400μA	空间分辨率（微米）	94.33
曝光时间	500ms	扫描时间	720s	灵敏度	—
采图数量（张）	1440	投影叠加数量（平均）	1	投影跳过数量	—
滤波片	铝：0.5mm 铜：0.5mm	环境温度	20℃	评定标准	Q/SS J4132

3. 检测

根据检测工艺参数检测，检测结果如图 6-22～图 6-25 所示。

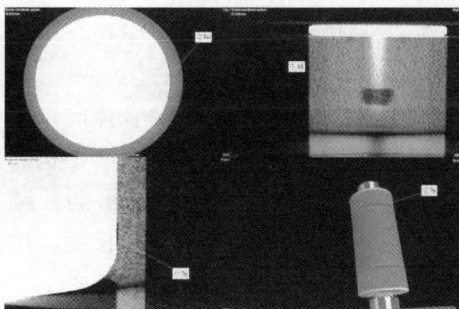

图 6-22 未被放电击穿的绝缘拉杆 CT 扫描图

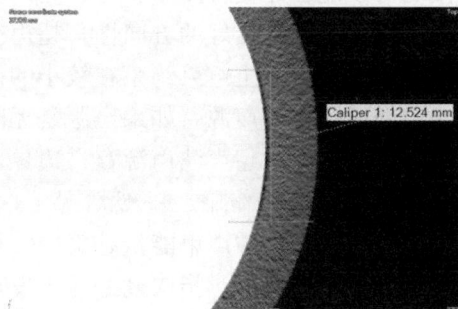

图 6-23 环氧树脂跟铝合金棒粘结处存在分层

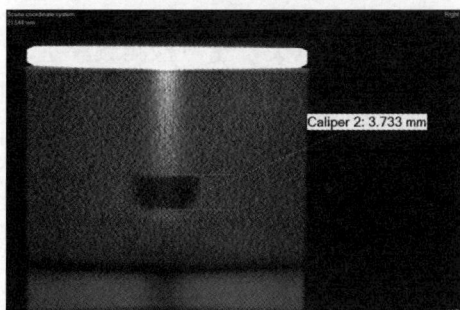

图 6-24 环氧树脂里面存在气孔

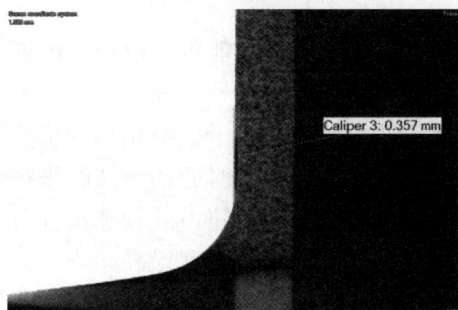

图 6-25 环氧树脂跟铝合金棒粘结处存在空隙

4. 结论

从以上 CT 检测结果可以看出，该绝缘拉杆在环氧树脂及铝合金棒粘结部位存在一条长 12.524mm、深 0.357mm 的空隙以及 3.733mm 的气孔，根据 Q/SS J4132，绝缘拉杆不合格。

第 7 章
超 声 检 测

7.1 基本知识

7.1.1 超声检测有关术语及含义

1. 超声波的定义

超声波是声波的一种,是频率高于约 20000Hz 的声波,因其频率太高也不能被人类听到,被称为"超声波"。超声波是振动在介质中的传播过程,实质是弹性介质的机械振动。超声波之所以能在无损检测中获得广泛的应用,主要由于超声波具有以下几方面的特性:

(1) 超声波具有良好的方向性。超声波的方向性好主要指超声波能量集中,在工业检测常用的传播距离内,主声束约束在较小的范围内。

对于平面结构的声源,如果声源是无限大的,所发射的超声波声场就没有指向性,呈均匀发射和传播。因为超声波声源存在边界,一般是轴对称的圆形、方形、长方形结构,由于声场合成和边界约束作用,一般情况下,声源中心线上能量最强,声源边沿最弱。频率越高,声源尺寸越大,主声束能量越集中。相对于可听声波,超声波频率高、波长短,因而人们常说超声波指向性好。指向性好易于发现较小尺寸的缺陷,并精确确定位置。

这里需要强调的是,除主声束以外,其他方向上也有声波传播,只是强度较弱,一般不容易被检测系统接收和显示出来,只有在某些特定情况形成干扰波,影响超声波检测的实施。

(2) 超声波具有高能量。机械波的能量大小与波幅和频率有关,超声检测频率远高于声波,因为声强与频率的平方成正比,因此,超声波的能量远大于声波的能量。如 1MHz 的超声波所传播的能量相当于振幅相同频率为 1kHz 的声波传播能量的 100 万倍。对于均匀固体和液体部件,提高发射时的初始波幅来提升超声波能量,则检测厚度大,特别适合大厚度工件的检测。若通过提高超声波频率来提升超声波能量,则需考虑检测对象的声学特性,对于微观不均匀材料,不宜过度提高频率。

(3) 超声波能在界面上产生反射、折射和波形转换。超声波在介质中直线传播,遇到不同介质界面时,会产生反射、折射现象。当其以一定角度倾斜入射到界面上,会发生波形转换。波形转换主要是因为纵波的同一波阵面到达倾斜界面不同点存在时间差,形成相邻点垂直于声束方向振动不同步,产生了横波,这种波形转换是可逆的。在超声波检测中,利用这些特性,可以通过分析异质界面的反射及折射波来评判缺陷;还可以通过波型转换,获得检测中所需要的波型。

（4）超声波穿透能力强。一般情况下，超声波相对于电磁、辐射等检测方法适应更厚的工件，所以说超声波穿透力强。超声波在大多数介质中传播时，传播能量损失小、传播距离大、穿透能力强、探测深度大，在一些金属中甚至可达数米远。但是同等能量情况下，超声波的传播距离低于声波和次声波。

2. 声速、波长、频率

声速 c：声波在介质中传播的速度，由传播介质的弹性系数、密度及声波的种类决定，与频率和晶片没有关系。

波长 λ：同一波线上相邻两振动相位相同的质点间的距离。

频率 f：波动过程中，任一给定点在 1s 内通过的完整波的个数。

声速、波长、频率三者关系为：

$$\lambda = c/f \tag{7-1}$$

从式（7-1）可以看出，波长与频率成反比，与波速成正比。

3. 声压、声强、声阻抗

声压 P：超声场中某一点在某一个时刻的压强与没有超声波存在时的静态压强之差，称为该点的声压。超声检测仪器显示的信号幅值其本质就是声压，示波屏上的波高与声压成正比。用超声检测的缺陷，声压值反映的就是缺陷大小。

声强 I：单位时间内垂直通过单位面积的声能。

声阻抗 Z：超声场中任意一点的声压与该处质点振动速度之比。超声波在两种介质组成的界面上的反射和透射，跟两种介质的声阻抗有关。

4. 纵波、横波、表面波、板波

纵波 L（压缩波、疏密波）：介质中质点振动方向与波的传播方向互相平行的波。

横波 S（T）（切变波）：介质质点振动方向与波的传播方向互相垂直的波。

表面波 R（瑞利波）：沿固体表面传播的波。介质表面质点受拉伸和交变应力的作用，质点作椭圆振动。可视为纵波与横波的合成。

板波：在板厚与波长相当的薄板中传播的波称为板波。

横波声速大约是纵波的一半，表面波大约是横波的 0.9 倍。钢中纵波声速为 5900m/s，横波的声速为 3230m/s，表面波的声速为 3007m/s。电网 GIS 设备超声检测中的铝合金纵波声速为 6260m/s，横波的声速为 3080m/s。

各种类型波的比较见表 7-1。

表 7-1　　　　　　　　　　　各种类型波的比较

波的类型		质点振动特点	传播介质	应用
纵波		质点振动方向平行于波传播方向	固、液、气体介质	钢板、锻件探伤等
横波		质点振动方向垂直于波传播方向	固体介质	焊缝、钢管探伤等
表面波		质点做椭圆运动，椭圆长轴垂直波传播方向，短轴平行波传播方向	固体介质	钢管探伤
板波	对称型（S型）	上下表面，椭圆运动，中心：纵向振动	固体介质（厚度与波长相当得薄板）	薄板、薄壁钢管等（$\delta < 6mm$）
	非对称型	上下表面，椭圆运动，中心：横向振动		

5. 反射、折射、波型转换

反射和反射波：超声波斜入射至界面时，一部分声波返回原介质中，改变方向传播，称为反射，该声波称反射波。

折射和折射波：超声波斜入射至界面时，一部分声波进入第二种介质，改变方向继续传播，称为折射，该声波称为折射波。

波型转换：超声波斜入射至界面时，除产生同种波型的反射和折射波外，不产生不同类型的反射和折射波，这种现象称为波型转换。

6. 超声波的衰减

衰减：超声波在介质中传播时随距离增加能量逐渐减弱的现象。

衰减产生原因：

(1) 扩散衰减：超声波传播过程中，由于波束的扩散使超声波的能量随距离增加而逐渐减弱。

(2) 散射衰减：超声波在介质中传播时，遇到声阻抗不同的界面时产生散乱反射引起超声波的衰减，同时在示波屏上形成草状回波。

(3) 吸收衰减：超声波在介质中传播时，由于介质中质点间内摩擦（即粘滞性）和热传导引起超声波的衰减。

通常所说衰减指吸收和散射衰减，不包括扩散衰减。

7. 端角反射

超声波在两个平面构成的直角内的反射叫端角反射。在端角反射中，超声波经历了两次反射，当不考虑波型转换时，二次反射波与入射波互相平行。

8. 近场区和近场区长度、远场区

波源附近由于波的干涉而出现的一系列声压极大值和极小值的区域称为近场区，又叫菲涅耳区。波源由线上最后一个声压极大值至波源的距离称为近场区长度，用 N 表示。波源轴线上至波源距离大于 N 的区域称远场区。远场区轴线上的声压随距离单调减小。

9. 晶片直径 D_S、声波波长 λ（频率）与近场长度、波束指向性 θ 的关系

它们之间的关系如式（7-2）所示：

$$\theta = \sin^{-1} 1.22 \frac{\lambda}{D_S} \approx 70 \frac{\lambda}{D_S} \qquad (7-2)$$

式中　D_S——晶片直径；

　　　λ——声波波长；

　　　θ——半扩散角。

由式（7-2）可以看出：

(1) 晶片直径大、波长短（频率高），近场长度大，半扩散角小，指向性好；

(2) 晶片直径小、波长大（频率低），近场长度小，半扩散角大，指向性差。

所以近场长的探头指向性好，近场短的探头指向性差。

10. 分贝

分贝是计量声强和声压的单位。

超声检测中，通常采用比较两个信号声压值的方法来描述缺陷的大小，即：

$$\Delta = 20 \lg \frac{P_2}{P_1} (\text{dB}) \qquad (7-3)$$

式中 P_1、P_2——两个不同信号的声压，Pa。

11. 规则反射体的回波声压公式

超声检测中常用的规则反射体有平底孔、长横孔、短横孔、球孔、大平底等，以下分别讨论其计算公式，且以下各式中：

ϕ_1、ϕ_2——规则反射体的直径，mm；

x_1、x_2——规则反射体至波源的距离，mm。

(1) 平底孔回波声压公式。任意二平底孔的回波分贝差公式为：

$$\Delta_{12} = 40\lg\frac{\phi_1 x_2}{\phi_2 x_1} \tag{7-4}$$

1）当 $\phi_1 = \phi_2$，$x_2 = 2x_1$ 时

$$\Delta_{12} = 40\lg\frac{\phi_1 x_2}{\phi_2 x_1} = 40\lg2 = 12(\mathrm{dB})$$

2）当 $x_1 = x_2$，$\phi_1 = 2\phi_2$ 时

$$\Delta_{12} = 40\lg\frac{\phi_1 x_2}{\phi_2 x_1} = 40\lg2 = 12(\mathrm{dB})$$

由此可见：平底孔直径一定，距离增加一倍，平底孔回波降低 12dB；平底孔距离一定，孔径增加一倍，平底孔回波升高 12dB。

(2) 长横孔回波声压公式。任意二长横底孔的回波分贝差为：

$$\Delta_{12} = 10\lg\frac{\phi_1 x_2^3}{\phi_2 x_1^3} \tag{7-5}$$

1）当 $\phi_1 = \phi_2$，$x_2 = 2x_1$ 时

$$\Delta_{12} = 10\lg2^3 = 30\lg2 = 9(\mathrm{dB})$$

2）当 $x_1 = x_2$，$\phi_1 = 2\phi_2$ 时

$$\Delta_{12} = 10\lg2 = 3(\mathrm{dB})$$

由此可见：长横孔直径一定，距离增加一倍，回波降低 9dB；长横孔距离一定，孔径增加一倍，回波升高 3dB。

(3) 短横孔回波声压公式。任意短横孔的回波分贝差为：

$$\Delta_{12} = 10\lg\frac{l_{f1}}{l_{f2}} \cdot \frac{\phi_1}{\phi_2} \cdot \frac{x_2^4}{x_1^4} \tag{7-6}$$

1）当 $\phi_1 = \phi_2$，$l_{f1} = l_{f2}$，$x_2 = 2x_1$ 时

$$\Delta_{12} = 40\lg x_2/x_1 = 40\lg2 = 12(\mathrm{dB})$$

2）当 $x_1 = x_2$，$\phi_1 = \phi_2$，$l_{f1} = 2l_{f2}$ 时

$$\Delta_{12} = 2\lg l_{f1}/l_{f2} = 20\lg2 = 6(\mathrm{dB})$$

3）当 $x_1 = x_2$，$l_{f1} = l_{f2}$，$\phi_1 = 2\phi_2$ 时

$$\Delta_{12} = 10\lg\phi_1/\phi_2 = 10\lg2 = 3(\mathrm{dB})$$

由此可见：短横孔直径和长度一定，距离增加一倍，回波降低 12dB；短横孔直径和距离一定，长度增加一倍，回波升高 6dB；短横孔长度和距离一定，直径增加一倍，回波升高 3dB。

(4) 球孔回波声压。任意二球孔的回波分贝差为：

$$\Delta_{12} = 20\lg\frac{\phi_1 x_2^2}{\phi_2 x_1^2} \tag{7-7}$$

1）当 $\phi_1 = \phi_2$，$x_2 = 2x_1$ 时

$$\Delta_{12} = 40\lg \frac{x_2}{x_1} = 40\lg 2 = 12(dB)$$

2）当 $x_1 = x_2$，$\phi_1 = 2\phi_2$ 时

$$\Delta_{12} = 20\lg \frac{\phi_2}{\phi_1} = 20\lg 2 = 6(dB)$$

由此可见：球孔直径一定，距离增加一倍，球孔回波降低 12dB；球孔距离一定，孔径增加一倍，球孔回波升高 6dB。

（5）大平底面回波声压。

两个距离不同的大平底面的回波分贝差为：

$$\Delta_{12} = 20\lg \frac{x_2}{x_1} \tag{7-8}$$

$x_2 = 2x_1$ 时

$$\Delta_{12} = 20\lg \frac{x_2}{x_1} = 20\lg 2 = 6(dB)$$

由此可以，大平底面距离增加一倍，回波降低 6dB。

7.1.2　超声检测的基本原理

7.1.2.1　基本原理

超声检测主要是基于超声波在工件中传播的时候会存在能量损失、不同介质分界面声阻抗不同发生反射等特性来进行工作的，其基本原理为：

声源产生的超声波以一定的方式进入被检工件，在工件中传播时由于与工件材料或其中的缺陷相互作用而发生传播方向及能量的改变，通过超声波被检测仪器接收并进行分析处理，从而判断工件本身或其内部是否存在缺陷及缺陷的特征。通常用于分析判断的信息主要是接受从工件中反射回来的波或透过工件的波的强度及传播时间，强度反映缺陷的大小，时间确定缺陷的位置。

7.1.2.2　超声检测的优点和局限性

1. 优点

（1）适用范围广，包括对接焊缝、角焊缝、板材、管材、棒材、锻件及复合材料等；

（2）穿透厚度大，检测厚度范围宽，从几毫米到若干米；

（3）缺陷定位较准确；

（4）面积形缺陷检出率高，而体积型缺陷的检出率低；

（5）速度快，成本低，设备轻，现场使用方便。

2. 局限性

（1）定量精度不高，定性较困难；

（2）形状复杂的工件检测较困难；

（3）组织不均匀不致密、晶粒粗大的材料检测困难；

（4）缺陷位置、取向和形状对检测结果有较大影响；

（5）A 型脉冲反射式探伤仪检测结果不直观，无永久性见证记录。

7.1.2.3 超声检测方法分类

超声检测有多种分类方法。按原理分，有脉冲反射法、衍射时差法（TOFD）、相控阵超声检测法、穿透法、共振法；按显示方法分，有 A 型显示、超声成像显示；按探头数目分，有单探头法、双探头法、多探头法；按波形分，有纵波法（垂直法）、横波法（斜角法）、表面波法（瑞利波法）、板波法（兰姆波法）、爬波法；按人工干预的程度分，有手工检测、自动检测；按探头与工件的接触方式分，有直接接触法、液浸法和电磁耦合法。

每一个具体的超声检测方法都是上述不同分类方式的一种组合，从而适用于不同的检测对象和范围，常见的其组合方式如图 7-1 所示。

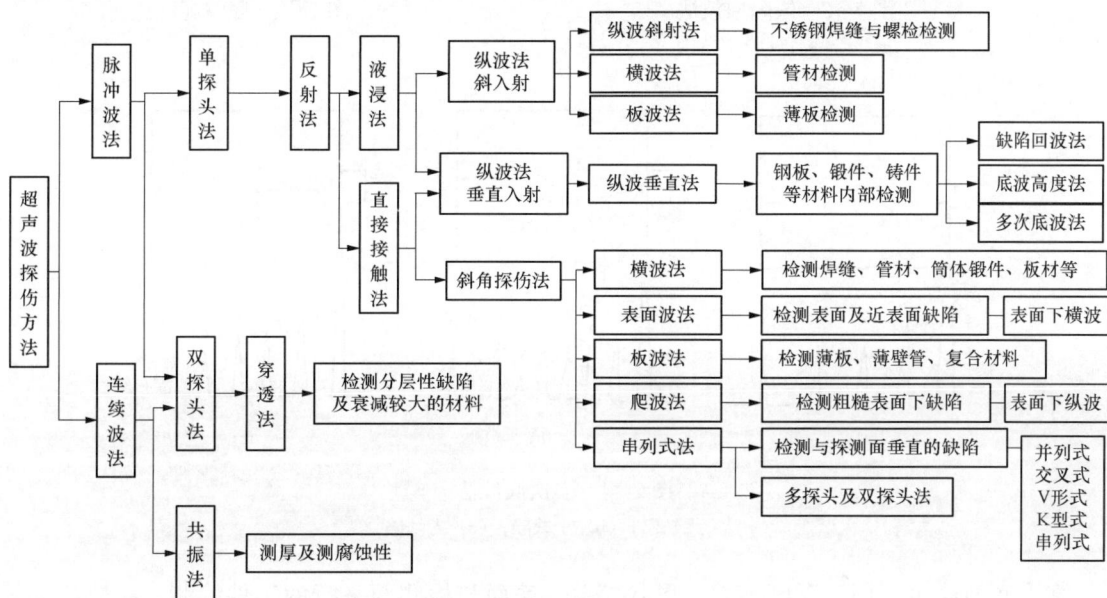

图 7-1 超声波检测方法分类及组合方式

本章主要介绍按原理分的几种常用超声检测方法。

1. 脉冲反射法

把脉冲超声波发射到试件中，根据反射波的情况来检测试件中缺陷的方法，称为脉冲反射法，包括缺陷回波法、底波高度法和多次底波法。

（1）缺陷回波法：根据仪器显示屏上的缺陷波形进行判断的方法。

缺陷回波法的基本原理如图 7-2 所示。当试件完好时，超声波可顺利传播到底面，探伤图形中只有表示发射脉冲 T 和底面回波 B 两个信号，如图 7-2（a）所示。若试件中存在缺陷，在探伤图形中，底面回波前有表示缺陷的回波 F，如图 7-2（b）所示。

（2）底波高度法：根据底面回波高度判断试件内缺陷情况的方法，称为底波高度法。即：当工件的材质和厚度一定时，底面回波的高度基本不变；工件内存在缺陷时，超声波在缺陷处产生部分反射或全部反射，底面回波高度会下降甚至消失，如图 7-3 所示。

（3）多次底波法：根据底面回波的次数判断试件中缺陷情况的方法，称为多次底波法。即：当透入工件的超声波能量较大，而工件厚度较小时，超声波可在探测面与底面之间往复传播多次，显示屏上出现多次、高度有规律依次降低的底波 B_1、B_2、B_3……，当工件内存在缺陷时，由于缺陷的反射及散射增加了声能的损耗，底面回波次数减少，同时也打乱了各次底面回波高度依次衰减的规律，并显示出缺陷回波，如图 7-4 所示。

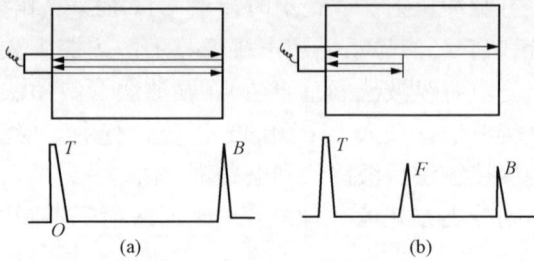

图 7-2 缺陷回波法
（a）无缺陷；（b）有缺陷

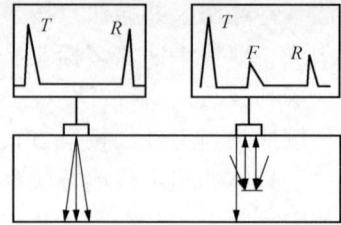

图 7-3 底波高度法

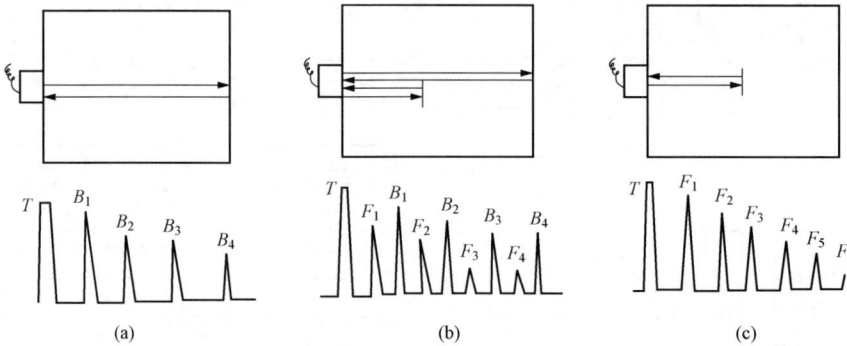

图 7-4 多次底波法
（a）无缺陷；（b）小缺陷；（c）大缺陷

多次底波法主要用于厚度不大、形状简单、底面与检测面平行的工件检测，缺陷检出灵敏度低于缺陷回波法。

2. 衍射时差法

衍射时差法（Time of Flight Diffraction，TOFD），是利用缺陷部位的衍射波信号来检测和测定缺陷尺寸的一种超声检测方法。

衍射时差法通常使用一对频率、尺寸和角度相同纵波斜探头，采用一发一收模式，并且是将探头对称的分布于焊缝两侧。

跟脉冲反射法超声检测相比，衍射时差法的超声波束覆盖区域大，缺陷的衍射信号与缺陷方向无关，缺陷检出率较高，能精确测量缺陷尺寸尤其是 TOFD 技术对于缺陷深度和自身高度的测量基于时间差法，即测量缺陷端部衍射点与侧向波的时间差，具有较高准确性，在实际裂纹上测量精度可以达到 1mm。当然，由于衍射时差法的直通波和底面反射波都有一定宽度，存在一定的表面盲区，在该范围内的缺陷易被漏检，另外对中下部位的缺陷和气孔等有放大现象。

3. 相控阵超声检测

相控阵超声检测技术（PAUT）是对阵列探头的不同单元在发射或接收声波时施加不同的时间延迟规则（聚焦法则），通过波束形成实现检测声束的移动、偏转和聚焦功能的超声检测技术。

与常规的超声检测技术相比，超声相控阵检测具有如下优势：

（1）采用电子方法控制声束聚焦和扫描，检测速度成倍提高：超声波束方向可自由变换；焦点可以调节甚至实现动态聚焦；探头固定不动便能实现扇扫或者线扫；相控阵技术可进行电子扫描，比通常的光栅扫描快一个数量级。

（2）具有良好的声束可达性，能对复杂几何形状的工件进行探查：用一个相控阵探头，就能涵盖多种应用，不像普通超声探头应用单一；对某些检测，可接近性是"拦路虎"，而对相控阵，只需用一小巧的阵列探头，就能完成多个单探头分次往复扫查才能完成的检测任务。

（3）通过优化控制焦点尺寸、焦区深度和声束方向，可使检测分辨力、信噪比和灵敏度等性能得到提高。

（4）通常不需要辅助扫查装置，探头不与工件直接接触，数据以电子文件格式存储，操作灵活简便且成本低。

（5）真实几何结构成像技术：解决复杂几何构件检测难题；现场实时生成几何形状图像；轻松指出缺陷真实特征位置；成像由各声束 A 扫数据生成；实际检测结合工艺轨迹追踪；可用于所有形式的焊缝检测；同步显示 A、B、S、C、D、P、3D 扫描数据。

4. 超声导波检测

使用导波进行检测的方法，称为导波法。超声导波检测原理示意图如图 7-5 所示，在存在两个平行的边界的工件上施加激励源（横波或纵波），激励板材产生超声波，超声波在工件中传播时，遇到界面不断发生反射及横波和纵波的波型转换，经过一段时间传播之后，因叠加而产生波包，这就是导波的模态。由于上下界面的作用，所形成的声波沿板材延伸方向传播时具有特殊的传播特性，导波充塞于整个工件，可以发现内部缺陷和表面的缺陷；由于沿传播路径衰减很小，导波可以沿构件传播非常远的距离，因此超声导波技术实际上是检测了一条线，而不是一个点。

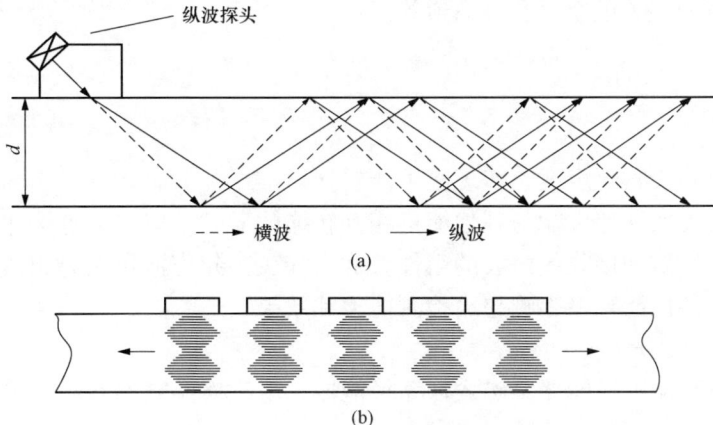

图 7-5　超声导波检测原理示意图
（a）导波产生原理；（b）导波传播方式

超声导波传播速度随频率变化特性，称为超声导波的频散特性。频散和多模态是超声导波的典型特性。而超声导波的检测效果主要取决于所选超声导波的传播特性，如频散、波结构及衰减等。所以超声导波检测时必须首先通过具体检测对象的超声导波传播特性分析，选择适合的超声导波模态类型和频率范围。

7.2 超声检测设备和器材

超声检测设备和器材主要包括超声检测仪、探头、试块和耦合剂等。

7.2.1 超声检测仪

超声检测仪是超声波检测的主体设备，它的作用是产生电振荡并加于换能器（探头）上，激励探头发射超声波，同时将探头送回的电信号进行放大，通过一定方式显示出来，从而得到被探工件内部有无缺陷及缺陷位置和大小等信息。超声系统有多种形式，无论系统基于现代数字技术还是基于正在快速消失的模拟技术，系统基本上都由发射电路、同步电路（脉冲发生器）、接收放大电路、扫描电路、显示器五大部分构成，其主要控制显示见图 7 - 6。

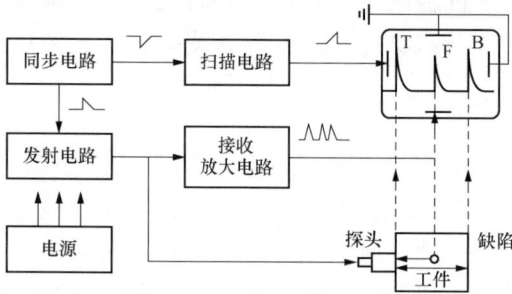

图 7 - 6 仪器方框电路图

根据不同的分类方法，超声检测仪有不同的种类：

按指示参量分，有穿透式检测仪、共振测厚仪、脉冲检测仪，其中脉冲检测仪按信号显示方式可分为 A 型显示和超声成像显示，超声成像显示又可分为 B 型、C 型、D 型、S 型、P 型显示等类。其中 A 型脉冲反射式超声检测仪是使用范围最广、最基本的一种类型。

按采用的信号处理技术分，可分为模拟式和数字式仪器。

按用途分，有非金属检测仪、超声测厚仪等。

按超声波通道分，有单通道和多通道等。

7.2.2 探头

7.2.2.1 探头的作用

探头用于发射和接收超声波，实现电声能转换。

超声换能器是能实现超声能与其他能量相互转换的器件。以换能器为主要元件构成的具有一定特性、用于发射和接收超声波的组件，称为探头。超声波探头是组成超声检测系统最重要的组件之一，其性能直接影响超声检测能力和效果。

7.2.2.2 探头的分类

根据原理分：有压电换能器、磁致伸缩换能器、电磁声换能器和激光换能器，最常用的是压电换能器探头。

根据波型分：有纵波探头（见图 7 - 7）、横波探头（见图 7 - 8）、表面波探头、板波探头等。

根据波束分：有聚焦探头与非聚焦探头。

根据晶片数分：分为单晶探头、双晶探头。

按耦合方式分：有接触式探头和液（水）浸探头。

常见的探头类型如图 7-9 所示。

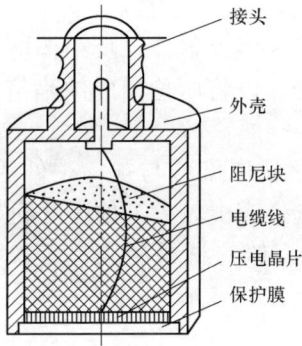

图 7-7　纵波探头的结构

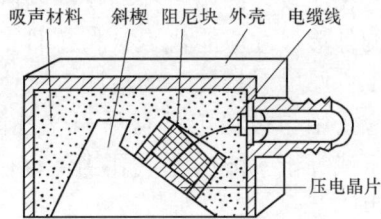

图 7-8　横波探头结构

7.2.2.3　探头的性能要求

圆形晶片直径一般不应大于 40mm，方形晶片任一边长一般不应大于 40mm，其性能指标及测试方法应符合相关标准规定的要求。

7.2.2.4　仪器和探头的组合性能

仪器和探头的组合性能包括水平线性、垂直线性、组合频率、灵敏度余量、盲区（仅限直探头）和远场分辨力。

水平线性偏差不大于 1%，垂直线性偏差不大于 5%；

图 7-9　常见的探头类型

仪器和探头的组合频率与探头标称频率之间偏差不得超出 ±10%；

在达到所检测工件的最大检测声程时，其有效灵敏度余量应不小于 10dB。

7.2.3　试块

按一定用途设计制作的具有简单几何形状人工反射体或模拟缺陷的试样，称为试块。

7.2.3.1　试块的分类

试块分为标准试块、对比试块和模拟试块三大类。

1. 标准试块

指具有规定化学成分、表面粗糙度、热处理及几何形状的材料块，用于评定和校准超声检测设备，即用于仪器探头系统性能校准的试块。常用标准试块有ⅡW 试块，结构示意图如图 7-10 所示、CBⅠ、CBⅡ、CSK-ⅠA、CSK-ⅡA、

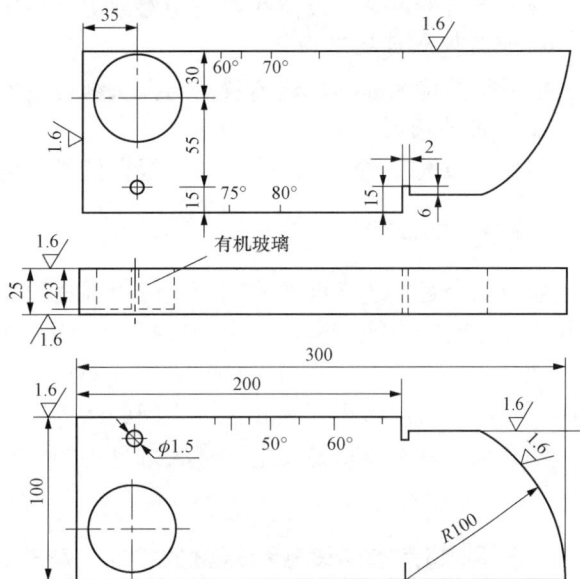

图 7-10　ⅡW 试块结构示意图

CSK-ⅢA等。

2. 对比试块

是指与被检件或材料化学成分相似，含有意义明确参考反射体（反射体应采用机加工方式制作）的试块，用以调节超声检测设备的幅度和声程，以将所检出的缺陷信号与已知反射体所产生的信号相比较，即用于检测校准的试块。

对比试块的外形尺寸应能代表被检工件的特征，试块厚度应与被检工件的厚度相对应。如果涉及不同工件厚度对接接头的检测，试块厚度的选择应由较大工件厚度确定。

对比试块应采用与被检工件材料声学性能相同或相似的材料制成，当采用直探头检测时，不得有大于或等于ϕ2mm平底孔当量直径的缺陷。

3. 模拟试块

是指含有模拟缺陷的试块，常用于检测方法的研究、无损检测人员资格的考核和评定、评价和验证仪器探头系统的检测能力和检测工艺等。

模拟试块材料应尽可能与被检工件相同或相近，外形尺寸应尽可能与被检工件一致，试块厚度应与被检工件的厚度相对应。

模拟试块可以是模拟工件中实际缺陷而制作的试样，也可是在之前检测中发现含有自然缺陷的试件。

7.2.3.2　试块的作用

1. 测试仪器和探头性能

测试的仪器性能主要包括水平线性、垂直线性、动态范围、阻塞特性、灵敏度余量、始波宽度、远场分辨力和稳定性等；

测试的探头性能主要包括回波频率、距离-波幅特性、斜探头入射点、前沿距离、K值、声束扩散特性、声束轴线偏斜、灵敏度余量和始波宽度等。

2. 调节仪器扫描速度

利用试块调节仪器水平刻度值与实际声程之间的比例关系，即扫描速度，使各种回波在显示屏幕上清晰可见，以便在检测中对缺陷进行定位。

3. 调节探伤灵敏度

根据相关检测标准，确定仪器与探头组合后的探测灵敏度。

4. 评定缺陷大小

当检测中发现缺陷回波信号后，根据信号幅度等特征对缺陷进行当量评价。

7.2.4　耦合剂

超声耦合是指超声波在检测面上的声强透射率。声强透射率高，超声耦合好。为改善探头和工件之间的声能传递，而施加在探头和检测面之间的薄层液体称为耦合剂。

耦合剂可以填充探头与工件间的空气间隙，使超声波有效地传入工件。此外，耦合剂还有润滑作用，可以减小探头和工件之间的摩擦，减少探头表面的磨损，有利于探头的移动。

耦合剂的基本要求是要透声性较好且不损伤检测工件表面，如机油、化学浆糊、甘油和水等。

7.2.5　超声检测设备和器材的校准、核查、运行核查和检查的要求

校准、核查和运行核查应在标准试块上进行，应使探头主声束垂直对准反射体的反射

面，以获得稳定和最大的反射信号。

校准和核查：每年至少对超声仪器和探头组合性能中的水平线性、垂直线性、组合频率、盲区（仅限直探头）、灵敏度余量、分辨力以及仪器的衰减器精度，进行一次校准并记录；每年至少对标准试块与对比试块的表面腐蚀与机械损伤进行一次核查。

运行核查：模拟超声检测仪每 3 个月或数字超声检测仪每 6 个月至少对仪器和探头的组合性能中的水平线性和垂直线性进行一次运行核查并记录；每 3 个月至少对盲区（仅限直探头）、灵敏度余量和分辨力进行一次运行核查并记录。

检查：每次检测前应检查仪器设备器材外观、线缆连接和开机信号等情况是否正常；使用斜探头时，检测前应测定入射点（前沿距离）和折射角（K 值）。

7.3　超声检测工艺

7.3.1　脉冲反射法超声检测通用技术

脉冲反射法超声检测在检测条件、耦合与补偿、仪器调节、缺陷定性及定量等方面有一些通用技术，掌握这些通用技术对发现缺陷并正确评价非常重要。

脉冲反射法超声检测的基本步骤有：检测面的选择和准备、仪器和探头的选择、检测设备的调整、扫查、缺陷的评定、检测记录及报告等六大部分。

7.3.1.1　检测面的选择和准备

检测面应保证工件被检部分能得到充分检测；焊缝的表面质量应经外观检查合格；检测面（探头经过的区域）上所有影响检测的油漆、锈蚀、飞溅和污物等均应予以清除，其表面粗糙度应符合检测要求；表面的不规则状态不应影响检测结果的有效性。

检测面的选择，首先要考虑缺陷的最大可能取向。使入射超声波的声束轴线与缺陷的主反射面接近垂直。缺陷的最大可能取向应根据材料、坡口形式、焊接工艺等综合分析。检测面的选择应该与检测技术的选择结合起来。

7.3.1.2　仪器和探头的选择

检测前应根据工件、检测要求及现场条件选择仪器。所选仪器应满足线性误差小、垂直线性好、灵敏度余量高、信噪比高、性能稳定、重复性好等要求。

检测前应根据被检工件结构尺寸、声学特性和检测要求来选择探头，包括：探头形式、频率、晶片尺寸和斜探头 K 值等。常用探头形式有纵波直探头、横波斜探头、双晶探头、表面波探头、爬波探头等，一般根据工件形状和可能出现的缺陷部位、方向等条件来选择探头，使声束轴线尽量与缺陷垂直。探头频率、晶片尺寸选择时，应考虑超声声场的近场区、半扩散角、工件厚度等因素。

在横波检测中，探头的 K 值决定了声束轴线方向，并影响一次波声程（入射点至底面反射点的距离），在实际检测中应综合扫查范围、声束衰减、缺陷检测灵敏度等因素选择合适的探头 K 值。

7.3.1.3　检测设备的调整

检测设备的调整，主要是对仪器进行扫描速度的调节和检测灵敏度的调整，从而保证在检测范围内发现规定大小的缺陷，并确定缺陷的位置和大小。对于横波斜探头检测技术，在入射点和折射角测定完成后再进行检测设备的调整。

1. 扫描速度的调节

仪器示波屏上时基扫描线的水平刻度值与实际声程的比例关系称为扫描速度或时基扫描线比例。对于数字式探伤仪，缺陷位置参数是根据超声波传播时间、材料声速、探头折射角由仪器计算并显示出来的，仪器调节主要是零位调节、声速调节和探头折射角调节。

通常利用已知声程的参考反射体的回波来调节仪器。首先根据参考反射体的声程选择合适的扫描范围，一般选择为 100mm（即示波屏满刻度代表声程 100mm），并大致设定声速，然后利用具有不同声程的两个参考反射体回波，反复调节仪器的声速和零位，使两个回波的前沿分别位于示波屏上与其声程相对应的水平刻度处，最后根据实测结果设定探头折射角，并根据实际检测范围调整合适的扫描范围。必须指出的是，对于数字式探伤仪，扫描范围（时基扫描线比例）只是影响示波屏的显示范围，在检测中可以根据需要任意调节，并不影响缺陷位置参数的正确显示。

纵波检测一般利用具有不同厚度的试块的底面反射来调节仪器，如图 7-11（a）所示。表面波检测采用不同声程的端角反射来调节，如图 7-11（b）所示。爬波检测常采用表面加工有线切割槽的试块进行调节，如图 7-11（c）所示。而横波检测则通常利用校准试块上不同半径的圆弧面反射来调节，如图 7-11（d）所示。

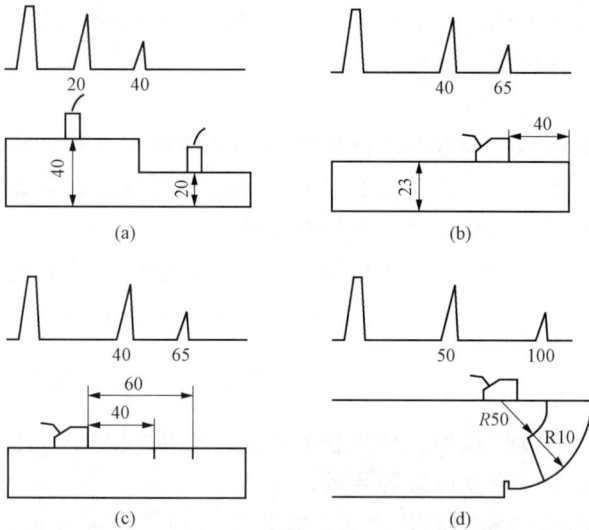

图 7-11　扫描速度的调节
（a）纵波检测；（b）表面波检测；（c）爬波检测；（d）横波检测

2. 检测灵敏度的调整

检测灵敏度是指在确定的声程范围内发现规定大小缺陷的能力，一般根据产品技术要求或有关标准确定。

调整检测灵敏度的目的在于发现工件中规定大小的缺陷，并对缺陷定量。检测灵敏度太高或太低都对检测不利。灵敏度太高，示波屏上杂波多，判断困难。灵敏度太低，容易引起漏检。实际检测过程中，为了提高扫查速度而又不漏检，常将检测灵敏度适当提高，这种提高后的灵敏度就叫扫查灵敏度。

（1）纵波直探头检测技术。纵波直探头调整检测灵敏度有试块调整法和工件底波调整法两种。

1）试块调整法。根据工件对灵敏度的要求选择相应的试块，将探头对准试块上的人工缺陷，调整仪器上的有关灵敏度旋钮，使示波屏上人工缺陷的最高反射回波达基准高，这时灵敏度就调好了。试块调整法要考虑对工件与试块因耦合和衰减不同而引起的声能传输损耗差进行补偿。

2）工件底波调整法。超声波检测灵敏度通常以规则反射体的回波高度表示，对于具有平行低面或圆柱曲底面的工件的纵波检测，当声程不低于 3N 时，由于底面回波高度与规则反射体的回波高度存在一定关系，因此可以利用工件底波来调整检测灵敏度。

例如，对于具有平行底面的工件的纵波检测，要求检测灵敏度不低于最大检测距离处平

底孔当量直径 ϕ，由于底面与平底孔回波幅度的分贝差为：

$$\Delta = 20\lg\frac{2\lambda x}{\pi\phi^2} \qquad\qquad (7-9)$$

式中　λ——波长；

　　　x——最大检测距离。

因此利用工件底波调整检测灵敏度的方法为，将工件底波高度调整为基准高，再增益 ΔdB 即可。

利用工件底波调整检测灵敏度不需要加工任何试块，也不需要进行补偿。但该方法一般只用于纵波检测，而且要求工件厚度不低于 3N 并具有平行底面或圆柱曲底面，底面应光洁干净。若底面粗糙或有水、油时，由于底面反射率降低，这样调整的灵敏度将会偏高。

（2）横波斜探头检测技术。横波斜探头检测是利用距离 - 波幅曲线的制作和灵敏度调整来实现的。距离 - 波幅曲线是相同大小的反射体随距探头距离的变化其反射波高的变化曲线。用现场检测用的探头，在含不同深度人工反射体的试块（如电网 GIS 筒体对接环焊缝检测用的 CSK - ⅡA - 1 铝合金试块）上实测横波距离 - 波幅曲线。距离 - 波幅曲线可按声程、水平距离和深度来绘制。

7.3.1.4　扫查

1. 扫查速度

探头的扫查速度一般不应超过 150mm/s。当采用自动报警装置扫查时，扫查速度应通过对比试验进行确定。

2. 扫查覆盖

为确保检测时超声声束能扫查到工件的整个被检区域，探头的每次扫查覆盖应大于探头直径或宽度的 15%。

3. 扫查方式

对于纵波直探头检测，扫查方式有全面扫查、局部扫查、分区扫查等。注意，双晶直探头移动方向要与隔声层垂直。

对于横波斜探头检测，扫查方式有前后、左右、转角、环绕四种扫查方式，如图 7 - 12 所示。前后扫查确定缺陷水平距离和深度；左右扫查测定缺陷指示长度；转角扫查确定缺陷取向；环绕扫查：确定缺陷形状。

7.3.1.5　缺陷的评定

1. 缺陷的定位

超声波检测中，缺陷位置的确定是指确定缺陷在工件中的位置，简称定位，一般根据发现缺陷时探头位置及仪器显示的缺陷位置参数（声程、深度和水平距离）来进行缺陷定位。

（1）纵波（直探头）检测时缺陷定位。纵波直探头检测时，若探头波束轴线无偏离，则发现缺陷时缺陷位于中心轴线上，可根据缺陷反射波最高时探头位置及仪器显示的缺陷反射波声程 x_f，按图 7 - 13 所示确定缺陷位置。

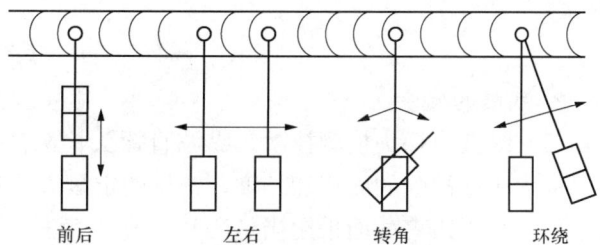

图 7 - 12　四种扫查方式示意图

（2）表面波及爬波检测时缺陷定位。表面波及爬波检测时缺陷定位方法与纵波检测基本相同，只是缺陷位于工件表面，并正对探头中心轴线，如图 7-14 所示。

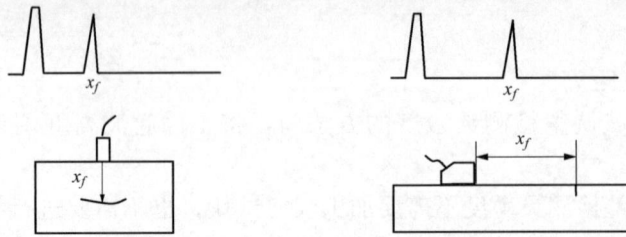

图 7-13 纵波检测缺陷定位　　图 7-14 表面波及爬波检测缺陷定位

（3）横波检测平面工件时缺陷定位。横波斜探头检测平面时，缺陷的位置一般根据发现缺陷时探头位置、缺陷与入射点的水平距离 l_f（简称水平距离）及缺陷埋藏深度 d_f（即缺陷至检测面的距离）确定，如图 7-15 所示。

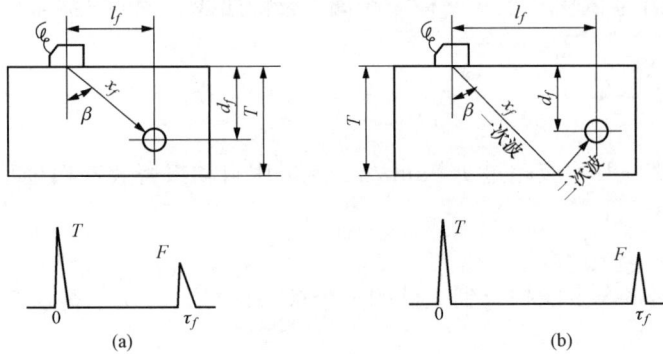

图 7-15 横波检测平面工件时的缺陷定位
（a）一次波；（b）二次波

对于数字式超声波探伤仪，仪器可同时显示缺陷反射波的声程 x_f、水平距离 l_f 和深度 h_f 三个参数。仪器显示的水平距离即缺陷与入射点的水平距离，缺陷埋藏深度与仪器显示的缺陷反射波深度关系如下：

$$\begin{cases} d_f = h_f & （一次波检测）\\ d_f = 2T - h_f & （二次波检测） \end{cases}$$

2. 缺陷的定量

（1）纵波直探头检测技术。纵波直探头检测法的缺陷定量包括确定缺陷的大小和数量，缺陷的大小指缺陷的面积和长度。常用的定量方法有当量法、底波高度和测长法三种。对于缺陷尺寸小于声束截面采用当量法和底波高度法，缺陷尺寸大于声束截面采用测长法。

1）当量法。采用当量法确定的缺陷尺寸是缺陷的当量尺寸，不是缺陷的真实尺寸，通常情况下实际缺陷尺寸要大于当量尺寸。常用的当量法有试块比较法、当量计算法和 AVG 曲线法。

a. 试块比较法。试块比较法是将工件中的自然缺陷回波与试块上的人工缺陷回波进行比较来对缺陷定量的方法。

采用试块对比法给缺陷定量时，要保持检测条件相同，即试块材质、表面粗糙度和形状都要与被检工件相同或相近，所用仪器、探头及施加在探头上的压力等也要相同，并且需制作大量试块，成本高，操作烦琐，现场检测携带很多试块，不方便，因此，仅在 $x<3N$ 的情况下或特别重要零件的精确定量时应用。

b. 当量计算法。当量计算法的前提是缺陷位于 3 倍近场长度以外，即 $x \geqslant 3N$。当量计算法就是根据检测中测得的缺陷波波高的 dB 值，利用各种规则反射体的理论回波声压公式进行计算来确定缺陷当量尺寸的定量方法，具体见 7.1.1 节："11. 规则反射体的回波声压公式"。

c. AVG 曲线法。AVG 曲线法是指利用通用 AVG 或实用 AVG 曲线来确定工件中缺陷的当量尺寸。

2）回波高度法。回波高度法是指根据回波高度给缺陷定量的方法，有缺陷回波高度法和底面回波高度法两种。一般也叫波高法。

a. 缺陷回波高度法。缺陷回波高度法是指缺陷的大小用缺陷回波高度来表示。实际检测时，用规定的反射体调好检测灵敏度后，以缺陷回波高度是否高于基准回波高度作为判定工件是否合格的依据。

b. 底面回波高度法。底面回波高度法又叫底波高度法，是利用缺陷波与底波的相对波高来衡量缺陷的相对大小的方法。

a）F/B_F 法。F/B_F 法是在一定的灵敏度条件下，以缺陷波高 F 与缺陷处底波高 B_F 之比来衡量缺陷的相对大小。

b）F/B 法。F/B 法是在一定的灵敏度条件下，以缺陷波高 F 与无缺陷处底波高 B 之比来衡量缺陷的相对大小。

c）B/B_F 法。B/B_F 法是在一定的灵敏度条件下，以无缺陷处底波 B 与缺陷处底波 B_F 之比来衡量缺陷的相对大小。

底面回波高度法不能给出缺陷的当量尺寸，不适用于形状复杂而无底面回波的工件，只适用于具有平行底面的工件。

3）测长法。当工件中缺陷尺寸大于声束截面时，一般采用测长法来确定缺陷的长度。

测长法是根据缺陷波高与探头移动距离来确定缺陷尺寸。按规定方法测定的缺陷长度称为缺陷的指示长度。缺陷的指示长度总是小于或等于缺陷的实际长度。

根据测定缺陷长度时的灵敏度基准不同将测长法分为相对灵敏度法、绝对灵敏度法和端点峰值法。

a. 相对灵敏度测长法。相对灵敏度测长法以缺陷最高回波为相对基准，沿缺陷长度方向移动探头，降低一定的 dB 值来测定缺陷的长度。常用的有 6dB 法和端点 6dB 法，如图 7-16 所示。

a）6dB 法（半波高度法）：由于波高降低 6dB 后正好为原来的一半，因此 6dB 法又称半波高度法。当缺陷反射波只有一个高点时，用 6dB 法测量缺陷的指示长度。具体做法是：移动探头找到缺陷最大波高，然后沿缺陷方向左右移动探头，当缺陷波高降低一半时，探头中心线之间的距离就是缺陷的指示长度。

b）端点 6dB 法（端点半波高度法）：当缺陷各部分反射波高有很大变化时，测长采用端点 6dB 法。当缺陷反射波有多个高点时，用端点 6dB 法测量缺陷的指示长度。具体做法是：

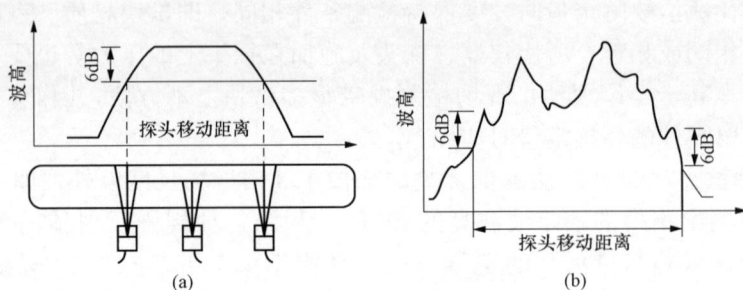

图 7 - 16 6dB 测长法

(a) 6dB 法；(b) 端点 6dB 法

发现缺陷后，沿缺陷方向左右移动探头，找到缺陷两端的最大波高，分别以这两个端点最大波高为基准，继续向左右移动探头，当端点最大波高降低一半时，探头中心线之间的距离为缺陷的指示长度。

b. 绝对灵敏度测长法。绝对灵敏度测长法是在仪器灵敏度一定的条件下，探头沿缺陷长度方向平行移动，当缺陷波高降到规定位置时，探头移动的距离即为缺陷的指示长度。

绝对灵敏度测长法测得的缺陷指示长度与测长灵敏度有关。测长灵敏度高，缺陷长度大。在自动检测中常用绝对灵敏度法测长，如图 7 - 17 所示。

c. 端点峰值法。探头在测长扫查过程中，如发现缺陷反射波峰值起伏变化，有多个高点时，则以缺陷两端最大反射波之间的探头移动距离作为缺陷指示长度，如图 7 - 18 所示。端点峰值法是另一类测长方法，它比端点 6dB 法测得的指示长度要小些。

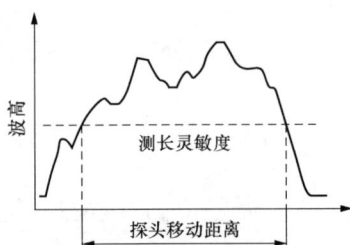

图 7 - 17 绝对灵敏度测长法

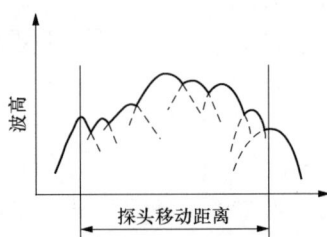

图 7 - 18 端点峰值法

（2）横波斜探头检测技术。横波斜探头法对缺陷的定量包括缺陷回波幅度和指示长度两个参数。回波幅度依据的是规则反射体的回波幅度与缺陷尺寸的关系，常用距离 - 波幅曲线来测定。

缺陷指示长度的测定，同纵波直探头检测技术，其测长方法也有相对灵敏度法、绝对灵敏度法和端点峰值法。

7.3.1.6 检测记录及报告

根据相关检测标准及要求，做好原始记录及签发报告。

7.3.2 相控阵超声检测通用技术

相控阵超声检测的步骤有：仪器、探头、楔块、试块等检测系统的选择；扫查方式的选择；聚焦法则的设置和校准；检测系统的设置和校准；仪器调节与检测灵敏度确定；耦合补偿；缺陷的测定、记录和等级评定；仪器和探头系统复核等。

7.3.2.1　检测系统的选择

相控阵超声波检测系统包括仪器、探头、软件、扫查装置和位置传感器等辅件，应当根据检测对象及实际情况选择检测系统。

根据工件、检测要求及现场条件选择仪器。仪器应为电脑控制的含有多个独立的脉冲发射/接收通道的脉冲反射型仪器，仪器独立通道数量、成像方式、仪器带宽、数字化采样频率、幅度模/数转换、水平线性、垂直线性、发射脉冲等性能应满足相关标准要求。相控阵超声波检测软件的检测数据分析、检测图像的显示、检测数据的管理、聚焦法则的计算等功能应能满足实际需求。

相控阵探头的晶片由压电复合材料制作。压电复合材料的探头信噪比一般压电陶瓷探头高 10～30dB。是将一块整体压电复合材料的晶片切割成无数微小晶片，如图 7 - 19 所示，每个晶片能单独激发。相控阵探头参数的选择主要考虑以下几方面：频率、激发孔径 A、阵元间距 g、阵元宽度 p、

图 7 - 19　线性相控阵探头

阵元数量、偏转角等。楔块主要参数有楔块角度、楔块内声速，一般可通过仪器自动检测获取。探头楔块与被检件接触面的间隙大于 0.5mm 时，应采用曲面楔块或对楔块进行修磨，修磨时应重新测量楔块几何尺寸，同时考虑对声束的影响。应根据工件厚度、材质、检测位置、检测面形状以及检测使用的声束类型选择相控阵探头的频率、晶片数量、晶片间距、晶片尺寸、晶片形状以及楔块规格等。

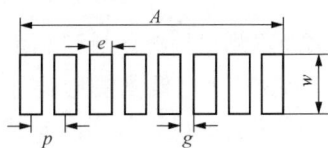

相控阵超声检测试块包括标准试块、对比试块及模拟试块。标准试块可以选用包括 CSK - ⅠA、半圆试块、专用线性试块、A 型相控阵试块和 B 型相控阵试块。对比试块按不同的标准规定选用，标准《无损检测　超声检测　相控阵超声检测方法》（GB/T 32563—2016）推荐采用 CSK - ⅡA 试块。

7.3.2.2　扫查方式的选择

相控阵扫查方式包括电子扫查、机械扫查及手动扫查。电子扫查包括扇形扫查及线型扫查。机械扫查包括沿线扫查及沿线栅格扫查。手动扫查方式与脉冲反射超声检测扫查方式一致，包括锯齿形扫查等，可以不接位置传感器。

扇形扫描是采用同一组晶片和不同聚焦法则得到的声束，在确定角度范围内扫描被检工件，也称作 S 扫描。线形扫描是以相同的聚焦法则施加在相控阵探头中的不同晶片组，每组激活晶片产生某一特定角度的声束，通过改变起始激活晶片的位置，使该声束沿晶片阵列方向前后移动，以实现类似常规手动超声波检测探头前后移动的检测效果。一个相同的延时法则依次触发阵列探头的各个晶片组使得声束能沿探头阵列主轴方向以一个恒定的角度前后移动。相当于传统超声探头进行一个光栅扫描。沿线扫查相控阵探头晶片阵列方向与探头移动方向垂直或成一定角度的机械扫查方式。沿线扫查指的是指探头在距焊缝中心线一定距离的位置上，平行于焊缝长度方向进行的直线移动，如图 7 - 20 所示。沿线栅格扫查是改变了探头与焊缝距离的多次沿线扫查，探头按照栅格式的轨迹进行，以实现对检测部位的全面覆盖或多重覆盖。

应根据不同的检测对象，标准检测等级的具体要求选择扫查方式。例如 GB/T 32563—2016 标准规定，焊缝的相控阵超声检测时，B 级检测应根据厚度采用直射法和反射法在焊缝

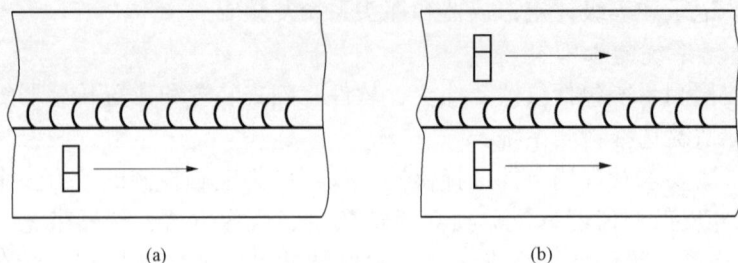

图 7 - 20 沿线扫查

（a）采用一个相控阵探头的沿线扫查；（b）采用两个相控阵探头的沿线扫查

的单面双侧对检测区域进行沿线扫查＋扇形扫描检测。

7.3.2.3 聚焦法则的设置及校准

聚焦法则设置包括激发孔径设置、扇扫描设置、线扫描设置、聚焦设置等。设置时应考虑的参数有：阵元参数、楔块参数、阵元数量、阵元位置、角度参数、距离参数、声速参数、工件厚度、探头位置等，采用聚焦声束检测时，应合理设定聚焦声程或深度。

7.3.2.4 检测系统的设置和校准

采用扇扫描或线扫描检测前，应对扇扫描角度范围内或线扫描角度范围内的每一条声束进行校准，校准的范围应包含检测拟使用的声程范围。扇扫描的校准包括角度增益修正（ACG）及时间增益修正（TCG）。角度增益修正是指使扇形扫描角度范围内的每一个不同角度声束在同一声程处相同反射体的回波具有相同的显示波幅。采用扇形扫描或线形扫描的，应进行时间增益修正，使得在扇形扫描或线形扫描的各个波束对检测区域内不同声程但相同反射体具有相同的显示波幅。ACG 修正可采用 CSK - IA 试块或其他带有 R100 圆弧的等效试块。检测焊缝时，TCG 修正可以采用 CSK - IIA 试块或其他横通孔试块。角度增益修正及时间增益修正后，在检测区域内，不同位置的相同尺寸相同方向的反射体回波波幅应基本一致。灵敏度的设置可选用 TCG 和 DAC 两种方式。初始扫查时推荐采用 TCG 设置灵敏度，TCG 灵敏度选择可参照相关标准的规定。

7.3.2.5 缺陷的测定

缺陷最高波幅的测定，扇形扫描时，找到不同角度 A 扫描中缺陷的最高回波波幅作为该缺陷的波幅。线形扫描时，找到不同孔径组合时，缺陷最高回波波幅作为该缺陷的波幅。

缺陷位置的测定，找到不同角度 A 扫描中缺陷最高回波波幅的位置来确定如下位置参数：缺陷沿焊接接头方向的位置；缺陷位置到检测面的垂直距离（即埋藏深度）；缺陷位置离开焊缝中心的距离。

缺陷长度的测定有绝对灵敏度法和相对灵敏度法，具体选择参照执行的标准。例如《火力发电厂焊接接头相控阵超声检测技术规程》（DL/T 1718—2017）规定沿线扫查时采用定量线绝对灵敏度法测长，缺陷长度可在合适类型的显示图上用标尺直接测定；采用矩形移动或锯齿形扫查的数据，如缺陷反射波只有一个高点，采用相对灵敏度法即 6dB 法。如缺陷反射波有多个高点，且端点反射位于定量线以上时，使用端点 6dB 法测长。

缺陷自身高度的测量可采用衍射波法或－6dB 法。如果缺陷 S 扫描图中能分辨出缺陷的端角衍射波，推荐采用衍射波的方法测量缺陷自身高度。－6dB 法指在检测数据文件 B 型显示图中选定所要测量的缺陷，通过软件工具找到缺陷最高回波位置，在缺陷最高回波处 S 扫视图中通过上下移动测量指针使最高回波幅度分别降至最高幅值的一半，上、下端点之差即为缺陷自身高度。

7.3.3　超声衍射时差检测（TOFD）通用技术

超声衍射时差检测的一般程序为：确定检测目的和检测区域、探头选用和设置、检测准备、检测系统设置和校准、D 扫描（非平行扫查）、数据分析和解释、缺陷的精确测量及缺陷性质判断。

探头设置包括探头形式、参数选择和探头中心间距。探头设置应确保对检测区域的覆盖和获得最佳的检测效果。TOFD 检测的探头形式一般采用纵波斜探头，应确保声束与底面法线间的夹角不大于 40°。为了获得最佳的探伤分辨率和足够的覆盖率，必须按照工件厚度合理选择探头参数。检测前，必须对 TOFD 检测探头间距（PCS）进行调整，初始扫查时将探头中心间距设置为使该探头对的声束交点位于其所覆盖区域的 2/3 深度处。

TOFD 扫查方式分为平行扫查及非平行扫查，探头组沿波束方向移动的扫查方式是平行扫查，也叫 B 扫查，如图 7-21 所示。平行扫查一般针对已发现的缺陷，可精确测量缺陷自身高度及深度以及缺陷相对焊缝中心线的位移。非平行扫查是探头组垂直于波束方向移动的扫查方式，也叫 D 扫查，是初始的扫查方式，如图 7-22 所示。

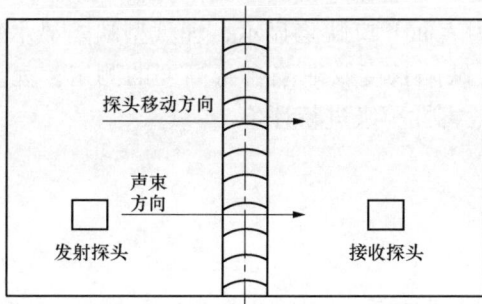

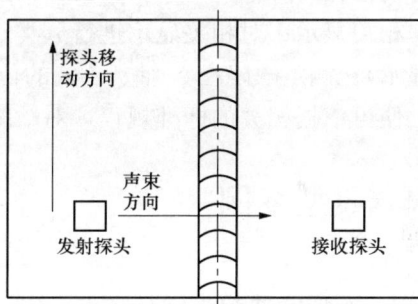

图 7-21　平行扫查　　　　　　　　图 7-22　非平行扫查

检测系统设置包括 A 扫描时间窗口设置、灵敏度设置、位置传感器校准、深度校准等。

检测前应对检测通道的 A 扫描时间窗口进行设置，其时间窗口的起始位置应设置为直通波前至少 $0.5\mu s$，时间窗口的终止位置应设置为工件底波的一次波型转换波后 $0.5\mu s$，如图 7-23 所示。

为了准确测定缺陷的深度，检测之前应校准各检测通道的 A 扫描时基与深度的对应关系，必须进行深度校准。当直通波和底面波同时可见时，可以利用直通波和底面反射波的时间间隔进行校准。

灵敏度调整可以采用直通波和对比试块来设置。使用直通波设置时，直通波波高应达到满屏高的 $40\%\sim90\%$；使用底面波设置时，底面波波高达到满屏后再增益 $18\sim30dB$；当直通波与底面波均不可用时，可调整增益使检测区域晶粒噪声达到满屏高的 $5\%\sim10\%$ 作为基准灵敏度。当使用对比试块时，需要将所检测分区较弱衍射信号波幅设置在 $40\%\sim80\%$ 满屏高，并考虑耦合补偿。

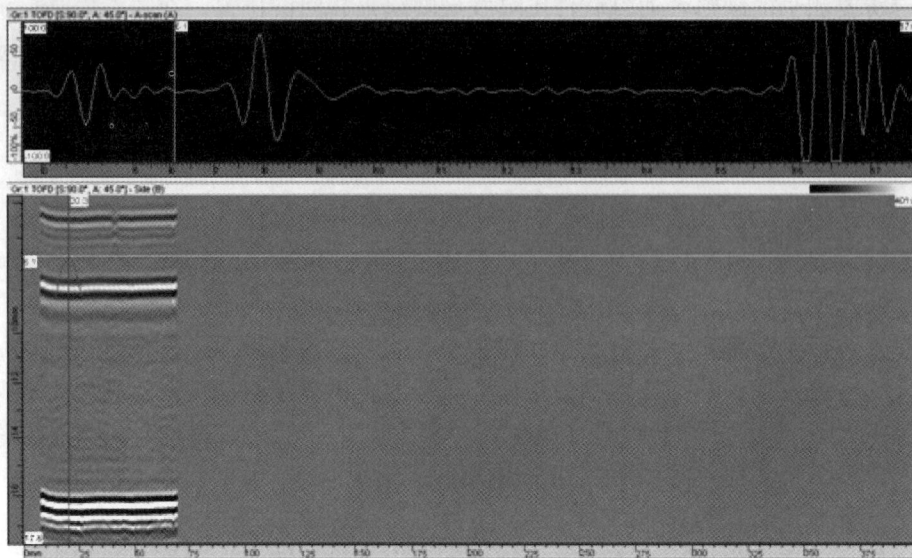

图 7 - 23 A 扫描时间窗口设置示意图

TOFD 检测主要根据 TOFD 图像及 A 扫描信号对检测结果的显示进行判读和分析，分析数据之前首先对所采集的数据进行评估以确定其有效性。检测数据的分析包括：区分相关显示和非相关显示；对相关显示进行分类（分为表面开口缺陷显示、埋藏型缺陷显示和难以分类的显示）；测定缺陷在 X 轴、Z 轴的位置；缺陷长度及缺陷自身高度的测定。完成数据分析后，便可依据相关的标准规程，对缺陷的危害性等级进行评价。

7.4 典型案例

7.4.1 A 型脉冲超声波检测

7.4.1.1 GIS 壳体焊缝超声检测

某 500kV GIS 筒体材料 5083 铝合金，筒体对接焊缝坡口型式为 X 型坡口，壁厚 16mm。采用 A 型脉冲反射超声法对筒体对接焊缝进行检测，检测标准：《承压设备无损检测 第 3 部分：超声检测》（NB/T 47013.3—2015），B 级检测，评判标准：《铝制焊接容器》（JB/T 4734—2002），Ⅱ级合格。

1. 仪器与探头

仪器：EPOCH650 数字式超声波检测仪。

探头：一般情况下，当 GIS 壳体厚度≤12mm 时，探头选择为 5P8×8K2.5、5P8×8K3，当 GIS 壳体厚度>12mm 时，探头选择为 5P8×8K2、5P8×8K3。本案例中选择探头为 5P8×8K2.5（经测，探头前沿为 6mm）。

2. 试块

选择标准试块 CSK - IA（铝），用于测量仪器性能及探头参数；1 号对比试块（铝），用于设定检测灵敏度。

3. 参数测量与仪器设定

用标准试块 CSK-IA（铝）调节仪器的扫查速度，测量探头的前沿与 K 值，依据检测工件的材质声速、厚度以及探头的相关技术参数对仪器进行设定。

4. 距离-波幅曲线的绘制

距离-波幅曲线在 1 号对比试块上实测绘制，它由评定线、定量线和判废线组成，其灵敏度见表 7-2。

表 7-2　　　　　　　　　　　　距离-波幅曲线的灵敏度

评定线	定量线	判废线
$\phi2mm-18dB$	$\phi2mm-12dB$	$\phi2mm-4dB$

5. 扫查灵敏度设定

扫查灵敏度应不低于评定线灵敏度，并保证在检测范围内最大声程处评定线高度不低于荧光屏满刻度的 20%。这里我们以 $\phi2\times40-21dB$（耦合补偿为 3dB）为扫查灵敏度。

6. 检测

在罐体外壁使用一、二次波对焊缝进行检测。以锯齿形扫查方式进行初探，发现可疑缺陷信号后，辅以前后、左右、转角、环绕等扫查方式对其进行确定。

注意：检测前，先对焊缝进行外观检查，在外观合格基础上，对检测面（探头经过的区域）上所有影响检测的油漆、锈蚀、飞溅和污物等均予以清除，保证其不影响检测结果的有效性。

检测焊接接头纵向缺陷时，斜探头应垂直于焊缝中心线防止在检测面上，做锯齿形扫查，探头前后移动范围应保证扫查到全部焊接接头界面。在保持探头垂直焊缝做前后移动的同时，扫查时还应作 $10°\sim15°$ 的左右转动。为观察缺陷动态波形和区分缺陷信号或伪缺陷信号，确定缺陷位置、方向和形状，可采用前后、左右、转角、环绕等四种基本扫查方式。

检测焊接接头横向缺陷时，可在焊接接头两侧边缘使斜探头与焊缝中心线成不大于 $10°$ 角作两个方向斜平行扫查。如焊接接头余高磨平，可在焊接接头及热影响区上做两个方向的平行扫查。

7. 缺陷定量

如图 7-24 所示为母线筒环焊缝上出现的一典型缺陷波形，闸门锁定的回波显示有一深度为 12.88mm（二次波）的缺陷，缺陷波幅超过判废线，后采用降低 6dB 相对灵敏度法测定其长度为 10mm。

注意：移动探头以获得缺陷的最大反射波幅为缺陷波幅，当使用不同折射角探头或从不同检测面检测同一缺陷时，以获得的最高波幅为缺陷波幅。

缺陷位置以获得缺陷的最大反射波幅的位置为准。

8. 缺陷评定

依据 NB/T 47013.3—2015，该缺陷评定为Ⅲ级，根据 JB/T 4734—2002 要求，B 类焊接接头超声检测不低于Ⅱ级合格，该焊缝为不合格焊缝。经过渗透检测验证，发现该缺陷是热影响区裂纹，如图 7-25 所示。

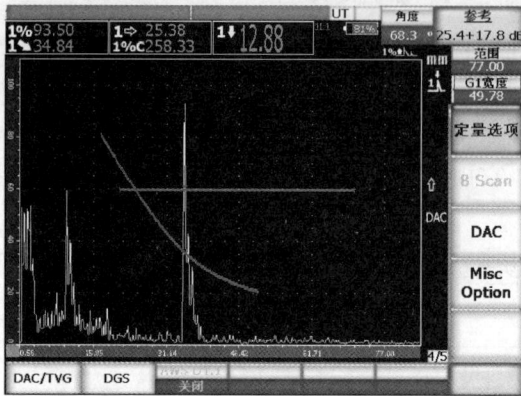

图 7-24　缺陷波形图

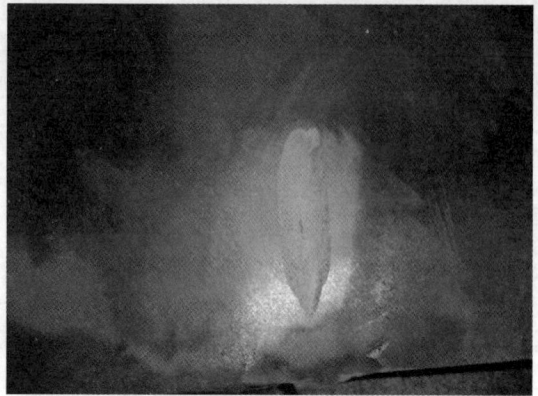

图 7-25　缺陷形貌

7.4.1.2　输变电钢管焊缝超声检测

某输变电 220kV 线路工程为筒型铁塔的钢结构焊缝，如图 7-26 所示，该钢结构焊缝壁厚为 14mm，采用 A 型脉冲反射超声对该焊缝进行检测。检测依据：DL/T 646—2012，B 级检测；评判标准：《焊缝无损检测　超声检测　技术、检测等级和评定》（GB/T 11345—2013）、《焊缝无损检测　超声检测　验收等级》（GB/T 29712—2013），验收等级 2 级。

1. 仪器与探头

仪器：汕超 CTS-1002GT 型数字式超声探伤仪。

探头：5Z10×10K2.5。

2. 试块

标准试块：CSK-IA（钢），对比试块：RB-1（钢）。

3. 参数测量与仪器设定

用标准试块 CSK-IA（钢）校验探头的入射点、K 值、校正时间轴、修正原点，依据检测工件的材质声速、厚度以及探头的相关技术参数对仪器进行设定。

4. 距离-波幅曲线的绘制

利用 RB-1（钢）对比试块（$\phi3$ 横通孔）绘制距离-波幅曲线，因工件厚度为 14mm，验收等级为 2 级，其灵敏度等级见表 7-3。

表 7-3　　　　　　　　　　　　　　　灵 敏 度 等 级

缺陷长度/mm	验收等级	记录等级	评定等级
$l\leqslant14$	$\phi3-4dB$	$\phi3-8dB$	$\phi3-14dB$
$l>14$	$\phi3-10dB$	$\phi3-14dB$	

5. 扫查灵敏度设定

扫查灵敏度应不低于评定线灵敏度，并保证在检测范围内最大声程处评定线高度不低于荧光屏满刻度的 20%。扫查灵敏度为 $\phi3\times40-14dB$（耦合补偿 4dB）。

6. 检测

以锯齿形扫查方式进行初探，发现可疑缺陷信号后，再辅以前后、左右、转角、环绕等扫查方式对其进行确定。

7. **缺陷定位**

标出缺陷距探测起始点，偏离焊缝轴线，及距探测面的三向位置。

8. **缺陷定量**

筒型铁塔的钢结构图如图 7-26 所示。如图 7-27 所示为母线筒环焊缝上出现的一典型缺陷波形，闸门锁定的回波显示有一深度为 7mm（一次波）的缺陷，缺陷波幅为 H_0（母线）$-3.1dB$，用绝对灵敏度法测定缺陷指示长度，将探头向左右两个方向移，且均移至波高降到评定线（H_0-14dB）上，此两点间即为缺陷指示长度，测出长度为 10mm。

图 7-26　筒型铁塔的钢结构图　　　　　图 7-27　缺陷波形图

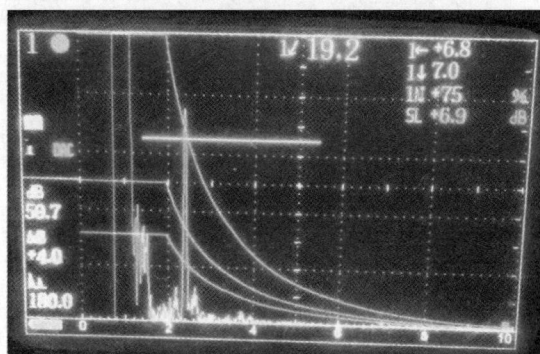

9. **缺陷评定**

依据 GB/T 29712—2013 对该缺陷进行评定：因缺陷长度为 10mm，最高波幅为 $H_0-3.1dB$，根据表 7-3 判断，该焊缝为不合格焊缝。

7.4.1.3　支柱瓷绝缘子脉冲超声波检测

某 220kV 变电站基建阶段，对 35kV 电容器组隔离开关支柱瓷绝缘子进行超声波检测，绝缘子直径为 120mm。奥林巴斯绝缘子超声波探伤仪、耦合剂、标准试块 JYZ-BXⅠ和 JYZ-G 对比试块等。检测依据和标准《电网在役支柱瓷绝缘子及瓷套超声波检测》（DL/T 303—2014）、《高压支柱瓷绝缘子现场检测导则》（Q/GDW 407—2010）。

1. **仪器与探头**

仪器：奥林巴斯绝缘子超声波专用探伤仪。

探头：依据 DL/T 303—2014，选择爬波和纵波斜入射检测，其中爬波探头为 2.5MHz6×10，ϕ120mm；纵波斜入射探头为 5MHz6×10 12°，ϕ120mm。

2. **试块**

选择标准试块 JYZ-BXⅠ和 JYZ-G 对比试块。

3. **参数测量与仪器设定**

用标准试块 JYZ-BXⅠ调节仪器的扫查速度，依据检测工件的材质声速、厚度以及探头的相关技术参数对仪器进行设定。

4. **距离-波幅曲线的绘制**

爬波检测时，距离-波幅曲线在 JYZ-G 对比试块上实测绘制，分别测量探头前沿距离深度 2mm 模拟裂纹 10mm、20mm、30mm、40mm、50mm 的反射波，调到 80%屏高；纵波斜入射检测时，距离－波幅曲线在 JYZ－BX I 对比试块上实测绘制，测量以绝缘子直径大小相同距离的 ϕ1mm 横通孔最强反射波，调到80％屏高；以此为检测灵敏度。

5. 扫查灵敏度设定

以检测灵敏度增益 6dB 设定扫查灵敏度。

6. 检测

检查前先对绝缘子进行外观检查，合格后，对检测面（探头经过的区域）上所有影响检测的沙粒等均予以清除，保证其不影响检测结果的有效性。

检测时，探头前沿对准法兰侧，并保证探头与检测面的良好耦合。扫查速度不应超过150mm/s，扫查覆盖率应大于探头直径10％，在跨距允许的情况下，探头可作前后、左右、转角、环绕移动，进行周向360°扫查。

7. 缺陷定量

对所有缺陷反射回波信号，应确定其位置、波幅和指示长度等。经检测，发现该批次支柱瓷绝缘子均存在超标缺陷信号显示，只有缺陷波，没有底波，且缺陷信号在瓷绝缘子法兰部位整圈显示，如图 7-28 所示。

8. 缺陷评定

根据 DL/T 303—2014 第 6 条和 Q/GDW 407—2010 第 3.2.3.2 条进行评定，"出现下列情况之一者，应予判废：c）只有缺陷波出现而无底波出现时，应予判废。"在超声波实际检测过程中，当探头环向扫查时仅仅有缺陷信号存在，而底波消失。由此可以判定该支柱瓷绝缘子内部有存在大面积疏松类密集型缺陷的可能。为了确定该批次小角度纵波超声探伤不合格支柱瓷绝缘子缺陷性质，对该带缺陷支柱瓷绝缘子进行了解剖宏观检查。解剖后，发现该支柱瓷绝缘子瓷体内部存在大面积的黄芯，如图 7-29 所示。

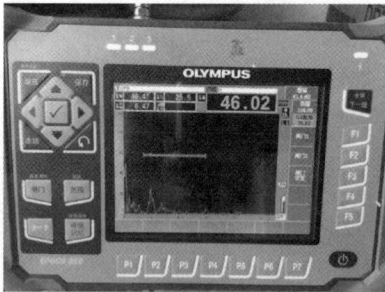

图 7-28　小角度纵波斜探头缺陷图　　　　图 7-29　缺陷解剖形貌图

7.4.2　相控阵超声检测

某 110kV 变电站 GIS 母线筒体角焊缝需要无损检测，该筒体直径 540mm，壁厚 8mm。现场检测条件有：超声相控阵检测仪、耦合剂、标准试块 CSK-IA 及对比试块 CSK-ⅡA、相控阵探头等。检测依据及标准：检测工艺按 GB/T 32563—2016 的规定执行，技术等级不低于 B 级，缺陷等级评定按 NB/T 47013.3—2015 的规定进行，合格级别不低于Ⅱ级。

1. 仪器及探头

仪器：OmniScan MXI 相控阵检测仪。

探头：线性相控阵探头 5L64-A2 和楔块 SA2-N55S 组合，设置两组扇扫对角焊缝进行检测，在经过多次调试之后得出最优检测参数，其使用晶片及所用角度范围见表 7-4。第一组设置主要覆盖焊缝下部区域，第二组设置主要覆盖焊缝上部区域，如图 7-30 所示。

表 7-4　　　　　　　　　　　　相控阵探头技术参数

序号	起始晶片	激活晶片	角度范围/（°）	角度步距	楔块前沿距法兰盘距离/mm
组1设置	48	16	55～70	1	5
组2设置	29	16	55～70	1	

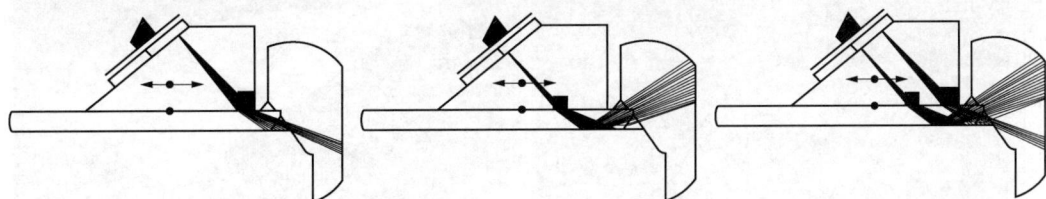

图 7-30　两组设置覆盖示意图

通过软件的波束覆盖计算，并分别对缺陷仿真结果进行了分析，如图 7-30 所示，5L64-A2 探头和 SA2-N55S 楔块组合，能够满足检测要求。

2. 试块

选择铝合金标准试块 CSK-ⅠA 及对比试块 CSK-ⅡA。

3. 参数测量与仪器设定

依据检测标准，结合无损检测仿真软件，对角焊缝进行建模，对建好的工件模型进行波束仿真，根据选出线性相控阵探头 5L64-A2 和楔块 SA2-N55S 的组合，并确定聚焦法则，如图 7-31、图 7-32 所示。

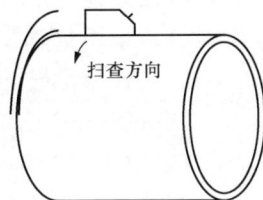

图 7-31　仿真示意图　　　　图 7-32　扫查示意图

用铝合金标准试块 CSK-ⅠA 对相控阵系统进行楔块延时校准、角度校准、灵敏度校准。

4. TCG 曲线的绘制

用铝合金对比试块 CSK-ⅡA 的 ϕ2mm 孔绘制 TCG 曲线。

5. 扫查灵敏度设定

以 TCG 评定线为扫查灵敏度。

6. 检测

检测前，对 GIS 母线筒体角焊缝进行外观检查，在其合格基础上，沿罐体环向使用直射波对角焊缝内侧区域进行扫查，如图 7-32 所示。

7. 缺陷定量

现场检测法兰角焊缝内侧一次波数据图如图 7-33 所示。

8. 缺陷评定

从如图 7-33 可以看出，距离起点 172、528、707mm 及 762mm 处共发现 4 处焊缝内侧区域缺陷，特别是 707mm 至 731mm 区域的 4 号缺陷，缺陷波幅超过了 TCG 判废线，缺陷长度达到 24mm，该筒体判为不合格。

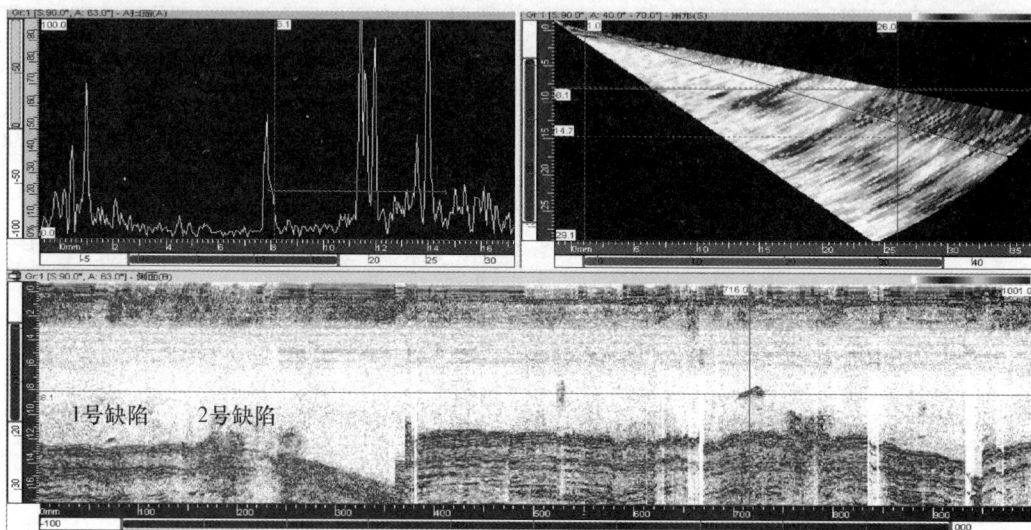

图 7-33 一次波数据图

7.4.3 衍射时差法超声检测

某 1000kV 变电站组合电器壳体厚度 25mm，B 类焊缝，焊缝坡口形式为对接 V 形内坡口，采用自动熔化极氩弧焊焊接，如图 7-34 所示，使用超声 TOFD 检测技术对该焊缝进行无损检测。现场提供检测条件为 OmniScan MXI 探伤仪、探头、耦合剂、铝合金标准试块 CSK-IA 和 TOFD-B 对比试块。检测依据 JB/T 4734—2002 要求 B 类焊接接头，Ⅱ级合格；检测标准《承压设备无损检测 第 10 部分：衍射时差法超声检测》（NB/T 47013.10—2015）。

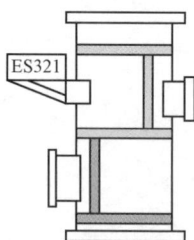

图 7-34 罐体示意图

1. 仪器及探头

仪器：OmniScan MXI 探伤仪；

探头：依据 NB/T 47013.10—2015，探头参数选择见表 7-5。

表 7-5   检 测 参 数

通道	厚度分区/覆盖范围/mm	频率/MHz	晶片尺寸/mm	楔块角度/(°)	探头中心间距	楔块前沿及延时	−12dB 声束扩散角/(°)	时间窗口设置/μs	扫查方式
1	0～25	5	6	70	91.6	8.5mm/5.2μs	54.07～90	20.09～30.62	非平行

148

2. 试块

被检工件，即组合电气壳体。

3. 参数测量与仪器设定

直接在被检工件上设置灵敏度，将直通波的波幅设定到满屏的80%。

4. 检测

确定初始扫查面盲区及初始底面盲区，对焊缝进行外观和渗透检测，在合格的基础上，进行3次TOFD扫查，第1次为非平行扫查，第2次为左偏置非平行扫查，第3次为右偏置非平行扫查。

5. 缺陷定量

对扫查的TOFD图谱进行初步评判，如图7-35所示，对横向缺陷、表面盲区及TOFD图谱可疑部位进行脉冲反射法超声检测，并做相关记录。

从图7-35可以清晰看出，6号缺陷是长约20mm的线性缺陷；7号缺陷由两部分组成，离扫查起始点150mm区域是长约40mm的面状缺陷，该缺陷有约4mm自身高度，属于危险性缺陷（未融合）；离扫查起始点250mm区域是长约50mm的面状缺陷，属于危险性缺陷（未融合）。

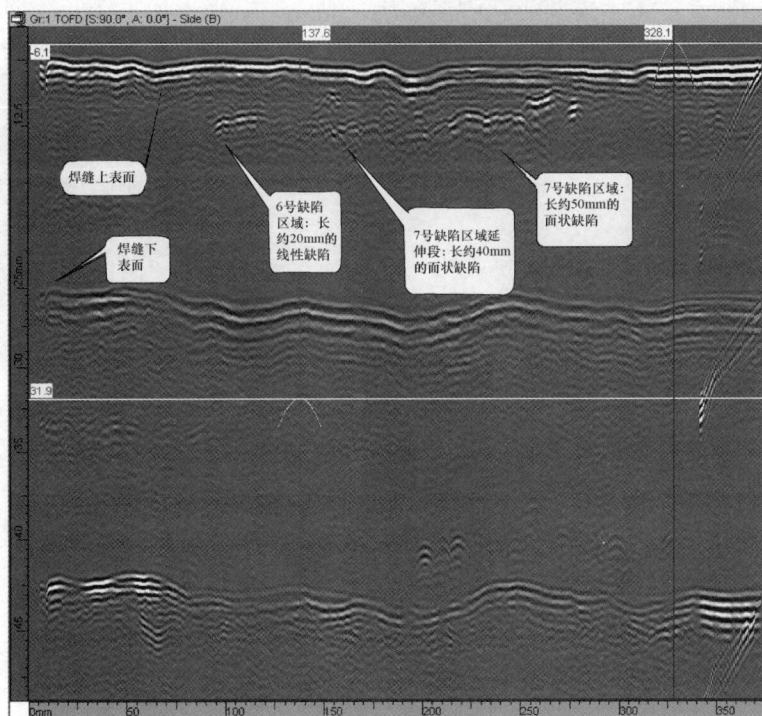

图7-35 检测数据图

6. 缺陷评定

依据NB/T 47013.10—2015，该焊缝评定Ⅲ级，依据JB/T 4734—2002要求B类焊接接头超声检测不低于Ⅱ级合格，该焊缝评定为不合格。

总结：此次TOFD检测，相对于A型脉冲反射超声检测给出的A扫描信号，不仅给出了直观的图像图，还能准确地判断出缺陷的性质，对缺陷进行定量。

7.4.4 超声导波检测

某 220kV 变电站 GIS 组合电器，其罐体全长 2m，外径 ϕ774mm，壁厚 8mm，材料 5A02 - H112，罐体上有 2 条纵缝（前侧纵缝编号为 8），3 个内窥孔（编号分别为 3、4 和 5），2 个法兰端面（编号为 1 和 2），2 个支架（编号为 6 和 7），罐体内部各种电气设备已经安装完毕，SF$_6$ 气体已经充好。如图 7 - 36 所示。现用超声导波检测技术对其进行无损检测评价。现场具备超声导波检测仪器及探头、耦合剂、对比试块。检测标准《无损检测超声导波检测》（GB/T 31211—2014）。

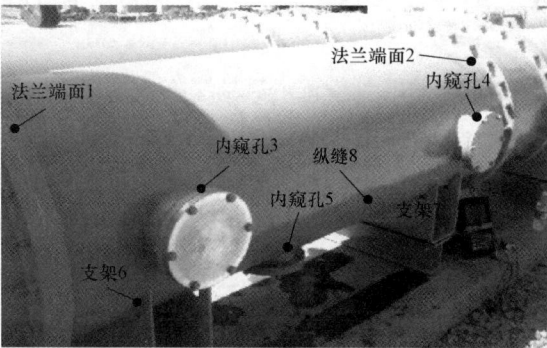

图 7 - 36 待检 GIS 筒体

1. 仪器设备及探头

选用 OmniScan MXI 导波检测仪及探头。

2. 试块

依据 GB/T 31211—2014，制作对比试样，要求对比试样与被检 GIS 罐体材质一致（见图 7 - 36），直径 557mm，厚度 8mm，试样上加工 ϕ2mm 通孔。

3. 仪器调节及曲线制作

选择 S1 模态导波的超声导波成像系统，在对比试块调整好仪器的扫描速度，以 ϕ2mm 通孔绘制距离 - 波幅曲线。

4. 检测

检测前，先对组合电器罐体进行外观检查，在外观合格基础上，对检测面上所有影响检测的损伤进行一定的修磨，保证其不影响检测结果的有效性。

使用超声导波成像系统对该罐体进行纵向扫查，如图 7 - 37 所示。

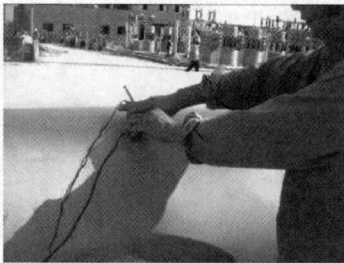

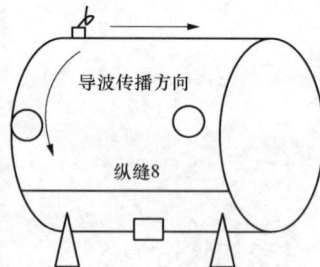

图 7 - 37 GIS 扫查示意图

5. 缺陷定量

GIS 超声导波检测数据如图 7 - 38 所示，其横坐标表示探头扫查的轨迹，探头从左端法兰端面沿长度方向移动至右端法兰端面；纵坐标表示超声的声程（即反射波离探头前沿的距离）。检测仪器自动给 A 扫描彩色编码，波幅高的赋予红色。

从横坐标可看出距离扫查起始点 240mm 的内窥窥孔 3、900mm 处内窥孔 5、1620mm 处内

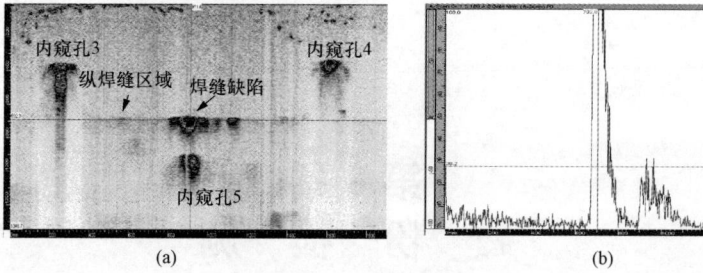

图 7 - 38　GIS 扫查数据图

(a) 纵向扫查结果图；(b) A 扫描波形图

窥孔 4。从纵坐标可以看出内窥孔 3 和 4 距离探头前沿 400mm，焊缝区域距离探头前沿 700mm，内窥孔 5 距离探头前沿 1000mm。这些都与实际参数吻合。此外，在焊缝区域，距离扫查起始点 911mm 及 1100mm 处，清晰地显示了缺陷图像，该缺陷的 A 扫描波形如图 7 - 38 (b) 所示。

　　因此，采用超声导波成像检测技术，只经过两次纵向扫查，就得到了完整体现罐体状况的数据图，不仅显示了固有结构信息，显示了焊缝区域，还显示了罐体上的损伤区域，相当于罐体的 C 扫描图。相对传统超声技术的逐点检测，使用超声导波成像技术大大提高了检测效率，因此其应用前景十分广阔。

第8章
磁　粉　检　测

8.1　基本知识

8.1.1　磁粉检测有关术语及含义

1. 磁现象

磁铁能够吸引铁、钴、镍等铁磁性材料的性质叫作磁性。凡能够吸引其他铁磁性材料的物体叫作磁体，磁体分为永磁体、电磁体和超导磁体。使原来没有磁性的物体得到磁性的过程叫磁化。能被磁化的材料称为磁性材料。

靠近磁铁两端磁性最强、吸附磁粉最多的区域称为磁极。磁极间相互排斥和相互吸引的力称为磁力，同一个磁体两个磁极的磁力大小相等、方向相反。磁极具有方向性，指向地球南极方向的称为磁极的南极（S 极），指向地球北极方向的称为磁极的北极（N 极）。每个磁体上的磁极（N 极或 S 极）总是成对出现，在自然界中没有单独的 N 极和 S 极存在。

2. 磁场与磁感应线

磁体间的相互作用是通过磁场来实现的。所谓磁场，是指具有磁力作用的空间。磁场存在于被磁化物体或通电导体的内部和周围空间，它是由运动电荷或电流形成的。其特征是对运动电荷（或电流）具有作用力，在磁场变化的同时也产生电场。磁场是矢量，既有大小又有方向。

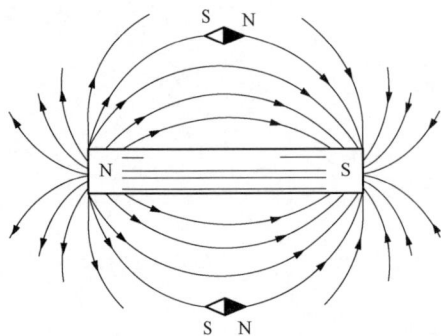

图 8-1　条状磁铁的磁感应线示意图

为了形象地表示磁场的强弱、方向和分布情况而假想画出的若干条连续曲线，即为磁感应线，条状磁铁的磁感应线示意图如图 8-1 所示。磁感应线是具有方向性的连续闭合且互不相交的曲线，在磁体内部，磁感应线是由 S 极到 N 极，在磁体外，磁感应线是由 N 极出发穿过空气进入 S 极，并且磁感应线沿磁阻最小的路径通过。磁感应线的疏密程度表示了磁场的强弱，磁感应线密的地方磁场强，磁感应线疏的地方磁场就弱。磁感应线上任一点的切线方向都表示了该点的磁场方向。

3. 磁感应强度

物体在磁场中被磁化后，其本身也会产生一个磁场，我们把该磁场叫感应磁场。感应磁场与外加磁场叠加后的总磁场强度称为磁感应强度，用符号 B 表示。磁感应强度与磁场强度一样，也是矢量，具有大小和方向，其大小不仅与外加磁场有关，还与被磁化物体的材料磁特性有关，其关系可以用公式表示为：$B=\mu H$，其中 μ 为材料的磁导率，表示材料被磁化的难易程度，反映了材料的导磁能力，H 为该点的磁场强度。

4. 电流与磁场

电流通过的导体内部及其周围存在着磁场，这种现象叫作电流的磁效应。

磁场方向跟电流方向有关，当导体中电流方向改变时，磁场方向也随着改变。这种关系可以用右手定则确定，其示意图如图 8-2 所示。对于圆柱类导体：用右手握住导体，使拇指指向电流方向，则环绕导体的四指指向就是磁场的方向，如图 8-2（a）所示；而对于通电线圈（或螺管）：用右手握住线圈，使弯曲的四指顺着线圈电流的方向，则与四指垂直的大拇指所指方向即为线圈内部的磁场方向，如图 8-2（b）所示。

5. 旋转磁场

所谓旋转磁场是在工件两个互相垂直的方向上同时施加两个频率相同、磁场幅值相等并且具有一定电流相位差的交流磁场，其矢量合成磁场的指向在一个平面内做旋转运动。产生旋转磁场的基本条件是，两个磁轭的几何夹角与两相激磁电流的相位差均不等于 0°或 180°。

6. 交叉磁轭的提升力

交叉磁轭的提升力，即工件被磁化后其磁感应强度的大小。提升力必须达

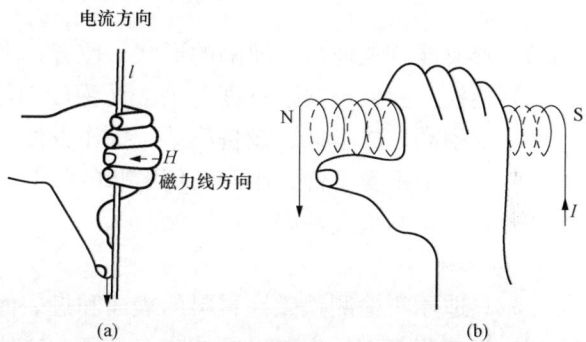

图 8-2　不同形状的通电导体右手定则示意图
（a）通电圆柱类导体；（b）通电线圈（或螺管）

到某一数值，才能保证被检测工件的有效磁感应强度，即常说的确保检测灵敏度。

7. 退磁场

铁磁性材料磁化时，材料中的磁极所产生的磁场叫退磁场，也叫反磁场，它对外加磁场有削弱作用。退磁场的存在使得被检工件上的有效磁场减少，直接影响工件的磁化效果，降低了检测灵敏度。

8. 漏磁场

所谓漏磁场，就是铁磁性材料磁化后，在不连续处或磁路的截面变化处，磁感应线离开和进入表面时形成的磁场。漏磁场形成的原因，是由于铁磁性材料的磁导率远远大于空气的磁导率。

缺陷处产生漏磁场是磁粉检测的基础。磁粉检测是通过漏磁场引起磁粉聚集形成的磁痕显示进行检测的。漏磁场的宽度比缺陷的实际宽度要大数倍甚至数十倍，因此磁痕对缺陷有放大作用，使目视不可见的缺陷变成目视可见的磁痕。因此，现场检测的时候，应注意：

（1）磁粉检测时需要在两个或多个方向上进行磁化，以避免漏检。因为：当缺陷的延伸方向与磁力线方向成 90°时，由于缺陷阻挡磁力线穿过的面积最大，形成的漏磁场强度也最大。当缺陷与磁场方向平行或夹角小于 30°时，则几乎不产生漏磁场，不能检出缺陷。

（2）磁粉检测只能检测出铁磁性工件表面或近表面缺陷，且缺陷的深宽比越大，漏磁场越大，缺陷越容易检出。因为缺陷埋藏深度越大，漏磁场就越小。

（3）同样的缺陷，工件表面覆盖层越薄，其漏磁场越大。

8.1.2 磁粉检测的基本原理

铁磁性材料工件表面和近表面由于不连续性的存在，使得其磁导率与没有缺陷处磁导率形成差异，经磁化后，不连续处的磁场发生局部畸变而产生漏磁场，从而吸附施加在工件表面的磁粉，在适当的光照条件下，显示出不连续性的位置、大小、形状，对这些磁粉堆积加以观察和解释，从而实现了磁粉检测。

常见的铁磁性材料有各种碳钢、低合金钢、马氏体不锈钢、铁素体不锈钢、镍及镍合金等。非铁磁性材料有：奥氏体不锈钢、钛及钛合金、铝及铝合金、铜及铜合金。

8.1.3 磁粉检测的优点和局限性

1. 优点
(1) 磁痕能直观地显示缺陷的形状、位置、大小，能大致判断缺陷的性质。
(2) 能检测到最小缺陷宽度 $0.1\mu m$，深度 10 多微米的微裂纹，灵敏度高。
(3) 效率高、成本低、设备简单，操作方便。
(4) 基本上不受工件大小和几何形状的限制，能适应各种场合的现场作业。
(5) 缺陷检测重复性好。

2. 局限性
(1) 只适用于检测铁磁性材料的表面和近表面缺陷，不能检出埋藏较深的内部缺陷。
(2) 当缺陷与磁场方向平行或夹角小于 30°时，不能检出。另外，表面浅而宽的划伤及针孔、锻造皱褶也不易发现。
(3) 受工件几何形状或检测现场环境、条件的影响，易产生非相关显示，对检测人员的经验和素质要求比较高。
(4) 对部分精密仪器或后续工序有影响的工件需进行退磁处理。
(5) 部分磁化方法由于接触的原因，可能会烧伤工件表面。

8.1.4 磁粉检测方法的分类

1. 按施加磁粉时机分
按施加磁粉时机分，有连续法和剩磁法。
(1) 连续法：在外加磁场磁化的同时，将磁粉或磁悬液施加到工件上进行磁粉检测的方法。适用于所有铁磁性材料和工件。
(2) 剩磁法：在停止磁化后，将磁悬液施加到工件上利用工件中的剩磁进行检测的方法。主要适用于材料矫顽力大于或等于 1Ka/m，且磁化后其保持的剩磁场大于或等于 0.8T 的被检工件检测。

2. 按施加磁粉的载体分
按施加磁粉的载体分，有干法（荧光、非荧光）和湿法（荧光和非荧光）。
(1) 干法：以空气为载体，用喷粉器将干磁粉喷至干燥的工件表面进行磁粉检测的方法。干法通常用于交流和半波整流的磁化电流或磁轭进行连续法检测。适用于表面粗糙的大型锻件、铸件、毛坯结构件和大型焊缝的局部检查和灵敏度要求不高的工件。
(2) 湿法：将磁粉悬浮在载液中进行磁粉检测的方法。主要用于连续法和剩磁法。

3. 按磁化方法分

按磁化方法分，有轴向通电法、触头法、线圈法、磁轭法、中心导体法、偏心导体法、复合磁化法（交叉磁轭法或交叉线圈法）。

4. 按显示材料分

按显示材料分类，有荧光法和非荧光法。

（1）荧光法：以荧光磁粉作显示材料进行磁粉检测。用于检测要求高的精密工件及不宜使用普通磁粉检测的场合。

（2）非荧光法：以普通磁粉作显示材料进行磁粉检测。用于各种铁磁性材料。

8.1.5 磁化电流、磁化方法和磁化规范

8.1.5.1 磁化电流

磁化电流是用于产生磁场的电流。磁粉检测常用的电流类型有：交流、整流电流（全波整流、半波整流）和直流。不同电流对工件磁化效果不同，即使磁化电流值相同，磁化场的幅值和分布也可能不同。

1. 交流电

由于交变电流通过导体时会出现集肤效应（导体表面电流密度较大而内部电流密度较小的现象），有助于表面缺陷产生漏磁场，提高缺陷的检测灵敏度。

交流电磁粉检测优点：表面缺陷检测灵敏度比较高；适宜于变截面工件的检测；便于实现复合磁化和感应磁化；设备结构简单，有利于现场检测；易退磁。

交流电磁粉检测的局限性：剩磁法检验时，受交流电断电相位的影响，剩磁大小不够稳定，缺陷容易漏检；探测缺陷深度小。

2. 直流电

直流电磁化工件，电流无趋肤效应，在导体内均匀分布，磁场渗透性能好，因此，检测深度大，近表面缺陷检测能力比交流强。此外，直流磁化剩磁稳定，无须断电相位控制。由于直流磁化磁场渗透深度大，退磁也更为困难，不适用于干法检验。

3. 整流电

整流电是通过对交流电整流获得的，分为单相半波、单相全波、三相半波、三相全波四种类型。单相半波整流电，主要和干法配合使用，是磁粉探伤中最常用的磁化电流之一。

在以上几种磁化电流中，直流电检测缺陷深度最大，其次是整流电，最后是交流电；表面缺陷检测灵敏度最高的是交流电磁化湿法；交流电可用于剩磁法检验，但要加断电相位控制器。

8.1.5.2 磁化方向

缺陷能否有磁痕显示和显示的清晰程度主要取决于施加磁场的大小及缺陷的位置、大小、方向和形状等。当磁化方向与缺陷主平面垂直时，缺陷处漏磁场最强，灵敏度最大；当磁化方向与缺陷主平面平行时，缺陷处不产生漏磁场，没有磁痕显示，缺陷漏检。磁化方向包括周向磁化、纵向磁化和复合磁化3种。

1. 周向磁化

检测与工件轴线或母线方向平行或夹角小于45°的线性缺陷时，应使用周向磁化方法。常用周向磁化方法有轴向通电法（见图8-3）、触头法（见图8-4）、中心导体法（见图8-5）、偏

心导体法（见图 8 - 6）。

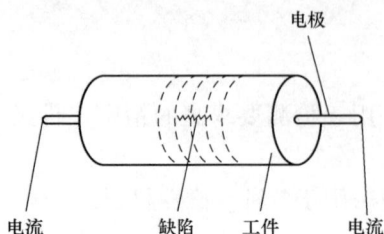

图 8 - 3 轴向通电法原理示意图

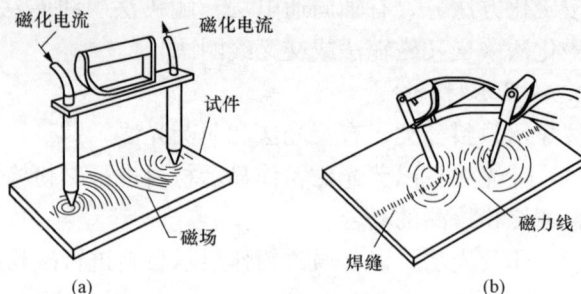

图 8 - 4 触头法原理示意图
（a）间距固定式触头磁化；（b）间距非固定式触头磁化

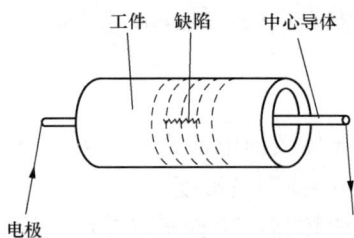

图 8 - 5 中心导体法原理示意图

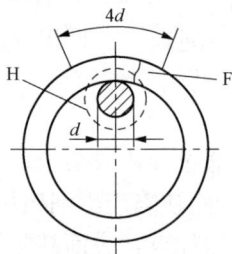

图 8 - 6 偏心导体法原理示意图

（1）轴向通电法。轴向通电法就是将工件夹于磁粉探伤仪两磁化夹头之间直接通电，从而在工件表面和内部产生一个封闭的周向磁场，用于检测与磁场方向垂直或与电流方向平行的纵向缺陷。

优点：①简单或复杂工件一次或数次通电都能方便磁化；②磁化规范计算容易；③工件端头无磁极，不会产生退磁场；④工艺简单、效率高；⑤灵敏度较高。

局限性：①电极与工件间接触不良易产生电弧烧伤工件；②不能检测空心工件内壁缺陷；③细长工件夹持易变形。

（2）触头法。触头法就是通过两支杆电极将磁化电流引入工件，在电极之间的工件中形成磁场进行局部检验的磁化方法。用于发现与两电极连线平行的缺陷。电极间距应控制在 75～200mm，两次磁化区域应有不少于 10% 的重叠。

优点：①设备轻便，携带方便，便于现场工作；②可在缺陷集中的区域检测；③检测灵敏度高。

局限性：①一次检测只能检测较小区域；②接触不良会引起工件过热和打火烧伤，抛光和电镀表面应避免使用。

（3）中心导体法。也称穿棒法或芯棒法，是将导体穿入空心工件的中心并通电，产生周向磁场，用于检查空心工件内、外表面轴向缺陷和端面的径向缺陷。

优点：①电流不从工件上直接流过，不会产生电弧；②灵敏度高，检测效率高，是最有效、最常用的磁化方法之一；③空心工件内、外表面及断面都产生周向磁场。

局限性：①厚壁件外表面比内表面检测灵敏度低很多；②检测大工件要转动工件多次磁

化；③仅适合有孔工件。

（4）偏心导体法。将导体穿入大直径环形或空心圆柱形工件，贴近管内壁放置并通电，产生周向磁场，用于局部检验空心工件内、外表面与电流方向平行的缺陷和端面径向缺陷。

2. 纵向磁化

纵向磁化是指将电流通过环绕工件的线圈，沿工件轴线平行方向的磁化。检测与工件轴线或母线方向垂直或夹角大于或等于45°的线性缺陷时，应使用纵向磁化方法。常用纵向磁化方法有线圈法（见图8-7）和磁轭法（见图8-8）。

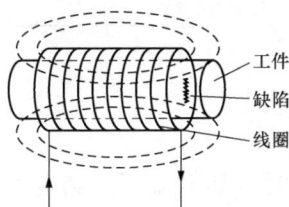

图8-7 线圈法原理示意图　　图8-8 磁轭法原理示意图

（1）线圈法，是将工件放在通电线圈中或用软电缆缠绕在工件上，通电磁化，产生纵向磁场。用于发现工件的周向（横向）缺陷。

优点：①非电接触、操作简单；②大型工件用绕电缆法易纵向磁化；③有较高的检测灵敏度。

局限性：①工件的长度和直径比值对退磁场和灵敏度影响大；②端面缺陷检测灵敏度低；③要采用快速断电法减小端部效应。

（2）磁轭法，利用电磁轭与工件形成闭合磁路，从而对工件实施磁化的方法。用于发现与两磁极连线垂直的缺陷。

优点：①非电接触，不会烧伤工件；②从不同角度检测，可发现任何方向的缺陷；③便携式磁轭轻便小巧，不受使用场合、工件复杂程度的限制。

局限性：①效率低；②工件与磁轭接触不良，接触部位产生相当强的漏磁场，吸附磁粉，使得所在区域内缺陷磁痕无法辨认，形成盲区，易漏检或误判。

3. 复合磁化

由于有多个磁场同时对工件进行多方向的磁化，也称多向磁化。包括交叉磁轭法、交叉线圈法和直流线圈与交流磁轭组合等多种方法。常用的是交叉磁轭法（见图8-9）。

交叉磁轭法：将两个电磁轭垂直交叉放置在被检工件上，各自通以幅值、频率相同，相位相差的交流电时，将会在磁轭极间中心处的工件表层产生旋转磁场。

优点：检测效率高、灵敏度高。

局限性：剩磁法磁粉检测不适用，并且操作要求高。

8.1.5.3 磁化规范

工件在磁化时选择磁化电流或磁场强度所应遵循的规则称为磁化规范。磁化规范要求的交流磁化电流值为有效值，整流电流值为平均值。

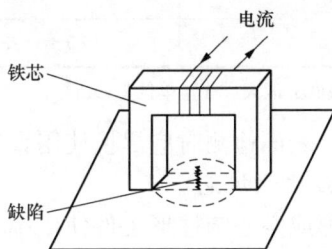

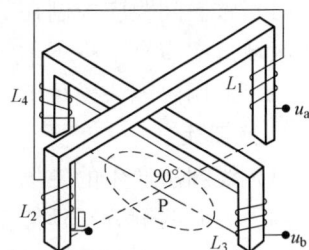

图8-9 交叉磁轭法原理示意图

制定磁化规范要考虑的因素：工件、检测要求、磁化方法、设备。

1. 轴向通电法和中心导体法磁化规范

轴向通电法和中心导体法的磁化规范按表8-1中公式计算。

表8-1 轴向通电法和中心导体法磁化规范

检测方法	磁化电流计算公式	
	交流电	直流电、整流电
连续法	$I=（8\sim15）D$	$I=（12\sim32）D$
剩磁法	$I=（25\sim45）D$	$I=（25\sim45）D$

注：D为工件横截面上最大尺寸，单位为mm。

中心导体法外表面检测时应尽量使用直流电或整流电。

2. 偏心导体法磁化规范

对大直径环形或空心圆柱形工件使用中心导体法时，如电流不能满足检测要求应采用偏心导体法进行分区域检测，即将导体靠近内壁放置，依次移动工件与芯棒的相对位置分区域检测。每次外表面有效检测区长度约为4倍芯棒导体直径，且有一定的重叠，重叠区长度应不小于有效检测区长度的10%。其磁化电流按表8-1中公式计算，式中D的数值取芯棒导体直径加2倍工件壁厚。导体与内壁接触时应采取绝缘措施。

3. 触头法磁化规范

（1）当采用触头法局部磁化工件时，电极间应控制在75～200mm，其检测有效宽度为触头中心线两侧各1/4极距。

（2）检测时通电时间不应太长，电极与工件之间应保持良好接触，以免烧伤工件。

（3）两次磁化区域间应有不少于10%的磁化重叠。

（4）磁化电流按表8-2计算，并经标准试片验证。

表8-2 触头法磁化电流值

工件厚度 $t/$mm	电流值 $I/$A
$t<19$	（3.5～4.5）倍触头间距
$t\geqslant19$	（4～5）倍触头间距

4. 磁轭法磁化规范

（1）磁极间距应控制在75～200mm，其有效宽度为两极连线两侧各1/4极距的范围内，磁化区域每次应有不少于10%的磁化重叠。

（2）采用磁轭法磁化工件时，其磁化规范应经标准试片验证。

5. 线圈法

（1）线圈法产生的磁场方向平行于线圈的轴线。其有效磁化区域：低充填因数线圈法为从线圈中心向两侧分别延伸至线圈端外侧各一个线圈半径范围内；中充填因数线圈法为从线圈中心向两侧分别延伸至线圈端外侧各100mm范围内；高充填因数线圈法或缠绕电缆法为从线圈中心向两侧分别延伸至线圈端外侧各200mm范围内。

（2）超过上述区域时，应采用标准试片确定。

（3）对于不同充填因数线圈法或缠绕电缆法的磁化电流根据标准规定的相关公式计算。

（4）当被检工件太长时，应进行分段磁化；每次磁化有效磁化范围不超过其有效磁化区域，且应有一定的重叠，重叠区长度应不小于分段检测长度的 10％。检测时，磁化电流应经标准试片验证。

8.2 磁粉检测设备和器材

8.2.1 磁粉检测设备

8.2.1.1 磁粉检测设备的分类

磁粉检测设备又称磁粉探伤机，按照不同分类方法有多种型式，通常按设备重量和可移动性分为固定式，移动式和便携式三类。

1. 固定式磁粉探伤机

固定式磁粉探伤机又叫床式磁粉探伤机，一般固定在实验室场合使用，其整机尺寸和重量都比较大。可对工件进行通电法、中心导体法、感应电流法、线圈法、磁轭法整体磁化或复合磁化等，适用于中小型工件的检测。

2. 移动式磁粉检测仪

体积重量中等，配有滚轮，可运到检测现场作业，能进行多种方式磁化，适用于不易搬运的大型工件。

3. 便携式磁粉检测仪

结构简单，体积小，重量轻，携带方便，适合野外和高空作业，多用于大型工件的局部检测。

8.2.1.2 磁粉检测设备的组成

磁粉检测设备主要由磁化电源、工件夹持装置、指示与控制装置、磁粉或磁悬液施加装置、照明装置和退磁装置、断电相位控制器等组成。

磁化电源：产生磁场，磁化工件。

工件夹持装置：固定式磁粉探伤机有夹持工件的磁化夹头或触头，磁化夹头上应包上铅垫或铜编织网，避免打火和烧伤工件；便携式磁粉检测仪因直接在工件局部进行磁化，所以一般不需要夹持装置。

指示与控制装置：指示装置是指示磁化电流大小的仪表和有关工作状态的指示灯；控制装置是控制磁化电流产生和使用过程中的电器装置的组合。

磁粉或磁悬液施加装置：只有固定式磁粉探伤机才具备。

照明装置：主要有日光灯和黑光灯。

退磁装置：保证被磁化工件上的剩磁减少到不影响工件的正常使用。

断电相位控制器：剩磁法时交流探伤机必须配备。

8.2.1.3 磁粉检测设备的提升力要求

当使用磁轭最大间距时，交流电磁轭至少应有 45N 的提升力；直流电（包括整流电）磁轭或永久性磁轭至少应有 177N 的提升力；交叉磁轭至少应有 118N 的提升力（磁极与试件表面间隙为不大于 0.5mm）。

8.2.2　磁粉检测器材

1. 磁粉、载体及磁悬液

（1）磁粉。作为显示介质的磁粉，主要由高磁导率、低矫顽力和低剩磁的 Fe_3O_4 或 Fe_2O_3 粉末成分组成。磁粉种类较多，按适用的磁痕观察方式，分为荧光磁粉和非荧光磁粉；按适用的施加方式，分为干法用磁粉和湿法用磁粉。

（2）载体。对于湿法磁粉检测，用来悬浮磁粉的液体称为载液或载体。磁粉检测常用水载液或油基载液。水为载体时，应加入适当的防锈剂和表面活性剂，必要时添加消泡剂。油基载体的运动粘度在 $38℃$ 时小于或等于 $3.0mm^2/s$，最低使用温度下小于或等于 $5.0mm^2/s$，闪点不低于 $94℃$，且无荧光、无活性和无异味。

（3）磁悬液。磁粉和载液按一定比例混合而成的悬浮液体称为磁悬液。每升磁悬液中所含磁粉的重量（g/L）或每 100mL 磁悬液沉淀出磁粉的体积（mL/100mL），称为磁悬液浓度。前者称为磁悬液配制浓度，后者称为磁悬液沉淀浓度。

检测前，应进行磁悬液润湿性能检查：将磁悬液施加在被检工件表面上，如果磁悬液的液膜是均匀连续的，则磁悬液的润湿性能合格；如果液膜被断开，则磁悬液中润湿性能不合格。

2. 反差增强剂

为了提高缺陷磁痕与工件表面颜色的对比度，检测前在工件表面上涂一层厚度 $25\sim45\mu m$ 的白色薄膜，待干燥后再磁化工件、喷洒黑磁粉磁悬液，其磁痕就会清晰可见，这一层白色薄膜即是反差增强剂。

3. 标准试片

标准试片主要用于检验磁粉检测设备、磁粉和磁悬液的综合性能，显示被检工件表面具有足够的有效磁场强度和方向、有效检测区以及磁化方法是否正确。标准试片有 A1 型、C 型、D 型和 M1 型，见表 8-3。

表 8-3　　　　　　　　　　　磁粉检测标准片的类型、规格和图样

类型	规格：缺陷槽深/试片厚度/μm	图形和尺寸/mm
A1	A1：7/50	
	A1：15/50	
	A1：30/50	
	A1：15/100	
	A1：30/100	
	A1：60/100	
C	C：8/50	
	C：15/50	

续表

类型	规格：缺陷槽深/试片厚度/μm	图形和尺寸/mm
D	D：7/50	
	D：15/50	
Ml	φ12mm 7/50	
	φ9mm 15/50	
	φ6mm 30/50	

注：C 型标准试片可剪成 5 个小试片分别使用。

磁粉检测时一般应选用 Al：30/100 型标准试片。当检测焊缝坡口等狭小部位，由于尺寸关系，Al 型标准试片使用不便时，一般可选用 C：15/50 型标准试片。为了更准确地推断出被检工件表面的磁化状态，当用户需要或技术文件有规定时，可选用 D 型或 Ml 型标准试片。

标准试片的使用方法：用胶带将标准试片上开槽一面紧贴被检工件清洁的表面上，在对工件和试片进行磁化的同时向试片上喷洒磁悬液，并观察试片上的磁痕，如果磁粉检测工艺恰当，则在试片未刻槽表面上就会出现清晰的刻槽的磁痕。注意：胶带不能覆盖试片上的人工缺陷。

4. 提升力试块及提升力要求

用于核查电磁轭提升力的试块叫提升力试块。

当使用磁轭最大间距时，交流电磁轭至少要有 45N 的提升力；直流电（包括整流电）磁轭或永久性磁轭至少应有 177N 的提升力；交叉磁轭至少应有 118N 的提升力（磁极与试件表面间隙为不大于 0.5mm）。

提升力试块重量应进行定期校准；使用、保管过程中发生损坏，应重新校准。

8.3 磁粉检测工艺

磁粉检测工艺包括预处理、工件磁化（含选择磁化方法和磁化规范）、施加磁粉或磁悬液、磁痕的观察与记录、缺陷评级、退磁、后处理等七个步骤。

1. 预处理及检测时机

（1）预处理。工件表面状态对于磁粉检测的操作和灵敏度有很大影响，所以，在磁粉检测前，必须根据工件表面状况，对其进行清除、打磨、分解以及使用反差增强剂等预处理措施。对有盲孔和内腔的工件，加以封堵；采用轴向通电法和触头法磁化时，为了防止电弧烧伤工件表面和提高导电性能，必要时在电极上安装接触垫。

（2）检测时机。应安排在焊接工序完成并经外观检查合格后进行；对于有延迟裂纹倾向的材料，至少应在焊接完成 24h 后进行焊接接头的磁粉检测。对于紧固件和锻件的磁粉检测，应安排在最终热处理之后进行。

2. 磁化

根据被检工件的材质、结构尺寸、表面状态和缺陷性质、位置及大概走向选择合适的磁化方法、磁化电流、磁化时间等。接通电源，对工件磁化。

3. 施加磁粉或磁悬液

按所选的干法或湿法施加干粉或磁悬液。对于湿法检测，施加磁悬液前先进行磁悬液润湿性能检查。

连续法是在磁化工件的同时喷洒，且停施磁粉或磁悬液至少 1s 后方可停止磁化，磁化时间一般为 1～3s，且至少反复磁化两次；而剩磁法则是在磁化工件之后施加磁粉或磁悬液，磁化时间一般为 0.25～1s。

施加磁粉时应均匀地撒在工件被检面上，不要过多，以免掩盖缺陷磁痕，在吹去多余磁粉时不应干扰缺陷磁痕。

磁悬液的施加可采用喷、浇、浸等方法，不能采用刷涂，流速不能过快，检测前必须先润湿被检工件表面，必要时做水断试验。

4. 磁痕的观察与记录

磁痕即磁粉在磁场畸变处堆积形成的痕迹，分为相关显示、非相关显示和伪显示三类。相关显示指磁粉检测时由缺陷产生的漏磁场吸附磁粉而形成的磁痕显示，也称为缺陷显示；非相关显示指磁粉检测时由截面变化或材料磁导率改变等产生的漏磁场吸附磁粉而形成的磁痕显示；伪显示指不是由漏磁场吸附磁粉形成的磁痕显示。

缺陷磁痕的观察应在磁痕形成后立即进行。对于细小缺陷磁痕的辨认，观察时可辅以 2～10 倍放大镜。

非荧光磁粉检测时，缺陷磁痕的评定应在可见光下进行，且工件被检表面可见光照度应大于等于 1000lx，现场检测由于条件所限，可见光照度应不低于 500lx；荧光磁粉检测时，检测人员进入暗区至少 5min 适应后方可进行检测，并且不得戴对检测结果评判有影响的眼镜或滤光镜，缺陷磁痕评定时可见光照度不大于 20lx，工件表面的黑光辐照度大于或等于 $1000\mu W/cm^2$。

磁痕记录内容有磁痕显示位置、形状、尺寸和数量等，可采用文字描述、草图、照片、透明胶带、可剥离的反差增强剂、电子扫描等一种或多种方式记录。

5. 缺陷评级

依据相关标准对缺陷磁痕进行评级。

6. 退磁

退磁是去除工件中剩磁，目的是将剩磁减少到不影响使用或下道工序的操作。分为交流退磁和直流退磁。

交流退磁，将需要退磁的工件从通电的磁化线圈中缓慢抽出，直至工件离开线圈 1m 以上时再断电。或将工件放入通电的磁化线圈内，将线圈中的电流逐渐减少至零或将交流电直接通过工件并同时逐步将电流减到零。

直流退磁，将需退磁的工件放入直流电磁中，不断改变电流方向，并逐渐减小电流至零。

退磁时需要注意以下几点：退磁用的磁场强度大于等于磁化时用的最大磁场强度；对周向磁化的工件退磁，应将工件纵向磁化后再纵向退磁；交流电磁化用交流电退磁，直流电磁化用直流电退磁,直流退磁后再用交流退磁效果更好。

退磁效果可用磁场强度计测量或其他剩磁检测仪测量;退磁后剩磁强度应不大于 0.3mT (240A/m)或产品技术条件规定。

7. 后处理

检测完毕,根据需要,对工件进行后处理:检验合格工件,要进行清洗,去除工件表面残留的磁粉、磁悬液,使用水磁悬液的,清洗后应进行脱水防锈处理,如使用封堵应取出;反差增强剂应清洗掉等;检验不合格工件应另外存放,并在工件上标记缺陷位置和尺度范围,以便进一步验证和返修。

8.4 典型案例

8.4.1 磁轭法检测主蒸汽管道弯头背部表面缺陷

某电厂在用主蒸汽管道弯头停电检修期间,需检测其弯头背部表面缺陷。材料牌号 12Cr1MoV,规格 $\phi 325 \times 20$mm,主蒸汽管弯头如图 8-10 所示。按《承压设备无损检测 第 4 部分:磁粉检测》 (NB/T 47013.4—2015)标准,验收级别为 I 级,请编写磁粉检测工艺卡及写出检测过程及结果。仪器设备:HG-IV2 逆变式磁粉探伤仪、磁粉、载液、强光手电筒和其他相关器材。

1. 磁粉检测工艺卡

主蒸汽管弯头磁粉检测工艺卡见表 8-4 所示。

图 8-10 主蒸汽管弯头

表 8-4 主蒸汽管弯头磁粉检测工艺卡

工件名称	主蒸汽管	材料牌号	12Cr1MoV	规格尺寸	$\phi 325 \times 20$
热处理状态	—	检测部位	弯头背部表面	被检表面要求	表面无氧化皮、锈迹等
检测时机	打磨完成后	检测设备	HG-IV2	标准试片	A1;30/100
检测方法	非荧光、湿法连续法	光线及检测环境	弯头表面≥1000lx	缺陷磁痕记录方式	照相
磁化方法	磁轭法	电流种类磁化规范	AC 提升力≥45N	磁粉、载液及磁悬液配制浓度	黑磁粉水基磁悬液 10~25g/L
磁悬液施加方法	磁化时喷磁悬液	检测方法标准	NB/T 47013.4—2015	质量验收等级	I 级
磁粉检测质量评级要求	(1)不允许存在任何裂纹;(2)不允许存在任何线性缺陷磁痕;(3)圆形缺陷磁痕(评定框尺寸为 2500mm²,其中一条矩形边长最大为 150mm),长径 $d \leqslant 2.0$mm,且在评定框内不大于 1 个				

续表

磁化方法示意草图	 主蒸汽管弯头磁化方法示意图 (a) 横向方向上磁化；(b) 纵向方向上磁化		磁化方法附加说明： （1）弯头表面横向方向（管径方向）上、纵向方向上分别磁化，磁极间距 $L \geqslant 75mm$，保证有效磁化区重叠，在磁化时施加磁悬液。 （2）磁化规范最终以 A1：30/100 标准试片上磁痕显示确定
编制	MTⅡ级（或Ⅲ级）	审核	NDT 责任工程师	审批	单位技术负责人
	年　月　日		年　月　日		年　月　日

2. 磁粉检测主蒸汽管弯头的实际操作步骤及注意事项

（1）预处理。用角向砂轮机打磨弯头背部表面的氧化皮、铁锈，保证被检弯头表面光滑，在检测前用抹布除去表面的灰尘等。

（2）磁化。用 HG-Ⅳ2 型便携式逆变磁粉探伤仪在弯头表面进行水断试验，然后把 A1：30/100 灵敏度试片放在灵敏度最弱处确定磁化规范，两者合格后即可进行纵、横向两个方向上磁粉检测，每次检测重叠 10mm 左右，直至磁化完毕。

（3）施加磁悬液。在磁化的同时施加磁悬液。喷洒时磁极行进的前方自高而低的进行，注意避免喷洒的磁悬液冲刷掉之前形成的缺陷磁痕。

（4）磁痕的观察与记录。磁痕形成后在手电筒的照射下立即进行，主蒸汽管弯头表面磁痕见图 8-11，该弯头表面有长度分别为 5mm、2.5mm 的 2 条裂纹。

（5）缺陷评级。根据 NB/T 47013.4—2015 第 9.1 条，该弯头存在裂纹，不合格。

（6）退磁。不需要退磁。

（7）后处理。用抹布清除多余的磁悬液。

（8）检测报告。根据检测记录及结果，按照客户要求，签发磁粉检测报告。

8.4.2　绕电缆法检测锅炉管座角焊缝

某电厂锅炉管座角焊缝，如图 8-12 所示。材料牌号为 20G，两接管规格分别为 $\phi 273 \times 14mm$、$\phi 108 \times 8mm$，要求检测管座角焊缝处外表面缺陷。按 NB/T 47013.4—2015 标准，验收级别为Ⅰ级，CJX-1000 型交流磁粉探伤仪、磁粉、载液和其他相关器材。请根据以上条件，编制操作指导书。

锅炉接管管座角焊缝磁粉检测操作指导书见表 8-5。

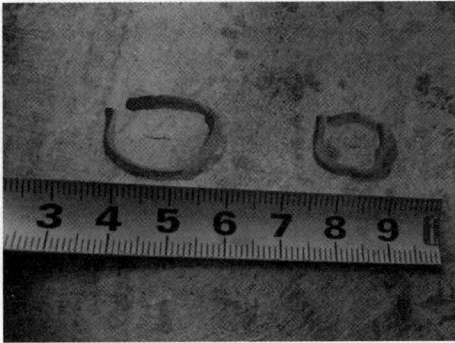

图 8-11 主蒸汽弯头表面裂纹

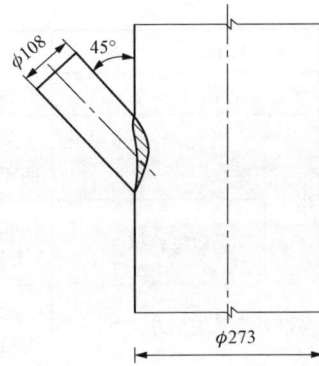

图 8-12 锅炉管座角焊缝

表 8-5 锅炉接管管座角焊缝磁粉检测操作指导书

操作指导书编号	CZZDS-MT001—2016		工艺规程及版本号		GYGC-MT01—2016
技术要求	检测时机	表面处理完成宏观检验合格	检测比例	抽查	执行标准	NB/T 47013.4—2015
	合格级别	Ⅰ级	表面准备	砂轮打磨	表面要求	光滑
检测对象	产品名称	锅炉接管	规格尺寸	$\phi273\times14mm$ $\phi108\times8mm$	材质	20G
	检测部位和范围		角焊缝及热影响区			
设备器材	检测设备	便携式交流磁粉探伤仪	设备型号	CJX-1000型	检查时机	磁化状态下
	性能要求	完好	检查项目	磁化电流		
技术工艺参数	检测方法	湿法连续法	磁化方法	纵向磁化-线圈法	磁化规范	515A
	磁化电流	交流电	磁化时间	1~3s	磁粉及载体	黑磁膏、水
	磁悬液配制浓度	10~25g/L	磁悬液施加方式	喷洒	灵敏度试片	A1:30/100
	检测环境	可见光下	磁痕观察条件	工件表面≥1000lx	退磁要求	不需要
检测示意图	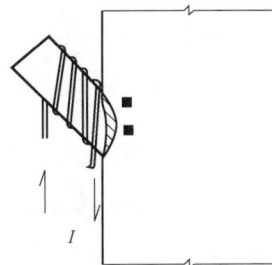 锅炉管座角焊缝检测示意图					

续表

检测工序	工序名称		操作要求及注意事项
1	预清理		砂轮打磨掉焊缝及熔合区，保证检测面光滑
2	磁化	磁化顺序与磁化次数	采用绕电缆法磁化，电缆紧密绕在小管上4匝，电缆边缘距角焊缝边缘间距为50mm
		灵敏度校核	磁化规范以 A1：30/100 试片确定，放在焊缝热影响区灵敏度最小处（大管侧如示意图），磁痕清晰可见
3	磁悬液要求及施加方式		配制浓度满足标准要求。检测前，应在被检表面进行水断试验，合格后再检测。喷洒时自高而低，自上而下磁化
4	观察与复验	观察时机	检验在磁痕形成后立即进行
		观察环境	可见光下观察，被检部位表面光辐照度≥1000lx，应采用白光照度计进行测量
		观察方式	可见光下，必要时用 2～10 倍放大镜
		超标缺陷处理	记录并及时反馈委托单位，应要求可消缺，再用 MT 复验，直至完全消除
5	磁痕记录	记录方式	采用示意草图、照相等方法
		记录内容	缺陷性质、形状、大小、方向等
6	退磁		不需要退磁
7	后处理		用抹布擦掉多余的磁悬液及磁粉
8	记录与报告		填写原始记录并根据要求出具检测报告
9	验证要求		该指导书在首次使用时，要进行工艺验证。验证在被检部位进行，应使 A1：30/100 试片磁痕显示清晰可见

编制者（级别）×××　Ⅱ或Ⅲ级　　日期×××　　　审核者（级别）×××　Ⅱ或Ⅲ级　　　日期×××

第 9 章
渗 透 检 测

9.1 基本知识

9.1.1 渗透检测有关术语及含义

1. 表面张力与表面张力系数

存在于液体表面，使液体表面收缩的力称为液体的表面张力，以表面张力系数表示。表面张力系数是指单位长度上的表面张力，其作用方向与液体表面相切，单位为毫牛顿/米（mN/m）或牛顿/米（N/m）。

表面张力系数与液体的种类和温度以及有无杂质有关。不同液体，其表面张力系数不同；除少数铜、铬等金属熔融液体的表面张力系数随温度上升而增高外，同一液体，表面张力系数随温度上升而下降；易挥发液体的表面张力系数比不易挥发的液体的表面张力系数小；含有杂质的液体比纯净的液体的表面张力系数小。

2. 润湿现象、接触角

润湿现象：指固体表面上的气体被液体取代的现象。把能增强水或水溶液取代固体表面空气的能力的物质称为润湿剂。

接触角 θ：液面在接触点的切线与包括液体的固体表面之间的夹角。液体的润湿现象及接触角示意图如图 9-1 所示。接触角反映了液体对固体表面的润湿性能，接触角越小，润湿能力越强。当接触角 θ 为 0°时，液滴在固体表面接近于薄膜状态，称为完全润湿；当 θ 在 0°～90°之间，液滴在固体表面上成为小于半球的球冠，称为润湿；当 θ 在 90°～180°之间，液滴在固体表

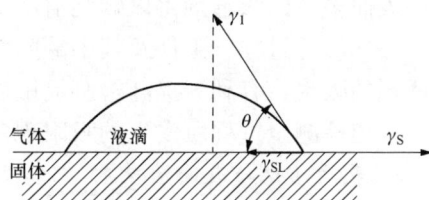

图 9-1 液体的润湿现象及接触角示意图

面上成为大于半球的球冠，称为不润湿；当 θ 为 180°时，液滴在固体表面上成为球形，它与固体之间仅有一个接触点，称为完全不润湿。四种不同润湿状态示意图如图 9-2 所示。

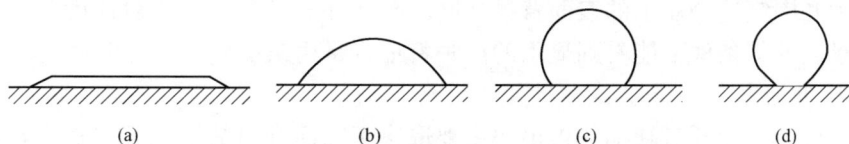

图 9-2 四种不同润湿状态示意图
（a）完全润湿；（b）润湿；（c）不完全润湿；（d）完全不润湿

同一种液体，对不同的固体而言，它可能是润湿的，也可能是不润湿的。

进行渗透检测的前提是渗透剂对工件表面要有良好润湿作用，这样才能使渗透剂向表面开口的缺陷内渗透。此外，渗透液还必须能润湿显像剂，以便将缺陷内的渗透剂吸出来从而显示缺陷。润湿性好的渗透剂具有比较小的接触角。

3. 毛细现象、毛细管

润湿液体在毛细管中呈凹面并且上升，不润湿液体在毛细管中呈凸面并且下降的现象，称为毛细现象，如图9-3所示。能够发生毛细现象的管子叫毛细管。毛细现象并不限于一般意义上的毛细管，各种细小的缝隙如两平板间的夹缝、颗粒堆积物间的空隙等都可以看成特殊形式的毛细管，也会产生毛细现象。

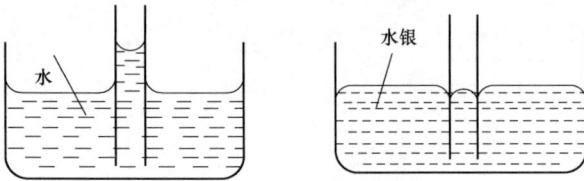

图9-3　毛细现象示意图

渗透检测中的毛细现象：

（1）渗透过程。把表面开口缺陷看作是毛细管或毛细缝隙。渗透剂对被检工件表面开口缺陷的渗透，其实质是渗透剂的毛细作用。

（2）显像过程。显像剂从缺陷中吸出足量的渗透剂，通过毛细作用将渗透剂在被检工件表面横向扩展，使缺陷轮廓图形的显示扩大到用肉眼直接可见的缺陷显示。

4. 吸附、吸附现象

物质自一相迁移并富集于界面的过程，称为吸附，这种现象称为吸附现象。

渗透检测中的吸附现象：

（1）显像过程。显像剂粉末吸附从缺陷中回渗的渗透剂，形成缺陷显示。此吸附现象属于固体表面的吸附，显像剂粉末为吸附剂，回渗的渗透剂为吸附质。显像剂粉末越细，比表面越大，吸附量越多，缺陷显示越清晰。

（2）自乳化和后乳化渗透法。表面活性剂吸附在渗透剂—水界面，降低了界面张力，使工件表面多余的渗透剂得以顺利清洗。此过程为液体表面吸附。

（3）渗透过程。工件及其中缺陷与渗透剂接触时，也有吸附现象发生。提高缺陷表面对渗透剂的吸附，有利于提高检测灵敏度。

渗透检测全过程所发生的吸附现象，主要是物理吸附。

5. 表面活性与表面活性剂

凡能使溶剂的表面张力降低的性质称为表面活性，具有这种性质的物质称为表面活性物质。随浓度增加使溶剂表面张力急剧下降的表面活性物质叫表面活性剂。

表面活性剂有乳化和提高渗透检测灵敏度的作用。

6. 对比度和可见度

某个显示和围绕这个显示的表面背景之间的亮度和颜色之差称为对比度。可见度是观察者相对于背景、外部条件下能看到显示的一种特征，是用来衡量缺陷能否被观察到的指标。

7. 裂纹检出能力

渗透检测检出表面开口缺陷的检出率主要取决于表面开口缺陷的开口宽度，其次取决于深度及长度。渗透检测的最高灵敏度可达 $0.1\mu m$。

渗透检测的裂纹检出能力取决于渗透剂染料中分子大小、缺陷显示图形色彩反差，以及形成目视可见显示所需的渗入缺陷的最小渗透剂量等。不同的渗透剂，裂纹检出能力不同。

9.1.2　渗透检测的基本原理

对被检工件表面施涂含有荧光或着色染料的渗透液，在毛细作用下，渗透液渗入到表面开口缺陷中，经过一定时间后，去除工件表面多余的渗透液，干燥，再在工件表面施涂吸附介质——显像剂，缺陷中的渗透液在毛细作用下被显像剂吸附到工件表面上，形成放大了的缺陷显示，在一定的光源下（黑光或白光），即可检测出缺陷的形貌和分布状态。其基本步骤如图9-4所示。

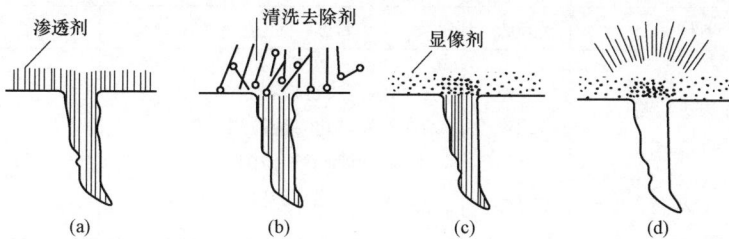

图9-4　渗透检测的基本步骤示意图
（a）渗透；（b）去除；（c）显像；（d）检查

9.1.3　渗透检测的优点和局限性

1. 优点

（1）不受材料类型及化学成分的限制。金属、非金属，有色金属、黑色金属，均可检测；

（2）不受工件结构的限制；

（3）不受缺陷尺寸、方向和形状的限制，可检查各种取向和形状的缺陷；

（4）使用简便，尤其是喷罐式，在无水源、电源或高空作业的现场使用起来十分方便。

2. 局限性

（1）只能检出表面开口缺陷；

（2）不适于检查多孔性或疏松材料制成的工件和表面粗糙工件，也不适于喷丸、喷砂处理的工件；

（3）检测工序多，速度慢。完成全部工序一般要20～30min，大型工件和形状复杂的工件耗时更长；

（4）渗透检测所用的检测剂大多易燃，必须采取有效措施保证安全。必须充分注意工作场所通风，以及对眼睛和皮肤的保护。

9.1.4　渗透检测方法分类及选用

1. 渗透检测方法分类

（1）根据渗透剂所含染料成分不同，渗透检测分为荧光渗透检测法、着色渗透检测法和荧光着色渗透检测法，简称为荧光法、着色法和荧光着色法。

（2）根据显像剂类型不同，渗透检测分为干式显像法、湿式显像法。

（3）根据渗透剂去除方法不同，渗透检测分为水洗型、后乳化型和溶剂去除型。

1）水洗型，包括水洗型着色渗透检测法及水洗型荧光渗透检测法。

2）后乳化型，包括后乳化型着色渗透检测及后乳化型荧光渗透检测。

3）溶剂去除型，包括溶剂去除型着色渗透检测及溶剂去除型荧光渗透检测。

以上各种渗透检测分类方法见表9-1，根据检测需要，可以进行不同组合，比如：ⅡCd，就是我们常说的溶剂去除型着色渗透检测。

表9-1 渗透检测方法分类

渗透剂		渗透剂的去除		显像剂	
分类	名称	方法	名称	分类	名称
Ⅰ Ⅱ Ⅲ	荧光渗透检测 着色渗透检测 荧光、着色渗透检测	A B C D	水洗型渗透检测 亲油型后乳化渗透检测 溶剂去除型渗透检测 亲水型后乳化渗透检测	a b c d e	干粉显像剂 水溶解显像剂 水悬浮显像剂 溶剂悬浮显像剂 自显像

2. 渗透检测方法选用

渗透检测方法选用的基本原则：满足检测缺陷类型和灵敏度的要求，在此基础上，可根据被检工件表面粗糙度、检测批量大小和检测现场的水源、电源等条件来决定。其选用原则如下：

（1）对于表面光洁且检测灵敏度要求高的工件，采用后乳化型着色法或后乳化型荧光法，也可采用溶剂去除型荧光法。

（2）对于表面粗糙且检测灵敏度要求低的工件采用水洗型着色法或水洗型荧光法。

（3）对现场无水源、电源的检测采用溶剂去除型着色法。

（4）对于批量大的工件检测，采用水洗型着色法或水洗型荧光法。

（5）对于大工件的局部检测，采用溶剂去除型着色法或溶剂去除型荧光法。

（6）荧光法比着色法有较高的检测灵敏度。

9.2 渗透检测设备和器材

9.2.1 渗透检测设备

渗透检测设备主要有测量器具和照明器具。

1. 测量器具

测量器具是渗透检测中用于测量工件表面光强度的设备和器具，根据相关规定，均应进行定期校验。常用的有黑光辐照度计、荧光亮度计和光照度计。

（1）黑光辐照度计，用于测量黑光辐照度，其紫外线波长应为315～400nm，峰值波长为365nm。

（2）荧光亮度计，用于测量渗透剂的荧光亮度，其波长应为430～600nm，峰值波长为500～520nm。

（3）光照度计，用于测量可见光照度。

2. 照明器具

渗透检测所用照明器具包括白光灯和黑光灯。

（1）白光灯，用于着色渗透检测时的缺陷显示观察，光的照度不低于500lx。在自然光亮度足够的情况下，也可在自然光下直接观察；在室内固定场所检测时，应定期检测环境可见光照度。

（2）黑光灯，用于荧光渗透检测时的缺陷观察。黑光灯的电源电压波动大于10%时应安装电源稳压器。为保证黑光灯有足够的发光强度，保证检测灵敏度，需定期对黑光强度进行校验。

9.2.2 渗透检测器材

1. 渗透检测剂

渗透检测剂包括渗透剂、乳化剂、清洗剂和显像剂。

渗透检测剂的总体要求：必须具有良好的检测性能，对工件无腐蚀，对人体基本无毒害作用；渗透检测剂必须标明生产日期、有效期，并附带产品合格证和使用说明书；对于喷罐式渗透检测剂，其喷罐表面不得有锈蚀，喷罐不得出现泄漏；对同一检测工件，不应混用不同类型的渗透检测剂，即原则上采用同一厂家、同族组的产品，不同族组的产品不能混用，否则可能出现渗透剂、清洗剂和显像剂各自都符合规定要求，但它们之间却不兼容，检测结果及质量无法保证。

（1）渗透剂。渗透剂是一种将着色染料或荧光染料及其他附加成分溶解于溶剂中形成的溶液，该溶剂称为基体。渗透剂具有很强的渗透能力，能渗入工件表面开口缺陷并以适当的方式显示缺陷痕迹。渗透剂的性能直接影响检测灵敏度。

根据渗透剂所含染料的不同，分为荧光渗透剂、着色渗透剂和荧光着色渗透剂三类。着色渗透剂含有红色染料，缺陷显示痕迹为红色，可在白光或自然光下直接观察；荧光渗透剂含有荧光染料，在波长为315～400nm的黑光灯照射下发出黄绿色荧光，因此缺陷显示痕迹必须在暗室内的黑光灯下观察。

根据渗透剂中溶解染料的溶剂不同，分为水基渗透剂和油基渗透剂两类。由于油基渗透剂比水基渗透剂的渗透能力强，所以，检测灵敏度较高。

根据多余渗透剂去除方法的不同，分为水洗型、后乳化型和溶剂去除型三类。水洗型渗透剂可以直接用水清洗去除，水洗型渗透剂也包括两种，一种是以水为基本溶剂的水基渗透剂，另一种是以油为基本溶剂的油基渗透剂，值得指出的是，油基渗透剂里面由于加了乳化剂而组成自乳化型渗透剂，所以也可以直接用水去除；后乳化型渗透剂只有先用乳化剂乳化后才能用水去除；溶剂去除型渗透剂是用有机溶剂去除。

（2）乳化剂。乳化剂用于乳化不溶于水的后乳化型渗透剂，使其更便于用水清洗。

乳化剂以表面活性剂为主体，适当添加其他溶剂，以调节黏度，调整与渗透液的配比。分为两大类：亲水型和亲油型。亲水型乳化剂的黏度较高，一般用水稀释后使用；亲油型乳化剂不加水使用。为了安全，必须考虑乳化剂的闪点，所有乳化剂材料的闪点都应不低于50℃。

（3）清洗剂。用于去除工件表面多余渗透剂的溶剂叫清洗剂。水洗型和后乳化型渗透剂

（乳化后）是用水去除，水就是清洗剂；溶剂去除型渗透剂采用有机溶剂去除，有机溶剂就是清洗剂。

（4）显像剂。显像剂的作用是通过毛细作用将缺陷内的渗透剂吸出来，形成清晰、放大的缺陷显示，并提供与缺陷显示较大反差背景。分干式显像剂和湿式显像剂两大类。湿式显像剂又分为水悬浮显像剂、水溶解显像剂和溶剂悬浮显像剂，其中我们使用最多、现场最常见的是溶剂悬浮显像剂装在喷罐中，与着色渗透剂配合使用，也就是溶剂去除型着色渗透检测剂，该显像剂灵敏度比较高。

2. 试块

试块是指带有人工缺陷或自然缺陷的试件，用于衡量渗透检测灵敏度，因此也称灵敏度试块。常用的渗透检测试块有两种：铝合金试块（A 型对比试块）和镀铬试块（B 型试块）。

（1）铝合金试块（A 型对比试块）。铝合金试块尺寸示意图如图 9-5 所示，试块由同一试块剖开后具有相同大小的两部分组成，并打上相同的序号，分别标以 A、B 记号，A、B 试块上均应具有细密相对称的裂纹图形。

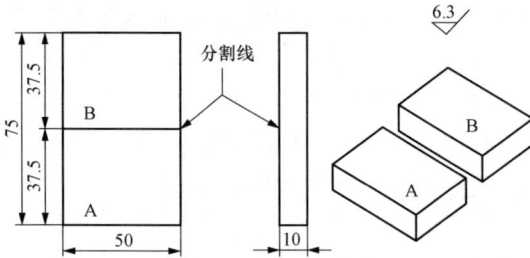

图 9-5　铝合金试块尺寸示意图

铝合金试块主要用于以下两种情况：

1）在正常使用情况下，检验渗透检测剂能否满足要求，以及比较两种渗透检测剂性能的优劣；

2）对用于非标准温度下的渗透检测方法作出鉴定。

（2）镀铬试块（B 型试块）。B 型试块为单面镀铬的不锈钢板材，加工成尺寸如图 9-6 所示试块。在试块上单面镀铬，镀层厚度不大于 $150\mu m$，表面粗糙度 R_a 为 $1.2\sim 2.5\mu m$，在镀铬层背面中央选相距约 25mm 的 3 个点位，用布氏硬度法在其背面施加不同负荷，在镀铬面形成从大到小、裂纹区长径差别明显、肉眼不易见的 3 个辐射状裂纹区，按大小顺序排列区位号分别为 1、2、3。

镀铬试块主要用途有：

1）使用新的渗透检测剂、改变或替换渗透检测剂类型或操作规程时，实施检测前应用镀铬试块检验渗透检测剂系统灵敏度及操作工艺正确性。

2）一般情况下每周应用镀铬试块检验渗透检测剂系统灵敏度及操作工艺正确性。

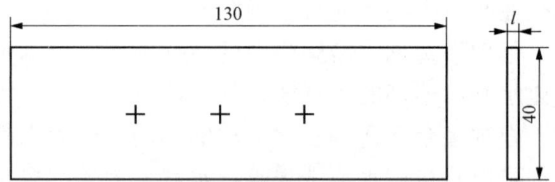

图 9-6　镀铬试块示意图
l—试块厚度 3~4mm

检测前、检测过程中或检测结束认为必要时应随时检验。

（3）关于试块使用时的注意事项。

1）着色渗透检测用的试块不能用于荧光渗透检测，反之亦然。

2）发现试块有阻塞或灵敏度有所下降时，应及时修复或更换。

3）试块使用后要用丙酮进行彻底清洗，清除试块上的残留渗透检测剂。清洗后，再将试块放入装有丙酮和无水酒精的混合液体（体积混合比为 1∶1）密闭容器中浸渍 30min，干燥后保存，或用其他方法保存。

9.3 渗透检测工艺

渗透检测工艺是指包含渗透检测的预处理、施加渗透剂、去除多余的渗透剂、干燥处理、施加显像剂、观察及评定、后清洗及复验七个程序的全过程。

1. 渗透检测预处理

(1) 预处理，包括表面准备和预清洗。先去除影响工件表面渗透的铁锈、氧化皮、焊接飞溅、铁屑、毛刺及各种防护层，使表面粗糙度 $R_a \leqslant 25\mu m$；局部检测时，准备工作范围应从检测部位四周向外扩展 25mm。在进行表面清理后，应用清洗剂进行预清洗，以去除检测表面的油污。清洗后，检测面上遗留的溶剂和水分等必须干燥，且应保证在施加渗透剂前不被污染。

(2) 检测时机。检测时机一般安排原则如下：

1) 焊接接头的渗透检测应在焊接完工后或焊接工序完成后进行；有延迟裂纹倾向的材料，至少应在焊接完成 24h 后进行焊接接头的渗透检测。

2) 紧固件和锻件的渗透检测一般应安排在最终热处理之后进行。

3) 在喷漆、镀层、阳极化、涂层、氧化或其他表面处理工序前进行。表面处理后还局部机加工的，对该局部机加工表面需再次进行渗透检测。

4) 使用过的工件应去除表面积碳层及漆层后进行渗透检测。阳极化层可不去除直接渗透检测。完整无缺的脆漆层，可不必去除直接进行检测，但如果在漆层上检测发现裂纹，应去除裂纹部位的漆层，再检测基体金属上有无裂纹。

5) 渗透检测在喷丸和研磨操作前进行，如在其后进行，则应进行包括腐蚀在内的预清洗操作，使表面开口缺陷完全开口。

2. 施加渗透剂

(1) 渗透剂施加方法。根据被检工件的大小、形状、数量和检测部位来选择合适的施加方法。常用的施加方法有喷涂、刷涂、浇涂、浸涂。

喷涂：用静电喷涂装置、喷罐及低压泵等进行；

刷涂：用刷子、棉纱或布等进行；

浇涂：将渗透剂直接浇在工件被检面上；

浸涂：把整个工件浸泡在渗透剂中。

(2) 渗透时间及温度。渗透时间是指施加渗透剂到开始去除处理之间的时间。采用浸涂法施加时，还应包括排液所需时间。

在整个检测过程中，渗透检测剂的温度和工件表面温度应该在 5~50℃。在 10~50℃温度条件下，渗透剂持续时间一般不应少于 10min；在 5~10℃ 的温度条件下，渗透剂持续时间一般不应少于 20min 或者按照说明书进行操作。在整个渗透过程中，工件表面的渗透剂要一直保持润湿状态。

3. 去除多余的渗透剂

用清洗剂去除工件表面上多余的渗透剂。在去除的时候，应注意以下几点：

(1) 防止过度去除而使检测质量下降，同时也应注意防止去除不足而造成对缺陷显示识别困难。用荧光渗透剂时，可在紫外灯照射下边观察边去除。

（2）水洗型和后乳化型渗透剂（乳化后）均可用水去除。冲洗时，水射束与被检面的夹角以 30°为宜，水温 10～40℃，如无特殊规定，冲洗装置喷嘴处的水压应不超过 0.34MPa。在无冲洗装置时，可使用干净不脱毛的抹布蘸水依次擦洗。

（3）溶剂去除型渗透剂用清洗剂去除。除特别难清洗的地方外，一般先用干燥、洁净不脱毛的布依次擦洗，直至大部分多余渗透剂被去除后，再用蘸有清洗剂的干净不脱毛布或纸进行擦拭，直至将被检面上多余的渗透剂全部擦净。但应注意，不得往复擦拭，不得用清洗剂直接在被检面上冲洗。

4. 干燥处理

干燥的目的是除去被检工件表面上的水分，使渗透剂能充分渗入缺陷和回渗到显像剂上。一般可用热风进行干燥或自然干燥。干燥时，被检面的温度应不高于 50℃。当采用溶剂去除多余渗透剂时，应在室温下自然干燥。干燥时间通常为 5～10min。

5. 施加显像剂

施加显像剂的目的是使残留在缺陷中的渗透剂回渗到工件表面的显像剂层上形成放大的缺陷显示痕迹。施加显像剂时应注意以下事项：

（1）喷涂显像剂时，喷嘴离被检面距离 300～400mm，喷涂方向与被检面夹角为 30°～40°，并且喷的时候不得来回往复喷，只能沿一个方向；

（2）显像时间取决于显像剂种类、需要检测缺陷的大小以及被检工件的温度等，一般应不小于 10min，且不大于 60min；

（3）禁止在被检面上倾倒湿式显像剂，以免冲洗掉渗入缺陷内的渗透剂。

6. 观察及评定

（1）观察时机。观察显示应在干粉显像剂施加后或湿式显像剂干燥后开始，在显像时间内进行。如显示的大小不发生变化，时间也可超过上述范围。对于溶剂悬浮显像剂，应遵照说明书的要求或实验结果进行操作。

（2）观察光源。着色渗透检测时，缺陷显示的评定应在可见光下进行，通常工件被检面可见光照度应不小于 1000lx，现场条件所限可见光照度应不低于 500lx；

荧光渗透检测时，暗室或暗处可见光照度应不大于 20lx，被检工件表面的辐照度应不小于 $1000\mu W/cm^2$，自显像时应不小于 $3000\mu W/cm^2$。检测人员进入暗区至少经过 5min 黑暗适应后才能进行荧光渗透检测。检测人员不能佩戴对检测结果有影响的眼镜或滤光镜。

辨认细小缺陷时可用 5～10 倍放大镜进行观察。

（3）缺陷记录。可采用照相、录像、可剥性塑料薄膜等一种或数种方式记录，并同时表示于草图上。

（4）缺陷评定。根据相关标准对缺陷进行评定和质量分级。

7. 后清洗及复验

后清洗：工件检测完毕后应去除显像剂层、渗透剂残留痕迹及其他污染物。其主要目的是保证渗透检测后，去除任何影响后续处理的残余物，使其不对被检工件产生损害或危害。

复验：当出现下列情况之一时，需进行复验：

（1）检测结束用试块校验时发现检测灵敏度不符合要求；

（2）发现检测过程中操作方法有误或技术条件出现改变时；

（3）合同各方有争议或认为有必要时；

（4）对检测结果有怀疑时。

决定进行复验时，必须对被检面进行彻底清洗，以去掉缺陷内渗入的检测剂，影响检测灵敏度。

9.4　典型案例

9.4.1　渗透检测某输变电工程线路工程耐张线夹

根据国家电网公司开展输变电设备金属专项要求，对上海某线路新建工程的耐张线夹焊缝进行渗透检测，材质为铝合金，耐张线夹焊缝如图9-7所示。按《承压设备无损检测　第5部分：渗透检测》（NB/T 47013.5—2015），Ⅰ级合格，编写耐张线夹渗透检测工艺卡。仪器设备：B型镀铬试块、照度计、DPT-5型渗透检测剂、布、砂纸和其他相关器材。

图9-7　耐张线夹焊缝示意图

1. 耐张线夹渗透检测工艺卡

耐张线夹渗透检测工艺卡见表9-2所示。

表9-2　　耐张线夹渗透检测工艺卡

工件名称	耐张线夹	材料牌号	铝合金	电压等级	220kV
检测部位	焊缝及熔合区	表面状况	原始	检测比例	100%
检测方法	ⅡCd	工件温度	20℃	标准试块	B型试块
渗透剂型号	DPT-5	清洗剂型号	DPT-5	显像剂型号	DPT-5
渗透时间	15min	干燥时间	7min	显像时间	15min
照明设备	手电筒	可见光照度	≥1000lx	渗透剂施加方法	喷涂
去除方法	溶剂去除	显像剂加方法	喷涂	观察方式	自然光、目视
验收标准	NB/T 47013.5—2015		合格级别		Ⅰ级
渗透检测剂的选择理由		工件在现场工地旁边的一个临时仓库，适合着色渗透检测ⅡCd			
检测规范的确定方法		光线充足，现场无水、电，为了检测方便，选用ⅡCd			
工序名称		操作要求及注意事项			
表面准备		用砂纸打磨焊缝及熔合区表面			
预清洗		用清洗剂清洗焊缝及熔合区，清洗干净，并自然干燥			
渗透		喷涂施加渗透剂，覆盖焊缝及熔合区，渗透时间内保持润湿状态，渗透时间15min			

续表

清洗	先用布依次擦洗，直至多余渗透剂被去除后，再用蘸有清洗剂的布擦拭，直到把焊缝上多余的渗透剂全部擦净，不得用清洗剂直接冲洗、不得往复擦拭
干燥	自然干燥，干燥时间 7min
显像	喷涂施加显像剂，喷嘴离焊缝距离 300～400mm，喷涂方向与焊缝夹角为 30°～40°，并且喷涂的时候只能是从头到尾一个方向，不能往复喷。显像时间 15min
观察与记录	显像剂施加后，待显像剂干燥后开始观察，白光照度≥1000lx；记录：照相＋草图
后处理	用干净的布擦去工件表面多余的渗透检测剂
复验	如需要。应将被检面彻底清洗，重新进行渗透检测
评定与验收	根据缺陷显示尺寸及性质，按 NB/T 47013.5—2015 进行等级评定，Ⅰ级合格

编制	PTⅡ级（或Ⅲ级）	审核	NDT 责任工程师	审批	单位技术负责人
	年 月 日		年 月 日		年 月 日

2. 渗透检测耐张线夹的实际操作步骤及注意事项

（1）预处理。用砂纸打磨焊缝及熔合区表面，用布擦拭干净，然后用清洗剂清洗焊缝及熔合区，清洗干净，并自然干燥。预处理后耐张线夹如图 9-8 所示。

图 9-8 预处理后的耐张线夹

（2）施加渗透剂。采用喷罐喷涂渗透剂，使渗透剂覆盖整个焊缝及熔合区，在整个渗透时间内保持焊缝及熔合区一直处于润湿状态，渗透时间 15min 左右。施加渗透剂后的耐张线夹如图 9-9 所示。

（3）去除多余的渗透剂。渗透时间到后，先用布依次擦洗，直至多余渗透剂被去除后，再用蘸有清洗剂的布擦拭，直到把焊缝上多余的渗透剂全部擦净，不得用清洗剂直接冲洗、不得往复擦拭，避免过清洗和清洗不足。

（4）干燥。清洗后，自然干燥，干燥时间 7min。在干燥的过程中，防止渗透检测材料及工作人员手上的污物对已经清洗好的耐张线夹造成污染，从而产生虚假显示或遮盖缺陷显示。

（5）施加显像剂。待干燥完毕，喷涂施加显像剂。喷嘴离焊缝距离 300～400mm，喷涂方向与焊缝夹角为 30°～40°，并且喷的时候不得来回往复喷，只能是一个方向。显像时间 15min。施加显像剂后的耐张线夹如图 9-10 所示。

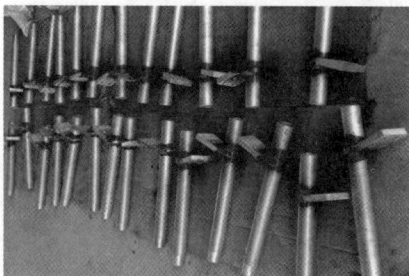

图 9-9 施加渗透剂后的耐张线夹

图 9-10 施加显像剂后的耐张线夹

（6）观察及记录、评定。待显像剂干燥后开始观察，白光照度≥1000lx；记录：照相＋草图。根据现场检测结果，发现编号为1号的耐张线夹下焊缝存在一条长约5mm的弧坑裂纹，耐张线夹焊缝表面弧坑裂纹如图9-11所示。

（7）后处理。用湿布或清洗剂清除多余的渗透检测剂，并且把合格的耐张线夹归位，不合格的做好标记。

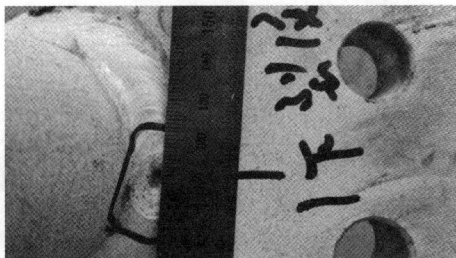

图9-11　1号耐张线夹弧坑裂纹

（8）评级。根据NB/T 47013.5—2015第8.2条，该耐张线夹存在裂纹，不合格。

（9）检测报告。根据检测记录及结果，按照客户要求，签发磁粉检测报告。

图9-12　GIS筒体支撑角焊缝

9.4.2　渗透检测变电站GIS支座焊缝

某供电公司220kV输变电新建工程GIS筒体，外表有完好的油漆层，筒体规格：$\phi405\times8$（mm），材料牌号为5083铝合金，环境温度3℃，要求检测GIS筒体与支座连接处角焊缝外表面缺陷，如图9-12所示。按NB/T 47013.5—2015标准，Ⅰ级合格。仪器设备：A型铝合金试块、B型镀铬试块、照度计、DPT-5型渗透检测剂、布和其他相关器材。请根据以上条件，编制操作指导书。

GIS筒体支撑角焊缝渗透检测操作指导书见表9-3。

表9-3　　　　　　　　　　GIS筒体支撑角焊缝渗透检测操作指导书

操作指导书编号		CZZDS-PT001—2018	工艺规程及版本号		GYGC-PT01—2018
工件信息	工件名称	GIS筒体	规格	$\phi405\times8$（mm）	工件编号	—
	材料牌号	5083	检测部位	筒体支撑角焊缝	工件温度	3℃
技术要求	检测方法	ⅡCd	执行标准	NB/T 47013.5—2015	合格级别	Ⅰ级
	技术等级	C级	检测比例	100%	检测时机	投运前
设备器材	渗透剂	DPT-5	清洗剂	DPT-5	显像剂	DPT-5
	试块	A型试块 B型试块	工艺性能检查	用B型试块按工艺要求进行，第3点显示清晰		
非标温度检测时对比试验要求		采用铝合金试块确定检测规范，将铝合金试块的A部分和检测剂放在GIS筒体支撑角焊缝3℃环境下，采用一个规范进行检测操作；将铝合金试块的B部分和检测剂放在标准温度下，按标准规范进行检测，将两种检测结果比较，结果基本相同时，可认为该低温规范可行				
对油漆层的处理		完整无缺的脆漆层，可不必去除直接进行渗透检测，但如果在漆层上检测发现裂纹，应去除裂纹部位的漆层，再检测基体金属上有无裂纹				

续表

检测示意图

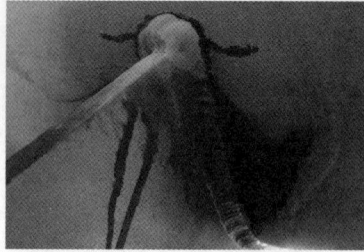

GIS 筒体支撑角焊缝检测裂纹

工序	工序名称	操作要求及主要参数	注意事项
1	预处理	用不脱毛的布对所要检测的 GIS 筒体支撑角焊缝及熔合区进行表面清理，然后再用清洗剂清洗干净，自然干燥，干燥时间为不低于 5min	不能用砂纸打磨，避免破坏 GIS 筒体表面的油漆
2	渗透	采用喷罐（喷涂）施加渗透剂，使之覆盖整个被检表面，在渗透时间内保持润湿状态	渗透时间按非标温度鉴定试验时间定
3	去除	先用不脱毛的布擦拭，大部分多余的渗透剂去除后，再用喷有清洗剂的布擦拭，不得喷洗，擦拭时按一个方向进行，不得往复擦拭	防止表面过度清洗，或清洗不足
4	干燥	自然干燥，干燥时间 5～10min	在满足干燥效果前提下，时间尽量短
5	显像	喷前先将显像剂喷罐摇匀，均匀地喷洒在整个被检表面上，喷嘴距焊缝 300～400mm，喷涂方向与焊缝夹角为 30°～40°	不得来往复喷，显像剂层薄而均匀
6	观察	显像剂施加后 10～60min 内进行观察，被检面可见光照度应≥1000lx，必要时可用 5～10 倍放大镜进行观察	当缺陷显示开始形成时就要进行观察
7	记录	所有检测部位、相关显示可采用照相、可剥性塑料薄膜＋草图，应记录缺陷性质、数量、尺寸和缺陷部位	非相关显示和伪显示不必记录；小于 0.5mm 的显示不计
8	复验	灵敏度验证不符合、或技术条件改变、争议或方法有误，认为有必要时	复验应彻底清洗被检面从预清洗开始
9	后清洗	用布或用布蘸清洗剂将工件表面残留物擦拭干净	工完、料清、场地净
10	评定验收	按 NB/T 47013.5—2015 等级评定，该 GIS 筒体支撑角焊缝发现一条裂纹，不合格	GIS 筒体支撑角焊缝试验结果见检测示意图
11	疑难问题处理	对有怀疑、难于作出明确解释的细小显示，应：（1）擦去显像剂直接观察；（2）重新显像、检查；（3）必要时从预处理开始重新开始坚持步骤	
12	检测记录和报告	根据质量管理体系要求，填好现场原始记录，根据该记录出具检测报告	

编制（级别）×××　PTⅡ或Ⅲ级　日期×××　　审核（级别）×××　PTⅡ或Ⅲ级　日期×××

第 10 章
涡 流 检 测

10.1 基本知识

10.1.1 涡流检测有关术语及含义

1. 涡流

根据电磁感应原理，当导体处在变化磁场中或相对于磁场运动时，其内部会感应出电流，这些电流在导体中以涡旋状流动，称为涡旋电流，简称涡流。

2. 趋肤效应

当交变电流通过导体时，由于导线周围存在电磁场，导线本身就会产生涡流，涡流的磁场会引起高频电流趋向导线表面，使导线横截面上的电流分布不均匀，即表面层上的电流密度最大，随着进入导体深度的增大而减小。这种电磁场和涡流集中于被检工件表面分布的现象称为趋肤效应。它由自感引起，与频率、电导率和磁导率有关。

3. 标准渗透深度、有效渗透深度

涡流渗透深度是涡流检测的一个重要指标，它表示涡流透入导体的距离。

标准渗透深度 δ：磁场强度或感应涡流密度衰减到试件表面值的 37%（即 1/e）时的深度，也称趋肤深度。其数学表达式为：

$$\delta = 1/\sqrt{\pi f \mu \sigma} \tag{10-1}$$

式中　σ——电导率；

　　　μ——磁导率；

　　　f——激励频率。

渗透深度 δ 跟频率 f 的平方根成反比。

有效渗透深度：对特定的检测装置而言，可利用涡流电磁效应实施检测的材料最大深度。

在工程应用中，由于 2.6 个标准渗透深度 δ 处，涡流密度已经衰减了约 90%，因此定义 2.6 倍的标准渗透深度为涡流的有效渗透深度，也就是将 2.6 倍标准渗透深度范围内 90% 的涡流视为对涡流检测绕组产生有效影响，而在 2.6 倍标准渗透深度以外 10% 的涡流对绕组产生的效应可以忽略不计。

4. 提离效应、边界效应

提离效应：探头与被检工件之间距离变化引起的涡流信号效应。在涡流检测中，提离效应有利有弊，比如：电导率测量和裂纹探测，需要减小提离效应的干扰来提高检测的准确度和可靠性；但测量金属工件表面涂层或镀层的厚度，则是利用提离效应。

边界效应：当检测绕组接近工件的边界或端面时，涡流不可能流出导体的界外，被迫改变流动路径，导致检测绕组阻抗发生变化。这种由被检件边缘引起的几何效应就叫边界效应。边界效应纯粹是一种干扰因素，限制了涡流检测在边界附近区域的正常应用。边界效应的区域大小，与线圈的尺寸、工件的磁导率和电导率、绕组与工件的距离、绕组是否屏蔽等有关。

5. 磁导率

磁导率：表征磁介质磁性的物理量。常用符号 μ 表示，或称绝对磁导率。μ 等于磁介质中磁感应强度 B 与磁场强度 H 之比。通常使用的是磁介质的相对磁导率 μ_r，其定义为磁导率 μ 与真空磁导率 μ_0 之比。

6. 电阻率、电导率、导电率及三者之间关系

(1) 电阻率 ρ：单位横截面积、单位长度金属导体的电阻值，又叫电阻系数，单位是欧姆平方毫米每米（$\Omega \cdot mm^2/m$）。

(2) 电导率 σ：电阻率的倒数 $1/\rho$ 称为电导率，是用来评价材料导电性能的物理量，单位是兆西门子/米（MS/m）。

(3) 导电率：试样电导率与某一标准值比值的百分数。

(4) 导电率、电导率与电阻率之间的对应关系。

导电率（%IACS）$= 0.017241/\rho \times 100\%$；

导电率（%IACS）$= \sigma/58.0 \times 100\%$。

10.1.2　涡流检测的基本原理

10.1.2.1　传统涡流检测的基本原理

1. 基本原理

当通有交流电的线圈建立的交变磁场与导体发生电磁感应，在导体内产生涡流，导体内的涡流也会产生自己的磁场，涡流磁场的作用改变了原磁场的强弱，进而导致线圈电压和阻抗的改变。当导体表面或近表面出现缺陷时，将影响到涡流的强度和分布，涡流的变化又引起了检测线圈电压和阻抗的变化，因此，通过测定检测线圈阻抗的变化，就可以判断出被测试件的性能及有无缺陷等信息。

对试件中涡流产生影响的主要因素有：金属物体的电导率和磁导率；被测试件的尺寸和形状；线圈和被测试件的间隙大小；试件上的缺陷等。

2. 涡流检测的优点和局限性

优点：①不需耦合剂，检测时与工件可接触也可不接触；②能进行多种测量，并能对疲劳裂纹进行监控；③对管、棒、线材易于实现自动化；④能在高温、高速下进行检测；⑤工艺简单、操作容易、检测速度快。

局限性：①只适合导电材料表面和近表面的检测；②难于判断缺陷的种类、形状和大小；③对形状复杂的工件，比较难检测；④干扰因素较多，需要特殊的信号处理技术。

10.1.2.2　涡流检测新技术工作原理

常规涡流检测由于集肤效应，只适用于检测工件表面或近表面的缺陷，并且受工件的磁导率、电导率、外形尺寸以及缺陷等因素的影响比较大。随着工业技术发展，在完善涡流检测技术的同时，提出了很多新电磁检测技术思路，经过逐步发展，有的成为相对独立的新技术，如远场涡流、脉冲涡流、磁光涡流、阵列涡流、深层涡流技术等。

1. 远场涡流检测

远场涡流检测技术是一种能穿透金属管壁的低频涡流检测技术。它一般是内通过式探头，由激励绕组和检测绕组构成，激励绕组与检测绕组相距约 $2\sim3$ 倍管内径的长度。激励绕组通以低频交流电，在绕组的周围空间会产生一个缓慢变化的时变磁场 B，时变磁场 B 又会激发出一个时变涡旋电场 E，在该电场的作用下，在金属管壁内会形成涡流 J_e，涡流 J_e 又会在其周围产生一个时变的磁场，因此，金属管壁内外的磁场是由绕组内的传导电流 J 和金属管壁内的涡流 J_e 产生的磁场的矢量和，通过测量检测绕组的感应电压与激励电流之间的相位差，就能有效地判断出金属管道内外壁缺陷和管壁的厚度变化。

远场涡流的主要技术特点：能以相同的灵敏度检测管壁内外表面的缺陷和壁厚变化，不受趋肤效应的影响，不随激励与检测绕组间距离变化而变化，能准确地测量实际缺陷的深度；检测信号与激励信号的相位差与管壁壁厚近似成正比，提离效应小。

2. 脉冲涡流检测

脉冲涡流检测以测得的磁场最大值出现的时间来确定缺陷位置，从而实现缺陷的无损检测和定量化。

脉冲涡流检测技术的原理是利用一个重复的宽带脉冲激励绕组，通过绕组中产生的瞬时电流在被检工件上感应出瞬时涡流，在激励电流作用下，绕组中会产生一个快速衰减的脉冲磁场，瞬时涡流与快速衰减的磁脉冲一并在材料中传播，形成一个衰减的感应场，检测绕组输出一系列电压—时间信号。由于产生的脉冲由一列宽带频谱构成，所以响应的信号包含了重要的深度信息，这就为材料的定量评价提供了重要的依据

与传统的单频正弦涡流相比，脉冲涡流具有许多优势。传统涡流采用单一频率的正弦电流作为激励，脉冲涡流则采用具有一定占空比的方波作为激励；传统涡流检测对感应磁场进行稳态分析，即通过测量感电压的幅值和相角来确定缺陷的位置，而脉冲涡流则对感应磁场进行时域的瞬态分析，以直接测得的感应磁场最大值出现的时间来进行缺陷检测。

3. 磁光涡流检测

磁光涡流检测技术是以电磁感应与法拉第磁光效应为理论基础，这种检测技术既可实现对工件亚表面细小缺陷的可视化检测，又可实现快速、精确的大面积实时检测。磁光涡流检测技术原理是以脉冲信号激励绕组使其在受检工件中感生涡流，当工件表层存在缺陷时，会改变涡流的分布，相应地改变涡流激发的磁场，磁光传感器在该磁场的作用下会产生磁光效应，使经过的激光偏振方向发生偏转，包含了缺陷信息的光线经偏振分光镜反射后被 CCD 接收，就可以对检出的缺陷进行实时成像。

4. 阵列涡流检测

阵列涡流检测是涡流检测一个新兴的分支，其基本原理与常规涡流检测技术一样，它是通过涡流检测绕组结构的特殊设计，并借助于现代涡流仪强大的分析、计算及处理功能，实现对材料和零件的快速、有效地检测。

与传统涡流检测技术相比，阵列涡流检测技术的探头是由多个独立工作的绕组构成，这些绕组按照特殊的方式分布，且激励与检测绕组之间形成两种方向相互垂直的电磁场传递方式，有利于发现取向不同的线形缺陷。

为提高检测效率，涡流阵列探头中含有几个或几十个绕组，不论是激励绕组，还是检测绕组，相互之间距离都非常近，保证各个激励绕组的激励磁场之间和检测绕组的感应磁场之间不相互干扰，这种干扰屏蔽技术是涡流阵列技术的关键。

由于阵列涡流检测技术不仅能同时检测多个方向缺陷，而且能实现 C 扫描成像检测，具有快速、准确、直观等技术特点，主要用于金属焊缝的检测，涡轮机、蒸气发生器、热交换器以及压力容器管道检测，飞行器金属部件的疲劳、老化和腐蚀检测等。

5. 深层涡流检测

深层涡流技术是低频涡流和多频涡流技术相结合的成果，通过采用较低的工作频率来增大涡流渗透深度，用多个频率工作来抑制不需要的信息而提取有用的检测信号，从而达到检测较深位置的缺陷的目的。

深层涡流技术主要用于检测飞机、动车等关键结构件裂纹、腐蚀等缺陷。

10.1.2.3　涡流检测技术的应用

按涡流检测目的来划分，分为于用缺陷检测的涡流探伤、用于材料或工件电、磁特性的测量及表面覆盖层厚度测量。本章主要讲涡流探伤、材质分选，其他应用如覆盖层测量见本书第 11 章相关部分。

1. 涡流探伤

涡流探伤是涡流检测技术最主要的应用，它可检测导电材料表面及近表面缺陷。在探伤过程中，被检测材料或工件使用性能不连续而造成的涡流信号称为缺陷，包括制造过程中出现的冶金缺陷、工艺缺陷和使用过程中产生的各类损伤缺陷和疲劳缺陷。

涡流探伤的应用主要分为管、棒、丝类规则材料在线检测和非规则工件制造与使用过程的检测。管、棒、丝类材料一般采用外通过式或内穿过式涡流绕组进行检测，可以在任何时刻对管、棒材整个圆周区域实施相同灵敏度的检测，具有易于实现自动化、速度快、效率高的优点。非规则工件一般采用放置式绕组进行检测，具有小巧方便、灵敏度高的优点。

采用外通过式和内穿过式绕组检测管、棒、丝类材料，对于方向以纵向为主并在径向方向具有不同深度的不连续，如裂纹、折叠、未焊透、焊接错位等缺陷比较容易检测出来。检测绕组对缺陷的涡流响应与绕组的结构、缺陷的形状密切相关，对于自比差动式检测绕组，容易在长条状缺陷的两端产生较强的响应信号，在条状缺陷中间深度较为一致的区域，难以产生响应信号。对于管、棒材内部的分层缺陷，由于周向流动的涡流改变较小，不足以引起涡流响应的明显变化，所以难以检出。对于结疤、凹坑、夹杂、气孔等体积型的表面和近表面缺陷，无论是采用绝对式绕组，还是差动式绕组，都比较容易检测到。对于材质成分偏析、热处理或磁性不均匀等缺陷，自比差动式绕组不容易检出。

采用放置式绕组主要检测非规则工件腐蚀、裂纹等缺陷，特别是工件表面疲劳裂纹，肉眼很难发现，采用放置式绕组扫过时涡流变化非常显著。放置式绕组垂直置于被检测对象表面时，在试件表层形成平行于表面的涡流，难以发现平行于试件表面的平面型缺陷，如分层、层间未熔合等。

检测频率是涡流探伤中最重要技术参数，一般来说，用于涡流探伤的检测频率范围为几十赫兹至 10MHz。由于涡流渗透深度、检测灵敏度与检测频率有关且相互制约，随着频率的降低，涡流渗透深度增加，检测灵敏度降低；反之，随着频率的增加，涡流渗透深度减小，检测灵敏度提高。一般情况下，以检测工件厚度、期望渗透深度、检测灵敏度或分辨率以及其他检测目的来综合考虑涡流探伤的检测频率，在满足检测深度要求的前提下，检测频率应选得尽可能高，以得到较高的检测灵敏度。

采用放置式绕组主要检测非规则工件时，可通过简单公式计算得出检测频率；采用外通过式和内穿过式绕组检测管、棒、丝类材料时，由于涡流绕组的电磁场强度和试件中涡流的分布密度计算十分复杂，通常以下列几种方式确定：

（1）利用表征绕组内金属棒材尺寸和电磁特性的特征频率参数 f_g 进行非铁磁性棒材检测频率的计算。

（2）利用"频率选择图"进行非铁磁性棒材检测频率的选择。

（3）利用放置式绕组在半无限大平面导体上的涡流渗透深度公式近似估算非铁磁性管材的检测频率。

（4）利用对比试样上不同深度人工缺陷的涡流响应情况确定。

2. 材质分选

对于铁磁性材料，其材料电导率和磁导率都对涡流检测仪产生效应，也就是说涡流检测仪对铁磁性材料进行分选时，既包含材料磁导率作用的贡献，也包含材料电导率作用的贡献，当两种铁磁性材料的电导率与磁导率乘积相等，即 $\sigma_1\mu_1 = \sigma_2\mu_2$ 时，二者对涡流检测仪的电磁作用相同，导致无法区分。

在工程应用中，采用很低的检测频率对铁磁性材料进行分选，一般检测频率只有几十赫兹至几百赫兹，这时检测绕组交变电流产生的低频交变磁场在铁磁性材料中激励产生的涡流非常微弱，其感应磁场对检测绕组的反作用远远小于由铁磁性材料磁导率感应的磁场对检测绕组的反作用，因此涡流效应可以忽略不计，从而实现低频绕组对铁磁性材料进行材料分选。

涡流材质分选只是一种简单分选，常用于材料分区储存时自动分选入库，不能给出被区分材料的牌号，如果需要对材质进行更细甄别，需采用化学分析或光谱材质分析进行判定。

10.1.3　放置式绕组的阻抗分析

放置式绕组是涡流检测中使用最为广泛的一种绕组，也称为探头式绕组，它的用处、结构、形状各不相同，如笔式探头、钩式探头、平探头和孔探头等。

在实际的涡流检测中，提离、电导率、磁导率、频率、缺陷以及工件厚度等变化都会对放置式线圈的阻抗产生影响，由于它们的变化方向各不相同，因此可以采用相位分离法对干扰因素进行甄别。

1. 提离效应的影响

由于绕组和工件之间距离的变化使到达工件的磁力线发生变化，改变了工件中磁通量，从而影响到绕组的阻抗，这种现象称为提离效应。涡流检测中提离效应影响很大，在实际应用中必须予以抑制，但提离效应也可用来测量金属表面涂层或绝缘覆盖层的厚度。

2. 边缘效应的影响

当绕组移近工件的边缘时，涡流流动的路径发生畸变，从而产生干扰信号，这种现象称为边缘效应。在实际涡流检测中，必须消除边缘效应的干扰。

3. 工件电导率 σ、磁导率 μ 的影响

对于非铁磁性材料，相对磁导率 $\mu_r \approx 1$，因此不影响阻抗，但对于铁磁性材料，其相对

磁导率 $\mu_r \gg 1$，对阻抗影响显著。在实际涡流检测中，常用直流磁化将被检铁磁性工件磁化到饱和，从而使磁导率达到某一常数，减小磁导率变化的影响。

4. 试验频率的影响

频率和电导率在阻抗图上的效应是一致的，常用相位分离法进行识别。

5. 工件厚度的影响

当工件厚度从无穷大减小到零时，放置式绕组的阻抗变化沿着曲线向上移动，与电阻率增大的效应类似。

6. 绕组直径的影响

绕组直径增加，放置式绕组的阻抗值沿着曲线向下移动，与频率增大的效应相似。这是因为绕组直径增加使工件的磁通密度增加了，增大了涡流值，这相当于增大电导率。

10.2 涡流检测设备和器材

根据涡流检测对象和目的进行划分，涡流检测设备分为涡流探伤仪、涡流电导仪和涡流测厚仪等。一般而言，涡流检测设备包括检测绕组、检测仪器、辅助装置；器材即检测试样，包括标准试样和对比试样。

10.2.1 检测绕组

涡流检测绕组通常又称探头，它是用直径非常细的铜线按一定方式缠绕而成，其分类方式很多，常用分类方式有以下三种：按感应方式分类，按应用方式分类和按比较方式分类。

1. 按感应方式分类

按感应方式不同，检测线圈分为自感式绕组和互感式绕组，如图 10-1 所示。

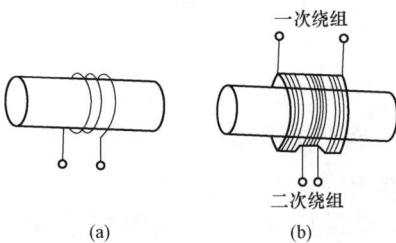

图 10-1 不同感应方式的检测绕组
(a) 自感式绕组；(b) 互感式绕组

自感式绕组由单个绕组构成，该绕组既作为激励绕组，又是感应、接收导电体中涡流再生磁场信号的检测绕组。互感绕组一般由两个绕组构成，其中一个是激励磁场、在导电体中形成涡流的激励绕组（又称一次绕组），另一个绕组是感应、接收导电体中涡流再生磁场信号的检测绕组（又称二次绕组）。

由于自感式绕组只有一个绕组，具有绕制方便、对多种影响被检对象电磁性能因素的综合效应响应灵敏的特点，同时，激励绕组和检测绕组二者合为体，对某一影响因素的单独作用效应难以区分。互感式绕组的激励绕组和检测绕组相互独立、各司其职，对不同影响因素响应信号的提取和处理比较方便。

2. 按应用方式分类

按应用方式不同，检测绕组可分为外通过式绕组、内穿过式线圈和放置式线圈，如图 10-2 所示。

外通过式、内穿过式和放置式检测线圈是根据不同应用对象而设计与制作的，其主要特点是对检测对象的适应性，外通过式线圈可用于检测管、棒、线等多种工件，内穿过式线圈仅可用于检测管材及管材制品，放置式线圈不仅可用于管、棒、线材检测，而且可用于检测

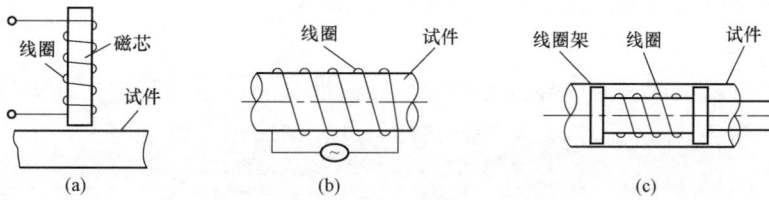

图 10 - 2 不同应用方式的检测绕组

（a）放置式绕组；（b）外通过式绕组；（c）内穿过式绕组

板材、型材以及形状复杂的工件；由于外通过式和内穿过式线圈电磁场的作用范围为环状区域，放置式线圈检测范围为尺寸较小的点状区域，因此外通过式和内穿过式线圈的检测效率要明显高于放置式线圈；外通过式绕组和内穿过式线圈在管壁和棒材表层感应产生的涡流沿管、棒材周向方向流动，对于缺陷方向的响应较为敏感，而放置式线圈在试件表面被检部位感应产生的涡流呈圆形，对于缺陷方向的响应敏感度低，即受裂纹取向的影响小，可在线圈中心加铁氧体磁芯，集中磁场能量，提高检测灵敏度。

3. 按比较方式分类

按比较方式不同，检测线圈可分为绝对式线圈、自比式线圈和他比式线圈，如图 10 - 3 所示。

绝对式线圈只有一个检测线圈，不仅对被检对象的各种情况，如材质、形状、尺寸等均能够产生响应，而且受环境条件（如温度变化和外界电磁场干扰）的影响较为明显。由于自比式线圈的两个二次线圈缠绕方向相反，在同一时刻同一方向交变磁场条件下感应产生的涡

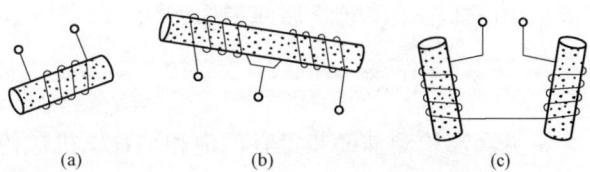

图 10 - 3 不同比较方式的检测线圈

（a）绝对式线圈；（b）自比式线圈；（c）他比式线圈

流方向相反，即在以串联方式联接的检测线圈输出端的感应电压是两个检测线圈中感应涡流与线圈阻抗乘积的差值，故称差动式线圈。这种线圈有利于抑制由于环境温度、工件外形尺寸等缓慢变化引起的线圈阻抗的变化。他比式线圈实际上是由两个独立线圈构成的一个线圈组，其中一个线圈作用于被检测对象，另一个线圈作用于对比试样，通过比较两个线圈分别作用于被检测对象和对比试样时产生的电磁感应差异来评价被检测对象的质量，这种检测方式具有能够发现外形尺寸、化学成分缓慢变化的优点。

10.2.2 检测仪器

利用涡流检测原理对材料进行无损检测的装置称为涡流检测仪，简称涡流仪。涡流检测仪是涡流检测的核心部分，其作用为产生交变电流供给检测线圈，对检测到的电压信号进行放大，抑制或消除干扰信号，提取有用信号，最终显示检测结果。

根据涡流检测对象和目的，涡流检测仪器分涡流探伤仪、涡流电导仪和涡流测厚仪三种：

1. 涡流探伤仪

涡流探伤仪能发现导电材料表面和近表面的缺陷，且无需耦合剂，易于实现高速、自动

化检测，因此在金属材料及其零部件的探伤中应用广泛。

2. 涡流电导仪

电导率的测量是利用涡流电导仪测量出非铁磁性金属的电导率值，而电导率值与金属中所含杂质、材料的热处理状态以及某些材料的硬度、耐腐蚀等性能有关，所以可进行材质的分选。

（1）材料成分及杂质含量的鉴别。金属的电导率值受纯度的影响，杂质含量增加电导率就会降低。可以通过测量电导率估算材质中杂质的含量。

（2）热处理状态的鉴别。相同的材料经过不同的热处理后不仅硬度不同，电导率也不同，因而可以用测量电导率的方法来间接评定合金的热处理状态或硬度。

（3）混料分选。如果混杂材料或零部件的电导率的分布带不相重合，就可以利用涡流法先测出混料的电导率，再与已知牌号或状态的材料和零部件的电导率相比较，从而将混料区分开。

3. 涡流测厚仪

（1）覆层厚度测量。用涡流检测方法可以测量金属基体上的覆层的厚度（厚度一般在几微米至几百微米的范围），利用的是探头式线圈的提离效应。

（2）金属薄板厚度测量。用涡流法测量金属薄板的厚度时，检测线圈既可按反射工作方式布置在被检测薄板的同一侧，也可按透射方式布置在其两侧。但都是根据在测量线圈上测得的感应电压值来推算金属薄板厚度的。

10.2.3　辅助装置

常见涡流检测辅助装置有磁饱和装置、机械传动装置、记录装置、退磁装置等。

磁饱和装置是对铁磁性材料在检测前进行磁饱和处理，消除磁性不均匀，提高涡流渗透深度，达到有效检测的目的。磁饱和装置可以对工件或局部进行磁饱和处理，一类是由线圈构成，并通以直流电，这类磁饱和装置主要包括外通过式线圈的磁饱和装置和磁轭式磁饱和装置；另一类磁饱和装置由一个尺寸较小、磁导率非常高的磁棒或磁环构成。

机械传动装置主要用于形状规则产品自动化检测，在管、棒材生产线上的应用最为广泛，它能保证被检工件与检测线圈之间以规定的方式平稳地做相对运动，且不应造成被检工件表面损伤。

记录装置是对被检测对象出现异常信号的位置自动实施记录和标识的装置，主要用于早期的涡流自动检测系统，如自动喷漆、刷涂等。随着检测仪器智能化水平的提高，仪器可准确计算出缺陷信号的幅值、位置等信息，逐渐替代了传统的记录装置。

当被检工件不允许存在剩磁时，在检测完成后，必须对其进行退磁处理。

10.2.4　检测试样

与其他无损检测技术一样，涡流检测也需要相应的检测试样，通过这些试样上已知人工刻槽、裂纹等信息来评价工件的质量。涡流检测试样分为标准试样和对比试块。

标准试样是按相关标准规定的技术条件加工制作，并经被认可的技术机构认证的用于评价检测系统性能的试样。这类试样主要包括涡流检测标准试样、电导率标准试样、标准厚度膜片等，如图 10-4～图 10-7 所示，用于评价检测系统性能。

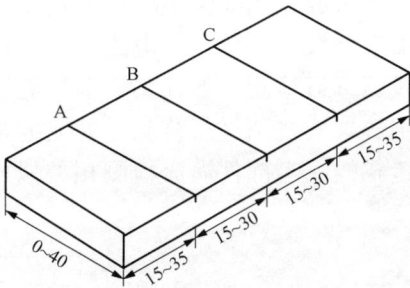

图 10 - 4 放置式线圈零部件涡流检测标准试样

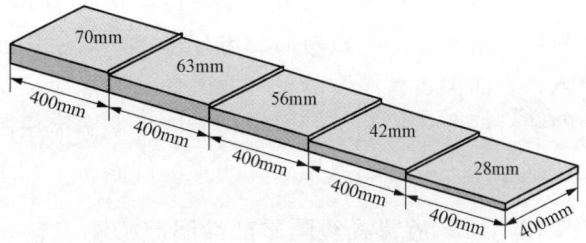

图 10 - 5 脉冲涡流检测平板标准试样

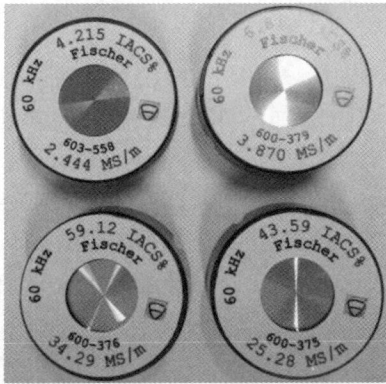

图 10 - 6 电导率标准试样

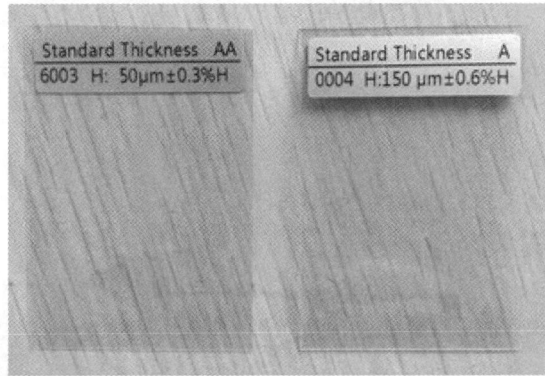

图 10 - 7 标准厚度膜片

对比试样是针对被检测对象和检测要求按照相关标准规定的技术条件加工制作的，主要用于实际检测灵敏度的调节和检测结果的评定。与标准试样相比，对比试样的材料特性与被检测对象必须相同或相近，如材料牌号、热处理状态、规格或形状等，且对比试样一般按照检测要求加工人工缺陷的形式和大小，如图 10 - 8 所示。

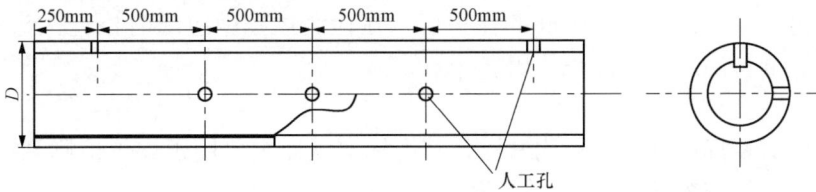

图 10 - 8 管道涡流检测对比试样

10.3 涡流检测工艺

涡流检测工艺是指导涡流检测技术应用工作实施的技术文件，由于涡流检测技术应用较广泛，不同工件检测技术在工艺形式和内容上存在较大的差异，因此必须针对具体的工件参数及质量控制要求进行制定。

按涡流检测目的来划分，分为涡流探伤、电磁特性测量、表面覆盖层厚度测量，其中涡流探伤主要包括铁磁性或非铁磁性材料制造的管材、棒材、丝材等规则工件及不规则零部件涡流检测，不同的工件及零件需要采用不同的检测线圈，其中放置式线圈主要用于检测不规则零部件表面或近表面缺陷，如变压器接线端子螺栓孔附近裂纹涡流检测；电磁特性测量主要利用涡流检测来测量材质的电导率，一般使用放置式线圈进行检测，如开关柜铜排电导率检测；表面覆盖层厚度测量分为磁性法和涡流法，也使用放置式线圈进行检测，如变电站接地网镀锌层厚度检测等。由于材质电导率涡流检测与放置式线圈零部件涡流检测相类似，因此，本部分主要介绍放置式线圈零部件涡流检测工艺。

10.3.1 放置式线圈零部件涡流检测工艺

涡流检测工艺主要包括检测前的准备，仪器、探头、试样的选择，仪器调节与检测灵敏度设定，检测过程，信号识别与分析，检测结果评定和记录等。

10.3.1.1 检测前的准备

被检测区域应无润滑脂、油、锈蚀或其他妨碍检测的物质；非磁性被检件表面不应有磁性粉末，当这些条件不满足时，应进行表面清理，在表面清理时不应损伤被检零部件的表面。

检测表面应光滑，表面粗糙度不大于 $6.3\mu m$，在对比试样人工缺陷上获得的信号与被检表面得到的噪声信号之比应不小于 $3:1$。

被检部位的非导电覆盖层厚度一般不超过 $150\mu m$，否则应采用相近厚度非导电膜片覆盖在对比试样人工缺陷上进行检测灵敏度的补偿。

10.3.1.2 仪器、探头、试样的选择

1. 仪器

涡流仪器种类很多，需要选择的涡流仪应具有阻抗平面显示和时基显示方式，能够通过检测频率、响应信号相位和增益的调节良好地对连续性感应产生的涡流相应变化。

2. 探头

应根据检测对象和要求，选择大小、形状和频率合适的涡流探头；可以采用屏蔽或非屏蔽的差动或绝对式涡流探头；涡流探头不应对施加的压力变化产生干扰信号；为了防止探头磨损，检测时可在探头顶部贴上耐磨的保护层，在检测过程中应随时检查探头的磨损情况，一旦发现磨损影响检测时，应停止使用。

3. 试样

检测过程中需要标准试样和对比试样，其中标准试样主要用于评价检测系统的性能，对比试样主要用于工件或零部件的实际检测。

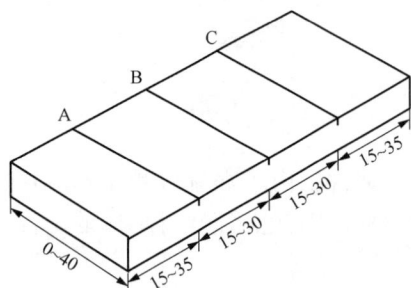

图 10-9 标准试样

标准试样应采用 T3 状态的 2Q24 铝合金材料或导电性能相近的铝合金材料加工制作，其外形尺寸、人工伤深度应符合图 10-9 所示要求，其中人工槽伤可采用线切割方式加工制作，宽度为 0.05mm，A、B、C 三条槽伤深度分别为 0.2mm、0.5mm 和 1.0mm，深度尺寸公差为 $\pm0.05mm$。

对比试样用于设定检测灵敏度、检测仪器工作状态和缺陷的评定，其电导率、热处理状态、表面状态及结构和人工缺陷的位置应与被检件相同或相近，对

比试样的材料选用可依据表 10-1。

表 10-1　　　　　　　　　　　　　　对比试样材料的选用

被检工件的材料	对比试样的材料
电导率大于 15％IACS 的非铁磁性合金	电导率在被检材料电导率±15％1ACS 范围内，且不小于 15％IACS 的非铁磁性合金
电导率在 0.8％～15％IACS 的非铁磁性合金	电导率不高于被检材料电导率 0.5％IACS，且不小于 0.8％IACS 的非铁磁性合金
高磁导率钢和不锈钢合金	4130、4330、4340 材料，或任何热处理状态的类似高磁导率合金
低磁导率合金	退火状态的 17-7PH

零部件及局部区域涡流检测用的对比试样可参照图 10-9 制作，人工缺陷的数量和深度可依据检测验收要求确定，对比试样可用实际零部件制成，表面粗糙度应满足对比试样上的人工缺陷信号与噪声信号比不小于 5∶1，首次使用前，人工缺陷的宽度和深度尺寸应经过检测，符合制作要求才能投入使用。

10.3.1.3　仪器调节与检测灵敏度设定

1. 频率选择

应根据检测深度、检测灵敏度、表面和近表面缺陷相位差、信噪比等条件选择检测频率。对零部件的检测还应考虑表面状况（粗糙度、漆层和曲面等因素）的影响。合适的检测频率应根据在对比试样及被检件上综合调试的结果确定。为提高检测可靠性，可采用多频检测方法，通过对比不同频率下缺陷信号的幅度或阻抗平面轨迹，综合判定缺陷的特征。

2. 相位调节

仪器相位调节应有利于缺陷响应信号与提离干扰信号的区分与识别，通常将提离信号的相位调节为水平方向，人工缺陷响应信号与提离信号之间有尽可能大的相位差。涡流响应信号会随着检测频率的改变而变化，在改变检测频率的同时应重新调节提离信号的相位，使其处于水平方向。必要时，可通过调节人工缺陷响应信号的垂直、水平比来增大人工缺陷响应信号与提离信号间的相位差。

3. 灵敏度设定

在对比试样上用规定的验收水平调试检验灵敏度，使检测线圈通过作为验收水平的人工缺陷时，人工缺陷信号的响应幅度不低于满刻度的 40％，人工缺陷信号与噪声信号比不小于 5。必要时，可根据作为验收灵敏度的人工缺陷响应信号设定仪器的报警区域。

10.3.1.4　检测过程

在检测过程中，探头应垂直于被检工件表面，在检测零部件的曲面和边缘部位时，可采用专用检测线圈以确保电磁耦合的稳定；扫查速度应与仪器标定时的速度相同；零部件边缘的影响不应使信噪比小于 3∶1；扫查中发现异常响应信号时，对有信号响应的被检区域应反复扫查，观察响应信号的重复性，并与对比试样上的人工缺陷响应信号进行比较；探头的最大扫查速度应使对比试样上人工缺陷信号幅度不低于标定值的 90％；扫查方向应尽可能与缺陷方向垂直，对未知的缺陷方向，扫查至少要有两个互相垂直的方向，扫查间距应不大于检测线圈直径的 1 倍；检测形状复杂的制件时，应将被检表面按形状不同划分出不同检测区域，使每个区域的形状基本一致，扫查方式如图 10-10 所示。

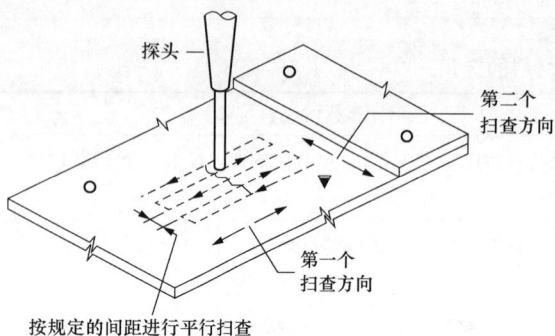

图 10-10 扫查方式

10.3.1.5 信号识别与分析

对于铁磁性材料，表面裂纹响应信号与提离信号之间通常存在较大的相位差；对于非铁磁性材料，表面裂纹响应信号与提离信号之间往往存在较小的相位差。表面裂纹响应信号一般具有较高的频率。对于出现异常响应信号的区域，应细致观察相应信号对应在零部件表面的位置，依据图 10-10 所示扫查方式来确定裂纹的方向与长度或其他类型缺陷的大小。

10.3.1.6 检测结果评定和记录

对检测中发现的不能排除由相关干扰因素引起的信号，如提离、边缘、台阶等干扰信号台阶等干扰信号视为由缺陷引起，并评定缺陷的方向、长度或面积及类型。对于表面缺陷，可根据响应信号幅值与对比试块上相关深度人工缺陷响应信号幅值的比较，评定引起该响应信号的缺陷的深度。缺陷响应信号的相位可作为表面缺陷深度评定的参考信息。

按有关产品标准及技术条件或与供需双方合同的验收准则，对被检测零部件给出合格与否的结论。当产品标准及技术条件或与供需双方合同未给出验收准则时，可以仅对所发现缺陷给出定量的评定，而不给出合格与否的结论。

按照检测的实际情况详细记录检测过程的有关信息和数据。

10.4 典型案例

10.4.1 水力发电机磁极涡流检测

水力发电机磁极连接引线是水力发电机组中重要监督部件，如图 10-11 所示，一般采用铜排加工成各种结构，敷上绝缘材料进行固化处理，其主要作用是连接发电机各个磁极，作为导电装置，由于检测空间较小、形状不规则，表面覆盖有 2mm 厚的绝缘材料层，不适宜采用射线、超声、渗透等常规检测，因此选择阵列涡流检测技术。

1. 对比试样

分别制作 T1 对比试样和 CJ1 对比试样，如图 10-12、图 10-13 所示，对比试样应选择与磁极连接引线具有相近规格、牌号、热处理状态、表面状态和电磁性能的铜排加工，试样表面不应沾有异物，且无影响检测的缺陷。

T1 对比试样加工了 5 条裂纹缺陷，其中 A、B、C、D 和 E 裂纹深度分别为 0.5mm、1.0mm、1.5mm、2.0mm 和 3.0mm，宽度均为 0.3mm。

CJ1 对比试样加工了 3 条裂纹缺陷，其中 A、B、C 裂纹尺寸均为宽 0.3mm、深 0.5mm。

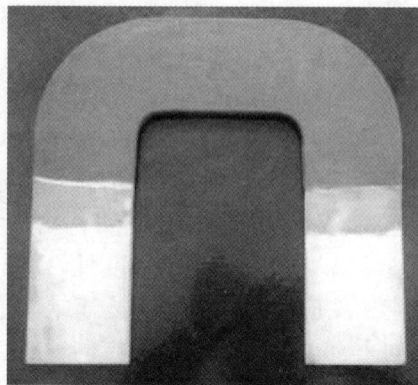

图 10-11 磁极连接引线

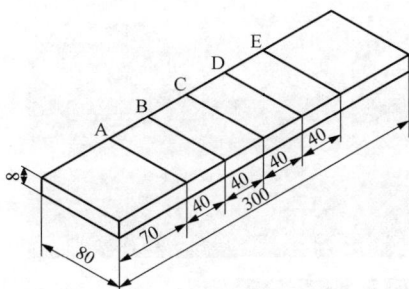

图 10 - 12　T1 对比试样

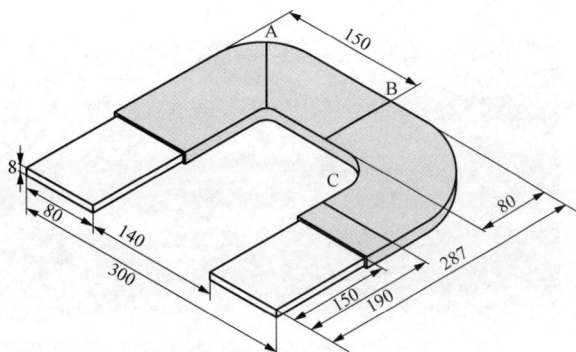

图 10 - 13　CJ1 对比试样

2. 检测仪器与探头

（1）检测系统包括阵列涡流检测仪、阵列涡流传感器等。

（2）阵列涡流检测仪为 32 或以上阵列涡流成像检测仪，具有时基、阻抗平面、平面二维扫描成像、C 扫描成像等显示方式；具备独特的非等幅相位/幅度报警功能和方框报警功能；具有实时多探头、多通道、多种组合方式检测功能；可实现阵列传感器快速扫查。

（3）EPTA 系列阵列涡流传感器，如图 10 - 14 所示。

3. 检测

（1）进行仪器全局参数、仪器检测频率、配置通道参数、C 扫描通道配置。

（2）以 T1 对比试样上人工模拟裂纹缺陷调整检测灵敏度，一般情况下，将与磁极连接引线相同厚度绝缘层下深 0.5mm、宽 0.3mm 的人工模拟裂纹缺陷信号幅值调整到满刻度的 60%。

（3）检测前，对磁极连接引线进行外观尺寸和表面质量检查。

（4）沿着试块长度方向进行匀速扫查。

（5）对出现异常响应信号的区域，应反复扫查，观察响应信号的重复性。

图 10 - 14　EPTA 系列阵列涡流传感器

（6）记录和保存检测结果，如图 10 - 15 所示。

从图 10 - 15 中，可以清晰地看到 CJ1 对比试样上 A、B、C 三条裂纹缺陷扫描图像，且缺陷成像清晰明了，阵列涡流检测技术可以准确地检测出磁极连接引线上宽 0.3mm、深 0.5mm 的人工裂纹缺陷，满足现场技术应用要求。

10.4.2　主变抱箍线夹导电率检测

根据国家电网公司金属专项技术监督工作通知要求，对湖南某 220kV 输变电新建工程主变压器抱箍线夹导电率检测，材质为 T2 纯铜，抱箍线夹如图 10 - 16 所示。执行标准《铜及铜合金导电率涡流测试方法》（YS/T 478—2005），导电率≥30%IACS 合格。

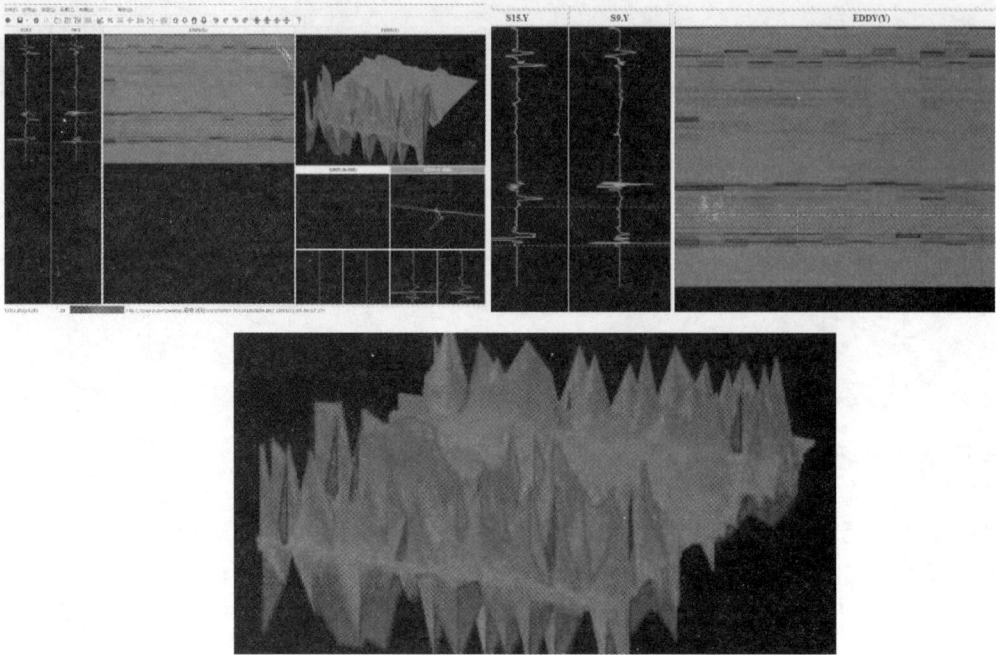

图 10-15 磁极连接引线裂纹缺陷成像检测试验图

图 10-16 主变抱箍线夹实物图

1. 检测前的准备

标块、探头表面及主变压器抱箍线夹表面应保持清洁，如有油脂、灰尘等污物，应使用棉布或软纸蘸不会产生化学腐蚀的液体擦拭干净。

2. 仪器校准

开机，用高、低值标准试块对仪器进行校准。将探头轻轻贴在校准块上，看显示的导电率数值与标准块值是否接近；测试精度应不大于±0.35%IACS（或0.2MS/m），否则需重新校准。

3. 测量

将仪器探头垂直接触线夹表面，在线夹被检面上均匀选取3个测试点并在每个测试点附近测2~3次，读取各部位的电导率测试值。取其算术平均值作为最终测试结果，如图10-17所示。

测试时：应远离热源，避免阳光直射；探头应平稳地置于线夹表面的测试部位，探头表面与测试面平行紧贴；手持探头时间尽可能短，切忌用手触摸探头端部、标块和被检试件的测试部位。使用无电磁屏蔽的仪器时，探头必须离检测面边缘5mm以上。

4. 结果评定

该抱箍线夹导电率测量平均值为83.2%IACS，大于30%IACS，满足标准YS/T 478—2005的规定，合格。

5. 报告

根据相关标准要求，做好原始记录及签发报告。

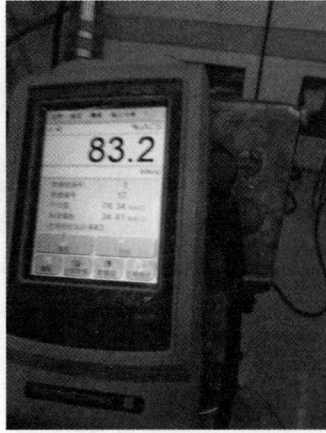

图 10 - 17　主变压器抱箍线夹导电率测试平均值

第 11 章
厚 度 测 量

11.1 超声法测厚

11.1.1 检测原理

超声波测厚仪按工作原理可分为共振法、干涉法及脉冲反射法等，其中脉冲反射法由于不涉及共振机理，与被测物表面的光洁度关系不密切，所以超声波脉冲法测厚仪是目前最为流行和使用最为广泛的仪器。

其工作原理为：脉冲发生器以一个窄电脉冲激励专用高阻尼压电换能器，此脉冲为始脉冲，一部分由始脉冲激励产生的超声信号在材料界面反射，此信号称为始波。其余部分透入材料，并从平行对面反射回来。这一返回信号称为背面回波。始波与背面回波之间的时间间隔代表了超声信号穿过被测件的声程时间。如测得声程时间则可由式（11-1）确定被测件厚度，测厚时声速是确定的。

$$d = \frac{Ct}{2} \qquad\qquad (11-1)$$

式中 d——被测件厚度，mm；

C——超声波在被测件中的传播速度，即声速，m/s；

t——声程时间，s。

根据式（11-1）可知，欲求被测件厚度，需要知道材料中的声速，常用材料的声速见表 11-1。

表 11-1 常用材料中的声速

材料	声速/m·s⁻¹	材料	声速/m·s⁻¹
铝	6400	铜	4700
锌	4170	不锈钢	5790
银	3600	黄铜	4640
金	3240	锡	3230
钢铁	5900	有机玻璃	2730
水	1473	石英	5639
陶瓷	5842	碳钢	5920

11.1.2　检测设备和器材

1. 超声波测厚仪的组成

超声波测厚仪主要由主机和探头两部分组成，如图 11-1 所示。主机电路包括发射电路、接收电路、计数显示电路三部分，由发射电路产生的高压冲击波激励探头，产生超声发射脉冲波，脉冲波经介质介面反射后被接收电路接收，通过单片机计数处理后，经液晶显示器显示厚度数值，它主要根据声波在试样中的传播速度乘以通过试样的时间的一半而得到试样的厚度。

常见的超声波测厚仪具有声速调节，零点调节和数据存储功能，且随机带有厚度校准试块。超声波测厚仪有数值型和波形显示型两种，波形显示型一般带有 B 扫功能，可以连续对检测区域进行测量并显示厚度变化图形，常用于腐蚀、不规则损伤坑的检测。

超声波测厚探头可以分为单晶探头和双晶探头等形式，其结构示意图如图 11-2 所示，常用的为单晶片结构，双晶片一般用于精度较高的薄板检测，双晶探头一般在特定厚度范围内使用。

图 11-1　超声波测厚仪

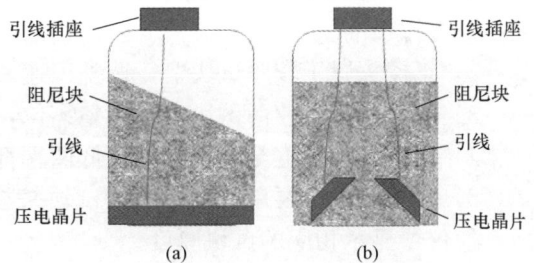

图 11-2　测厚探头结构示意图
（a）单晶探头；（b）双晶探头

2. 超声波测厚仪的主要特点

（1）测量范围宽，误差小；

（2）已知材料的声速，可以测量工件的厚度；已知工件的厚度，可以测量材料的声速；

（3）对声衰减不太大的各种材料均能测量；

（4）工件表面带有漆皮、锈层和腐蚀坑，通常不打磨也能测量；

（5）操作简单，测量迅速，携带方便。

11.1.3　检测工艺

1. 工件表面预处理

被检工件表面应光洁平整，对于测定面上存在的浮锈、鳞皮或部分脱落的涂膜应进行清洗，必要时进行修磨，修磨后测点的粗糙度 R_a 一般不大于 $6.3 \mu m$。

2. 超声波测厚仪的选择

（1）应根据工件形状、厚度和精度要求来选择合适的超声波测厚仪和探头。

（2）在室外白天则选择液晶屏亮度高、显示清晰、抗干扰能力强的超声波测厚仪。

（3）对于曲率半径小的工件宜选用小直径探头，以提高耦合效果。

3. 耦合剂的选择

（1）根据被测工件表面状况、声阻抗和被测设备的工艺要求，选用声阻抗好，透声性能好，无气泡、黏度适宜的耦合剂。

（2）选用的耦合剂应对工件无腐蚀，对人体无害。常用耦合剂有水、机油、化学糨糊、水玻璃、甘油、洗洁精、黄油等。

（3）重要工件精确测厚时选用甘油。禁油设备测厚时应使用非油类耦合剂。

（4）表面比较粗糙的工件，选用较浓稠的耦合剂如水玻璃、糨糊或黄油等。

（5）在垂直面或顶面，宜选用较浓稠的耦合剂，以免在垂直面流速过快。

4. 仪器的调试与校准

遵从说明书要求使用，测厚之前应进行声速的调整和零位的校准。

（1）声速已知时的校准

若已经知道材料的声速，则可预先调整好声速值，然后将探头置于仪器附带的试块上，调整零位，使仪器显示为试块的厚度即可。

（2）声速未知时的校准

1）采用由被测材料制成的阶梯试块，分别在厚度接近待测厚度的最大值和待测厚度的最小值进行校准。

2）将探头置于较厚试块上，调整声速，使得测厚仪显示读数接近已知值。

3）将探头置于较薄试块上，调整零位，使得测厚仪显示读数接近已知值。

4）反复调整，直至量程的高、低两端都得到准确的读数即可。

5）仪器的线性要用厚度不同的试块来校准。调整时将探头分别对准厚度不同的试块底面，使仪器显示相应的试块厚度。

5. 检测实施

在预处理好被测工件表面涂布合适的耦合剂，以排除工件和探头间的空气。

（1）测量方法。

1）一次测定法：在用单晶直探头测定厚度时，探头一般只需进行一次测量，测量一点的厚度。

2）二次测定法：用双晶直探头测定厚度时，需采用二次测定法，将分割面的方向旋转 90°，在同一测厚点进行两次测厚，以较小的测厚值为准。

3）多点测量：也叫 30mm 多点测量法，即在直径为 30mm 的圆内进行多点测量，取最小读数为材料厚度值。

4）精确测量：在规定的测量点周围增加测量点数目，厚度值的变化用等厚线来表示。

5）连续测量：用单点测量方法以 5mm 或更小的间距沿指定路线连续测量。

6）管子壁厚测量：测量时，应使探头中心线与管轴中心线相垂直，并通过管轴中心，测量的方向可以沿管子轴线，也可以垂直于管子的轴线进行。当管子直径较大时，测量应在垂直方向上进行，当管子直径较小时，测量则应在垂直和轴线两个方向上进行，并取较小的显示值作为厚度值。

7）网格测量法：在指定区域划上网格，按点测厚记录。此方法在高压设备、不锈钢衬里腐蚀监测中广泛使用。

（2）异常情况处理。

1）没有显示值。若被测工件曲率半径太小（耦合效果差）或背面存在大量点腐蚀（声波散射），测厚仪有可能无显示值，此时应用小直径探头或超声检测仪进行辅助测定。

2）显示值比实际值大。若被测工件壁厚小于 3mm，且背面比较光滑，为避免测厚仪的显示值有时为实际厚度的两倍，这时应采用小测距探头或专用探头。

3）显示值比实际值小。当被检工件内部存在夹杂、分层等内部缺陷时，测厚仪显示值有可能小于实际厚度（常小于实际厚度的 70%）。此时应使用超声检测仪（用直探头或斜探头）对测厚点周围进行检测，检查是否受到缺陷的影响。

11.1.4　检测影响因素

（1）工件表面粗糙度过大，造成探头与接触面耦合效果差，反射回波低，甚至无法接收到回波信号。对于表面锈蚀，耦合效果极差的在役设备、管道等可通过砂、磨、锉等方法对表面进行处理，降低粗糙度，同时也可将氧化物及油漆层去掉，露出金属光泽，使探头与被检物通过耦合剂能达到很好的耦合效果。

（2）工件曲率半径过小，尤其是小径管测厚时，因常用探头表面为平面，与曲面接触为点接触或线接触，声强透射率低（耦合不好）。可选用小管径专用探头（6mm），能较精确地测量管道等曲面材料。

（3）检测面与底面不平行，声波遇到底面产生散射，探头无法接受到底波信号。

（4）铸件、奥氏体钢因组织不均匀或晶粒粗大，超声波在其中穿过时产生严重的散射衰减，被散射的超声波沿着复杂的路径传播，有可能使回波湮没，造成不显示。可选用频率较低的粗晶专用探头（2.5MHz）。

（5）探头接触面有一定磨损。常用测厚探头表面为丙烯树脂，长期使用其表面粗糙度增加，导致灵敏度下降，从而造成显示不准。可选用 500 号砂纸打磨，使其平滑并保证平行度。如仍不稳定，则考虑更换探头。

（6）被测物背面有大量腐蚀坑。由于被测物另一面有锈斑、腐蚀凹坑，造成声波衰减，导致读数无规则变化，在极端情况下甚至无读数。

（7）被测物体（如管道）内有沉积物，当沉积物与工件声阻抗相差不大时，测厚仪显示值为壁厚加沉积物厚度。

（8）当材料内部存在缺陷（如夹杂、夹层等）时，显示值约为公称厚度的 70%，此时可用超声波探伤仪进一步进行缺陷检测。

（9）温度的影响。一般固体材料中的声速随其温度升高而降低，有试验数据表明，热态材料每增加 100℃，声速下降 1%。对于高温在役设备常存在这种情况。应选用高温专用探头（300～600℃），切勿使用普通探头。

（10）层叠材料、复合（非均质）材料。要测量未经耦合的层叠材料是不可能的，因超声波无法穿透未经耦合的空间，而且不能在复合（非均质）材料中匀速传播。对于由多层材料包扎制成的设备（像尿素高压设备），测厚时要特别注意，测厚仪的示值仅表示与探头接触的那层材料厚度。

（11）耦合剂的影响。耦合剂用来排除探头和被测物体之间的空气，使超声波能有效地穿入工件达到检测目的。如果选择种类或使用方法不当，将造成误差或耦合标志闪烁，无法测量。应根据情况选择合适的耦合剂：在光滑材料表面，选用低黏度耦合剂；在粗糙表面、垂直表面及顶表面，选用黏度高耦合剂；高温工件应选用高温耦合剂。其次，耦合剂应使用适量、涂抹均匀，一般应将耦合剂涂在被测材料的表面，但当测量温度较高时，耦合剂应涂在探头上。

（12）声速选择错误。测量工件前，根据材料种类预置其声速或根据标准块反测出声速。当用一种材料校准仪器后（常用试块为钢）去测量另一种材料时，将产生错误的结果。因此，在测量前一定要准确识别材料，选择合适声速。

（13）应力的影响。在役设备、管道大部分存在应力，固体材料的应力状况对声速有一定的影响，当应力方向与传播方向一致时，若应力为压应力，则应力作用使工件弹性增加，声速加快；反之，若应力为拉应力，则声速减慢。当应力与波的传播方向不一致时，波动过程中质点振动轨迹受应力干扰，波的传播方向产生偏离。资料表明，一般应力增加，声速缓慢增加。

（14）金属表面氧化物或油漆覆盖层的影响。金属表面产生的致密氧化物或油漆防腐层，虽与基体材料结合紧密，无明显界面，但声速在两种物质中的传播速度是不同的，从而造成误差，且随覆盖物厚度不同，误差大小也不同。

11.1.5　典型案例

11.1.5.1　变电站环形混凝土电杆钢板圈厚度检测

某 220kV 变电站于 2007 年 10 月投运，其构支架采用环形混凝土电杆结构。电杆普遍采用的是玻璃钢（环氧树脂＋玻璃纤维）包覆钢板圈的典型防腐工艺，由于施工工艺不良以及环氧树脂易老化等原因，玻璃钢包覆层与钢板圈之间易产生间隙，内部长期积水，导致电杆钢板圈锈蚀严重，如图 11 - 3 所示，大大降低了电杆的承载能力，威胁电网安全运行。为了评估电杆继续服役的安全可靠性，进行了混凝土电杆钢板圈厚度检测。

图 11 - 3　电杆钢板圈锈蚀

（1）查阅资料。查阅相关图纸，得知该钢板圈设计厚度为 10mm。

（2）检测前的准备。检测前对待测点进行打磨，确保表面粗糙度符合检测要求。

（3）仪器设备的选择。采用美国 GE DM5E 型超声测厚仪。由于腐蚀后钢板圈表面凹凸不平，较为粗糙，选用黄油作为耦合剂。探头选用直径为 12mm、频率 5MHz 的 DA501 标准探头。

（4）仪器校准。根据仪器操作规程或说明书，进行仪器的调试与校准。

（5）测量。采用一次测定法进行检测，检测结果如图 11 - 4 所示。

（6）结果评定。现场检测钢板圈厚度已不足 8mm，根据设计要求厚度为 10mm，减薄超过 20%，腐蚀相当严重，根据相关标准评估为危险状态，应及时进行补强或更换。

11.1.5.2 输电线路钢管杆内壁腐蚀厚度检测

钢管杆多分布在城区人员活动密集区，一旦发生倒杆、横担掉落等事故，后果难以估量。目前，一些输电线路钢管杆服役达十几年，对其安全状况缺少深入掌控，且已有部分公司发生过钢管杆倾倒事故。

针对可能存在的隐患，对某地市公司开展了城区线路钢管杆内壁腐蚀情况调查。发现某 110kV 线路 11 号钢管杆内部积水严重，积水深度达 2m 以上，杆子基础保护帽被水长期浸泡出现鼓包现象，如图 11-5 所示；为了评估该钢管杆的腐蚀程度，对其管壁进行了超声波测厚。

图 11-4　钢板圈厚度检测

（1）查阅资料。查阅相关图纸，该钢管杆设计壁厚 8mm。

（2）检测前的准备。钢管杆待测表面较平整，未打磨处理。

（3）仪器设备的选择。采用美国 GE DM5E 型超声测厚仪。选洗洁精作为耦合剂。探头选用直径 12mm、频率 5MHz 的 DA501 标准探头。

（4）仪器校准。根据仪器操作规程或说明书，进行仪器的调试与校准。

（5）测量。在垂直方向上进行管子壁厚测量，结果如图 11-6 所示。

图 11-5　钢管杆基础保护帽鼓包

图 11-6　钢管杆壁厚检测

（6）结果评定。现场实测最薄处仅 5.90mm，根据设计要求厚度为 8mm，腐蚀减薄达 39％，存在严重安全隐患，应对其开展强度校核，加强巡视和维护，尽快进行更换。

11.1.5.3 10SDT-12.5 型钢管杆厚度检测

2018 年，某地市 10SDT-12.5 型钢管杆发生严重变形，分析其主要原因是钢管壁厚不够导致，为此，市局要求积极开展该批次 10SDT-12.5 型钢管杆物资质量抽检工作，使用超声波测厚仪对已供应钢管杆进行壁厚测量。

（1）查阅资料。按照《国家电网公司配电网工程典型设计（2016 年版）　10kV 架空线路分册》要求，10SDT-12.5 型钢管杆设计壁厚为 12mm。

（2）仪器校准。依据《无损检测接触式超声脉冲回波法测厚方法》（GB/T 11344—2008）标准相关要求，选择超声波测厚仪及 5 阶厚度校准试块，进行两点校准，校准完毕后，在阶梯试块 12mm 厚度处进行校核，测量次数不少于 3 次。

（3）被检工件表面处理。对 10SDT-12.5 型钢管杆进行宏观检查合格后，清除钢管杆表面的异物。

（4）测量。选择 5 个测点位置，测点位置要均匀分布，在测点位置处涂上耦合剂，使测厚仪探头垂直并紧贴检测部位，待仪器显示读数稳定后读取并记录检测结果为 8.5mm。

（5）结果评定及处理。根据设计图纸和国家电网公司物资抽检相关规定，材料厚度负偏差绝对值不应大于标准规定负偏差的 50%，查阅《热轧钢板和钢带的尺寸、外形、重量及允许偏差》（GB/T 709—2019）可知，12mm 厚钢板负偏差为 −0.45mm，因而钢板厚度不应小于 $12 - 0.45 \times 0.5 = 11.77$mm，而本次钢管杆厚度实测平均值为 8.5mm，不合格。

11.2　X 射线荧光法测厚

高压隔离开关是电力系统中使用得最为普遍的高压开关设备，其触头镀银层的性能直接影响高压隔离开关的可靠性和运行寿命。镀银层厚度作为触头性能质量的一个重要指标，有着现实且迫切的检测需求，而 X 射线荧光测厚法作为一种无损检测方法在现场检测中得到了广泛应用。

11.2.1　X 射线荧光测厚的基本原理

基本原理：利用荧光光谱仪，测量不同镀层厚度的基体金属元素含量，间接推算镀层内射线的衰减量，镀层厚度越大，衰减幅度越大，所测得基体材料合金成分含量越低。通过将基体材料合金元素百分比与镀层厚度对应拟合成曲线。实际测量在曲线上选择数值点，可以得出镀层厚度值。

通常，单层镀层（高压触头试样的镀银层）的厚度采用 X 射线荧光发射法进行测量。发射法是依据镀层中目标分析元素的特征谱线的荧光 X 射线强度来确定厚度的。

铜基体上银镀层的典型测量范围为 $0 \sim 50 \mu m$。

镀层成分的分析信号（即为其测量的镀银层成分）取决于 4 个因素：镀层的化学成分，镀层基体的化学成分，镀层厚度和分析仪的激化源。当镀层和基体的成分确定，分析仪的激化源也确定时，分析信号就只取决于镀层厚度。因此，用同一型号的手持式 XRF 合金分析仪对高压隔离开关触头镀银层进行测量时，其分析信号的变化只有银镀层厚度一个参量，表 11-2 是利用手持式 X 射线合金分析仪获得的不同厚度镀银层的 Ag 成分含量与厚度对响应关系。

表 11-2　　　　　　　　　镀银层的 Ag 成分含量与厚度对应关系

Ag/%	0	83.66	90.00	93.93	94.23
镀银层厚度/μm	0	12.2	15.9	19.0	19.5

设定镀银层厚度为 y，Ag 含量百分数为 x，拟合上述数据，可以得到厚度与成分的函数关系式：

$$y = -\ln(1-x)/0.1466(R^2 = 0.9997) \tag{11-2}$$

依据式（11-2）可以对铜基银镀层的厚度进行间接测量。

11.2.2　检测设备和器材

11.2.2.1　检测设备

检测设备主要有两大类：便携式荧光光谱仪，如图 11-7 所示；台式 X 射线荧光光谱仪，如图 11-8 所示。

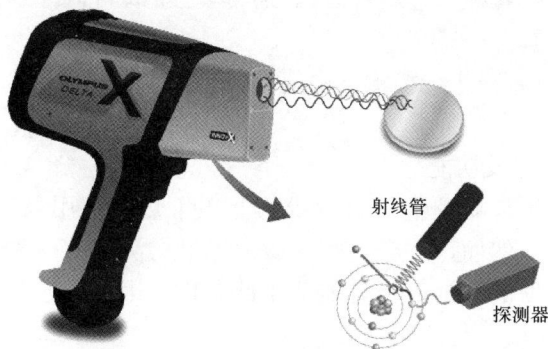

图 11-7　便携式荧光光谱仪　　　　　图 11-8　台式 X 射线荧光光谱仪

1. 便携式荧光光谱仪

（1）便携式荧光光谱仪的组成。便携式荧光光谱仪是一种基于 X 射线荧光（X Ray Fluorescence，XRF）光谱分析技术的光谱分析仪器，主要由 X 光管、探测器、CPU 以及存储器组成。它能实现镀层成分的现场快速无损检测，通过镀银层厚度与成分之间的关系间接实现镀银层厚度的测量。

（2）便携式荧光光谱仪的主要特点。

1）分析速度快，通常一个元素的测量时间在 10～100s 的范围内，有时对主量元素仅仅 2s 就能满足分析要求；

2）非破坏性分析，属于无损检测范畴；

3）分析元素范围广，可以分析元素周期表中 Be 到 U 的绝大部分元素，还可以分析同族难分离元素，例如稀土分量、钨钼、铌钽等；

4）分析含量范围广，可以分析 0.01%～100% 的含量范围；

5）分析精度高，重现性好，其高精度可以与湿法化学分析方法媲美；

6）谱线简单，容易做定性分析；

7）方便携带，适合开展现场检测工作。

（3）检测影响因素。

1）荧光光谱仪靶材的激励源。靶材一般是由一些贵金属组成的，同靶材材质会对相关元素及其附近的元素起弱化作用。

2）探测器种类。目前，主流探测器主要有 SDD X 射线探测器和 Si-Pin X 射线探测器。SDD X 射线探测器具有较高的计数率，是普通 Si-Pin X 射线探测器获取数据能力的 10 倍。分析速度 1～2s，并且能分析的元素增加 Mg、Al、Si 3 个元素。

3）金属的形状。金属检测是以球状为标准的，因为球体的任何一面形状都是相同的。实际上的污染物极少是规则的球体，而会根据其通过检测口时的方向产生不同信号。最明显的例子是线状污染物。线状金属通过检测口时，会因其金属类型和放置方向产生很不一样的信号。最糟糕的情形是，它只产生相当于线粗直径的球体产生的信号大小。

4）便携式荧光光谱仪的灵敏度。取决于检测口的大小。检测口越小，就能检测出更小的金属。矩形检测口的维度越小，就越灵敏。

5）金属检测盲区。电磁信号场大体上位于检测口隔离或防护好的内部，但是超出来的那部分区域就形成了检测不到金属的区域或者称"金属盲区"。通常，"金属盲区"约比检测口的尺寸小 1.5 倍，该区域不允许存在金属。

6）测试时间。测试时间越长，结果就越稳定，检测下限值也就越低。

2. 台式 X 射线荧光光谱仪

（1）台式 X 射线荧光光谱仪的主要部件及功能。

1）光源。早期的荧光分光光度计，配有能发生很窄汞线的低压汞灯。使用高压汞灯，谱线被加宽，而且也存在高强度的连续带。然而，一个完整的激发光谱的测定需一种能发射从可见光到紫外线范围的较高强度的光辐射的灯。氙弧灯能适于此条件，因此，它是目前在荧光分光光度计中最广泛使用的光源。

2）单色器。单色器的作用是把光源发出的连续光谱分解成单色光，并能准确方便地"取出"所需要的某一波长的光，它是光谱仪的心脏部分。单色器主要由狭缝、色散元件和透镜系统组成，其中色散元件是关键部件。色散元件是棱镜和反射光栅或两者的组合，它能将连续光谱色散成为单色光。

3）棱镜单色器。是利用不同波长的光在棱镜内折射率不同将复合光色散为单色光的。棱镜色散作用的大小与棱镜制作材料及几何形状有关。

4）光栅单色器。光栅作为色散元件具有不少独特的优点。光栅可定义为一系列等宽、等距离的平行狭缝。光栅的色散原理是以光的衍射现象和干涉现象为基础的。常用的光栅单色器为反射光栅单色器，台式 X 射线荧光光谱仪又分为平面反射光栅和凹面反射光栅两种，最常用的是平面反射光栅。光栅单色器的分辨率比棱镜单色器分辨率高（可达 $\pm 0.2nm$），而且它可用的波长范围也比棱镜单色器宽，且入射光 80% 的能量在一级光谱中。近年来，光栅的刻制复制技术也在不断地改进，台式 X 射线荧光光谱仪质量也在不断提高，应用日益广泛。

5）狭缝。狭缝是单色器的重要组成部分，直接影响到分辨率。狭缝宽度越小，单色性越好，但光强度也随之降低。

（2）台式 X 射线荧光光谱仪的主要特点。

1）普遍使用最新的硅漂移探测器技术，而且拥有全面的数据追溯能力，也可以选择各种软件功能，其性能接近甚至在某些方面超越了大型落地式光谱仪。

2）对元素周期表上氟（F）及以后的元素给出准确、精密和可靠的结果，其性能可与体积更大、功能更强的光谱仪相媲美，在某些方面甚至超越它们。

3）通过在激发和探测技术上的革新，对轻元素的分析功能方面表现更优，成为一种经济高效、具高度灵敏度的元素分析工具。

4）体积小，安装简单，便于现场和野外观测。

（3）检测影响因素。

1）工作曲线的影响：工作曲线是元素 X 射线强度与样品中所含元素的质量百分含量的关系曲线，通过工作曲线将测量得到的特征 X 射线强度转换为浓度。它除了与待测元素的浓度、待测元素、仪器校正因子、元素间吸收增强效应校正值有关，还与制作工作曲线的标准样品、工作曲线是否偏移、工作曲线的适用范围等有关。

2）样品大小：样品的大小，按 X 射线荧光光谱仪光斑大小区分，光斑能够完全照在样品上且样品厚度能够达到要求，可以直接放到测试室测量。光斑不能够完全照在样品上，即样品比光斑小（例如颗粒状的零件），则需要放在一个样品杯里，达到一定的量，再将其压紧，不留空隙，然后进行分析。

3）样品表面的影响：样品表面暴露在空气中被氧化，而 X 荧光光谱仪为表面分析方法，可能会导致样品分析结果随时间增长呈不断增高趋势，测量前应先将氧化膜磨掉。样品表面的光滑程度对分析结果影响也较大，样品表面不光滑，凹凸不平，都会影响测量结果，所以应尽量将表面磨平整。

4）干扰元素的影响：在一个复杂的样品中，谱线干扰是不可忽视的，有的甚至造成严重的干扰。由于干扰元素存在，进行分析样品时干扰元素的谱线与待测元素的谱线有重合，造成测得的强度偏大，给分析结果带来偏差。克服的方法有：避免干扰线，选用无干扰的谱线作分析线；适当选择仪器测量条件，提高仪器的分辨本领；降低 X 光管的管电压至干扰元素激发电压以下，防止产生干扰元素的谱线；进行数学校正，现代仪器上都有数学校正程序。

11.2.2.2　器材

X 射线荧光光谱仪主要配件为试片，一般根据检测对象不同，有铜基镀银试片、铜基镀锡试片、铝基镀银试片等，每种试片都由若干片组成，一般覆盖常见的镀层厚度，如 1、3、10、15、$20\mu m$，…，每套试片的实际值有差异，且不是整数，需要进行标定。

11.2.3　检测工艺

11.2.3.1　便携式荧光光谱仪检测工艺

1. 工作环境

（1）远离强磁、强振、高压环境，否则会干扰能量谱形或设备不能正常工作。

（2）应保持测量温度为 $10\sim35℃$，气温过高或过低都会影响设备的正常运作；空气相对湿度应小于 80%。

（3）电源应稳定，杜绝突然断电现象和电压波动对测试结果的影响。

（4）保持工作间和设备的整洁，防止灰尘的腐蚀。

2. 误差的影响因素

（1）X 光谱测量是一种对比测量方法，实测时会有一定误差。正常条件下，误差范围为：包括 Al、Mg、Si 等轻元素，测量平均相对不确定度在 $\pm10\%$ 以内。

（2）人员：同一样品经不同人员测试可能产生不同结果，差异可能产生在取样、前置处理、测试模块、人工分析能量谱图等环节。

（3）样品：

1）样品如果没有被拆分到均质材质，其测试结果将失真。所以，所取测试样品，必须要求均质化测试；当出现无法进行均质化测试时，所取测试点必须包括产品所有的组成部分。

2）含表面处理层（包括自然氧化层）的均质材质，如表面层未处理（如打磨或刀刮等）或处理不干净，测试内部材质时将受表面层影响。如表面处理层较薄，测试表面层时可能受内部材质影响。

3）固体被测面越洁净，测试结果越真实，如有油污、灰尘等应尽量清理干净。

4）固体被测面越光滑，测试时折射的X光线越凝聚，测试结果越准确。

5）粉末样品颗粒的粗细程度，颗粒越细测试结果越精确。

6）液体样品中的沉淀、结晶、气泡等都会影响测试结果。

（4）设备本身的稳定性，保养与维护越好，测试结果越准确。

3. 检测实施

（1）查阅技术资料，记录待检测工件的名称、镀层结构形式，确定镀层为单镀层、双镀层、多镀层。

（2）检查待测部位表面状况，待测面应清洁、完整，检测区域无破损或损伤，必要时采用无水乙醇或丙酮擦拭。

（3）开机，预热、完成系统自校。

（4）根据镀层结构形式，设置镀层检测模式。如铜镀银镀层，基材设置为"Cu"，第一镀层设置为"Ag"；如铜镀锡镀银镀层，基材设置为"Cu"，第一镀层设置为"Sn"，第二镀层设置为"Ag"。

（5）设置激发模式，目前便携式荧光光谱仪均有"手动激发"和"自动激发"两种模式。手动激发时，应在检测数据稳定，不再发生变化或变化幅度较小时，才能停止激发。应根据设备说明设置"自动激发"的时间，应注意单镀层、多镀层的激发时间的差异，一般来说多镀层的激发时间要高于单镀层。

（6）仪器自校。因带镀层测厚功能的便携式荧光光谱仪不具备校准功能，检测前，应选择适当的标准试块测试，测试次数不少于3次，取平均值作为检测结果，比较与标准试块标称值的偏差，偏差应不大于5％。如偏差较大，应联系制造商重新校准曲线。

（7）检测时，应将设备的检测窗口垂直并紧贴检测部位，测点不宜选择靠近试件边缘、孔洞及曲率较大部位，激发停止后，方可将仪器提离检测面。

（8）检测过程中检测窗口不得有移动、晃动、歪斜等。

（9）检测导电回路的接触部位，若工件尺寸小于准直器孔径或测量必须在曲面上进行，应选择小孔模式，被检测面应全部覆盖小孔区域，且检测点应位于曲面的最高点。

（10）当工件导电回路接触部位具备检测条件可不拆卸，否则应拆卸检测。

（11）每个工件检测应不少于3点，测点应均匀分布，测点间距应根据工件大小以及仪器设备准直器孔径确定。待测工件表面积不能满足要求时，宜选择3个（组）工件进行测量。

（12）检测结果为零或数值异常偏小时，宜重新选择金属材料化学成分检测模式，分析镀层化学成分。

11.2.3.2　台式X射线荧光光谱仪检测工艺

1. 工作环境

（1）仪器室空调温度宜设置为24℃左右。

（2）仪器室应保持清洁卫生，不得有尘土、水渍。

（3）雨天、沙尘天气应紧闭窗户。

2．建立面向应用的标准样品

（1）先将用户要检测的样品进行分类，将不同材质的样品分成不同类别。

（2）同类别的材料再按其基材和主要组份分类。

（3）同基材的材料按照其主要组份进行归一化分类。

（4）确认归一化的材料的组份差别控制在可容许范围内，并确认其中应无影响谱线的不确定特征干扰元素出现，或者按照供应商进行分类。

（5）在1-4步基础上，对其中的主要组分、相关组分和待测组分进行定量分析。并根据待测组分的含量情况可以人为添加一定量的待测元素，为了保证添加的元素的状态稳定，应尽量添加其稳态化合物。以此建立各分类材料的标准样品，并使用该标准样品在X射线荧光光谱仪上建立标准曲线。

（6）根据用户需要，不断扩充标准样品种类，并依据材料使用者进行对应的物料编号或使用用户编号，使操作员能准确使用对应的标准曲线进行该类材料的检测。

3．检测实施

（1）检查仪器是否处于正常开机状态，标准试片是否完好、齐全。

（2）对试件进行宏观检查，观察检测工件测试位置的镀银层有无起皮、剥脱、漏镀、粗糙、杂质、油污等；清理试件表面，使用干毛巾或布对隔离开关及开关柜梅花触头接触面的指定测试位置进行清理。

（3）选择产品程式，将镀层测厚仪的"产品程式"依据所提供标准片进行选择（铜镀银或镍镀银模式）。

（4）查看仪器状态，单击"一般""测量基准"查看仪器上一次进行基准测量的时间，确认在7天内已进行了基准测量。单击"资料"，将厚度单位修改为μm（15秒，1次）。单击"校正""校正标准片"查看标准片的信息。

（5）调整测量距离，按设备要求调整旋钮将测量距离调整至规定值。

（6）单击"校正"，进入校正程序，修改测量参数，根据程序提示，依次校正标准元素片Ag和Cu。

（7）分别对两个标准片的厚度进行3次校正，之后结束校正程序。每次测量前若大幅改变了高度则需先升降仪器进行粗调，待显示器窗口中的图像逐渐清晰后，再单击自动对焦（或手动微调对焦）。每次测量前若未改变高度，则直接单击自动对焦（或手动微调对焦）。

（8）检测前分别对两个标准片厚度进行复核，每个标准片复核1点，每次15s。

（9）将工件在自备的支架上放平，在指定的测试区域内进行测量。每次测量前若大幅改变了高度则需先升降仪器进行粗调，待显示器窗口中的图像逐渐清晰后，再单击自动对焦（或手动微调对焦）。每次测量前若未改变高度，则直接单击自动对焦（或手动微调对焦）。每个测试区域测量1次，测量时间设置为不少于15s。

（10）测量中若出现"光谱测量错误"提示信息，打开"光谱"，点击谱图的最高峰，根据仪器提示的元素种类作出评判。出现提示信息后，继续完成剩下的测试点。

（11）检测完成后再次分别对两个标准片的厚度进行复核，每个标准片复核1点，每次15s。

根据检测结果，对工件质量状况进行判定，出具检测报告，报告内容应简明、完整，有明确结论。

11.2.4 典型案例

高压开关接触不良会导致局部温度升高，甚至烧毁。一般用接触电阻大小来评判接触状态，接触电阻越小，发热量越小，设备状态越良好。接触电阻和接触压力、接触面积、表面氧化程度、接触金属种类有关。其中接触金属一般要求进行镀银来降低接触电阻。镀银层要求有一定厚度，来保证持久性。敞开式隔离开关镀银层厚度一般要求为不小于 $20\mu m$。

11.2.4.1 隔离开关镀银层厚度检测案例 1

在某 220kV 变电站开展新建工程基建验收时，对 220kV 隔离开关触头镀银层厚度进行了检测，结果见表 11-2。该隔离开关型号为 GW17G-252/2500A。

（1）查阅技术资料，该隔离开关镀层的结构形式为铜镀银。

（2）检查触头接触部位表面状况，清除表面附着异物后，无破损、局部脱落等。

（3）开机，设置镀层检测模式，基材设置为"Cu"，镀层设置为"Ag"。

（4）设置激发模式为"自动激发"模式，激发时间设置为20s。

（5）因隔离开关导电接触部位为弧面，采用"小孔模式"，以保证检测结果的准确性。

（6）将检测窗口平行于隔离开关触头长度方向，垂直于导电接触部位弧面顶部，扣动扳机，激发停止后，读取、记录检测结果，测试 3 次，镀银层厚度分别为 $18.425\mu m$、$18.220\mu m$、$18.562\mu m$。

（7）根据标准 DL/T 1424—2015，该隔离开关镀银层厚度小于 $20\mu m$，不合格，应更换处理。

11.2.4.2 隔离开关镀银层厚度检测案例 2

受某供电公司委托，对其送检的 GW：4G-40.5DW/6.30 型隔离开关触头镀银层厚度进行了检测，结果见表 11-3。

表 11-3 触头、触指镀银层的 Ag 成分含量检测

Ag 含量	触头（wt%）	触指（wt%）	标准值（wt%）
1	1.53	2.04	
2	2.34	1.97	
3	1.75	1.68	≥94.7
4	2.86	2.06	
5	2.25	1.92	

根据表 11-1 镀银层的 Ag 成分含量与厚度对应关系，隔离开关触头、触指的镀银层银含量均远小于 94.7%，镀银厚度远小于 $20\mu m$，根据 DL/T 1424—2015，不合格，应更换处理。

11.3 涡流法测厚

涡流测厚法是一种适用于非磁性基体金属上非导电覆盖层厚度的测量方法。涡流原理测

厚仪可应用来测量铝及铝合金表面的涂层以及阳极氧化膜的厚度。

11.3.1 涡流法测厚的基本原理

其工作原理：涡流的提离效应。利用高频交流电在作为探头的绕组中产生一个电磁场，将探头靠近导电金属体时，在金属材料中形成涡流，其振幅和相位是导体与测头之间非导电覆盖层厚度的函数，即该涡流产生的交变电磁场会改变测头参数，而测头参数变量的大小则取决于涂镀层的厚度。通过测量测头参数变量的大小，并将这一电信号转换处理，即可得到被测涂镀层的厚度值。

上述所说测头为非磁性测头，一般采用高频高导磁材料做绕组铁芯，常用铂镍合金及其他新材料制作。与磁性测量原理比较，其电原理基本一样，主要区别是测头不同，测试电流的频率大小不同，信号大小、标度关系不同。

采用电涡流原理的测厚仪，原则上所有导电体上的非导电体覆层均可测量，如航天航空器表面、车辆、家电、铝合金门窗及其他铝制品表面的漆，塑料涂层及阳极氧化膜。有些特种用途如某种金属上的金刚石镀层及其他喷镀不导电层。覆层材料也可以有一定的导电性，通过校准同样也可以测量，但要求两者的导电率之比相差 3～5 倍以上（如铜上镀铬）。

11.3.2 检测设备及器材

11.3.2.1 涡流测厚仪的组成

涡流测厚仪主要由主机和探头两部分组成，如图 11 - 9 所示。另外，配套有校准基体和校准箔片用以仪器使用前的校准。

11.3.2.2 涡流测厚仪的主要特点

（1）量程宽：量程可达到 $0～500\mu m$。

（2）精度高：测量精度可达到 2%。

（3）分辨率高：分辨率可达到 $1\mu m$。

（4）基体导电率影响小：当基体材料从纯铝变化到各种铝合金、紫铜、黄铜时，造成的测量误差不大于 $1～2\mu m$。

（5）可靠性高：采用了高集成度、高稳定性的电子器件，电路结构优化。

（6）探头芯寿命长：采用高强度磁芯材料，微调了探头设计，探头芯寿命大大延长。

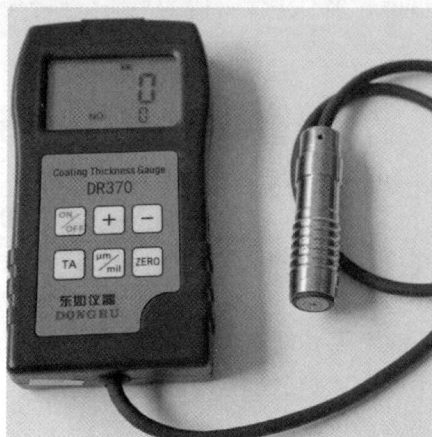

图 11 - 9 涡流测厚仪

11.3.3 检测工艺

11.3.3.1 仪器的校准

对长期没有使用过或没有校准过、明显失准、执行了"复位"操作及更换了探头的仪器，应进行校准。校准时应使用随机附带的基体（或无涂层的产品试块）和校准箔片。基体和校准箔片应经过仔细的清洁处理。在校准状态下，每次测量时探头应尽量落到同一区域，手法上要轻、稳，出现明显误差时应利用删除键将其删除。校准分为单点校准和两点校准。使用者可以根据实际情况或自己的使用经验选择执行单点校准或两点校准。仪器更换探头后必须进行一次两点校准。校准操作应在开机 1min 后执行。

（1）单点校准：单点校准就是校准零点，只需要使用基体。

（2）两点校准：两点校准是校准零点和一个已知点。两点校准应使用基体和随机附带的校准箔片。

11.3.3.2　检测实施

（1）清除干净被测物件上的污物、尘土和水。将仪器的探头擦拭干净。

（2）按下开关键，仪器自检完毕便可以进行测量操作。

（3）将探头平稳、垂直地放在被测件上，显示器上便显示出覆盖层的厚度值。然后再抬高探头，重新落下，进行下一次测量。根据要求反复多次测量，从而完成一个测量序列。

（4）在测试过程中，如因探头放置不平稳，或探头太脏等原因，显示出明显的错误值，应将错误值删除。否则将影响整体测试结果的准确性。

（5）记录数据。

（6）当探头不能测量或测试数字明显出错时，应检查探头附近有无整流器、变压器、电焊机、硅机等易产生强电磁的设备。

11.3.3.3　注意事项

（1）在每天使用仪器之前，以及使用中每隔一段时间（例如，每隔一小时），都应在测量现场对仪器的校准进行一次核对，以确定仪器的准确性。一般只要在基体检查一下仪器零点即可，必要时再用校准箔片检查一下校准点。

（2）在同一试样上进行多次测量，测量值的波动性是正常的，覆盖层局部厚度的差异也会造成测量值的波动。因此，在一个试样上应测量多点，每一点测量多次取平均值作为该点测量值，多个点测量值的平均值作为试样覆盖层厚度检测值。

11.3.4　检测影响因素

（1）覆盖层厚度：测量的不确定度是涡流测厚方法固有的特性。对于较薄的覆盖层（小于 $25\mu m$），测量不确定度是一恒定值，与覆盖层的厚度无关，每次测量的不确定度至少是 $0.5\mu m$。对于厚度大于 $25\mu m$ 的较厚覆盖层，测量的不确定度与覆盖层厚度有关，是与覆盖层厚度的某一比值。对于厚度小于或等于 $5\mu m$ 的覆盖层，厚度值应取几次测量的平均值。对于厚度小于 $3\mu m$ 的覆盖层，不能准确测出覆盖层的厚度值。

（2）基体金属的导电率：涡流测厚方法的测量值会受到基体金属导电率的影响，金属的导电率与其材料的成分及热处理有关。导电率对测量的影响随仪器的生产厂和型号的不同有明显差异。

（3）基体金属的厚度：每台仪器都有一个基体金属的临界厚度值，大于这个厚度，测量值将不受基体金属厚度增加的影响。这一临界厚度值取决于仪器探头系统的工作频率及基体金属的导电率。通常，对于一定的测量频率，基体金属的电导率越高，其临界厚度越小；对于一定的基体金属，测量频率越高，基体金属的临界厚度越小。将基体金属厚度低于临界值的试样与材质相同、厚度相同的无涂层材料叠加使用是不可靠的。

（4）边缘效应：涡流测厚仪对于试样表面的不连续敏感。太靠近试样边缘的测量是不可靠的。如果一定要在小面积试样或窄条试样上测量，可用形状相同的无涂层材料作为基体重新校准仪器。当测量面积小于 $150mm^2$ 或试样宽度小于 12mm 时，应在相应的无涂层材料上重新校准仪器。

（5）曲率：试样曲率的变化会影响测量值。试样曲率越小，对测量值的影响就越大。通常，在弯曲试样上进行测量是不可靠的。当测量直径小于50mm的试样时，应在相同直径的无涂层材料上重新校准仪器。

（6）表面粗糙度：基体金属和覆盖层的表面粗糙度对测量值有影响。在不同的位置上进行多次测量后取平均值可以减小这一影响。如果基体金属表面粗糙，还应在涂覆前的相应金属材料上的多个位置校准仪器零点。如果没有适合的未涂覆的相同基体金属，应用不浸蚀基体金属的溶液除去试样上的覆盖层。

（7）探头与试样表面的紧密接触：测厚仪的探头必须与试样表面紧密接触，试样表面的灰尘和污物对测量值有影响。因此，测量时要确保探头前端和试样表面的清洁。当对2片以上已知精确厚度值的校准箔片进行叠加测量时，测得的数值要大于校准箔片厚度值之和。箔片越厚、越硬，这一偏差就越大。原因是箔片的叠加影响了探头与箔片及箔片之间的紧密接触。

（8）探头压力：测量时，施加于探头的压力对测量值有影响。探头内应安置一恒压弹簧，可保证每次测量时探头施加于试样的压力不变。

（9）探头的垂直度：仪器探头倾斜放置，会改变仪器的响应；因此测量时，探头应小心垂直落下，探头的任何倾斜或抖动都会使测量出错。

（10）试样的变形：探头可能使软的覆盖层或薄的试样变形。在这样的试样上进行可靠的测量可能是做不到的，或者只有使用特殊的探头或夹具才可能进行。

（11）探头的温度：温度的变化会影响探头参数。因此，应在与使用环境大致相同的温度下校准仪器。测量仪器最好设置温度补偿，以尽量减小温度变化对测量值的影响。

11.3.5　典型案例

11.3.5.1　GIS壳体漆膜厚度检测

GIS是气体绝缘全封闭组合电器的英文简称，由断路器、隔离开关、接地开关、互感器、避雷器、母线、连接件和出线终端等组成，这些设备或部件全部封闭在金属接地的外壳中，如图11-10所示。该壳体一般由铝合金材质制造，出厂时会在壳体表面喷涂漆膜进行保护。在开展某220kV变电站新建工程的GIS出厂验收时需要对漆膜厚度质量进行验收。

1. 资料查阅

根据DL/T 1424—2015标准6.1.1的c）条规定：油箱、油枕、散热器等壳体的防腐涂层应满足腐蚀环境要求，其涂层厚度不应小于120μm。

2. 仪器选用

由于铝合金无磁性，无法通过磁性测厚仪进行漆膜厚度检测，因此，采用ED400型涡流测厚仪。

图11-10　GIS设备实物图

3．检测表面清理

检查待测件表面状况，清除表面的附着物，将仪器的探头表面擦拭干净。

4．仪器校准

根据设备操作规程或说明书校准仪器。

5．检测及结果评定

对 GIS 壳体的表面漆膜厚度检测，漆膜厚度检测结果为 $90\sim100\mu m$，根据标准要求，不合格。

11.3.5.2 断路器接线板表面阳极氧化膜厚度检测

高压断路器在高压电路中起控制作用，是高压电路中的重要电器元件之一。其主要结构大体分为导流部分、灭弧部分、绝缘部分和操动机构部分。其中导流部分的接线板是连接断路器和其他电网设备的桥梁，其性能和质量对电网的长期安全稳定运行至关重要。通常，断路器接线板（见图 11-11）由铝合金制成，部分生产厂家出于对强度的考虑选用了 2 系或 7 系的高强铝合金。这两种材料由于有较强的剥层腐蚀倾向，直接裸露在空气中使用存在较大的安全风险。因此，对于这两种铝合金一般会要求进行阳极氧化处理。为了确保阳极氧化的质量符合要求，需要对阳极氧化膜的厚度进行测量。

图 11-11 断路器接线板

1．资料查阅

根据《铝及铝合金硬质阳极氧化膜规范》（GB/T 19822—2005）相关内容要求，断路器接线板铝合金表面阳极氧化膜厚度应为 $25\sim150\mu m$。

2．仪器选用

采用现有的 PosiTector 6000"N"型涡流测厚仪。

3．检测表面清理

检查待测件表面状况，清除表面的附着物，将仪器的探头擦拭干净。

4．仪器校准

根据设备操作规程或说明书校准仪器。

5．检测及结果评定

对断路器接线板表面阳极氧化膜厚度检测，其厚度为 $28\sim32\mu m$，根据标准要求，合格。

11.4 磁性法测厚

磁性测厚法是一种适用于磁性基体金属上非磁性覆盖层厚度的测量方法。磁性原理测厚仪可应用来测量钢铁表面的涂层以及镀锌层等金属镀层的厚度。

11.4.1 磁性法测厚的基本原理

磁性测厚的工作原理是：利用从探头经过非铁磁覆层而流入铁磁基体的磁通的大小，来测定覆层厚度。或者测定与之对应的磁阻的大小，来表示其覆层厚度。覆层越厚，则磁阻越大，磁通越小。一般要求基材导磁率在 500 以上。如果覆层材料也有磁性，则要求与基材的导磁率之差足够大（如钢上镀镍）。当软芯上绕着绕组的探头放在被测样本上时，仪器自动输出测试电流或测试信号，这一电信号经过转换处理，即可得到被测涂镀层的厚度值。

磁性原理测厚仪可以应用在精确测量钢铁表面的油漆涂层，瓷、搪瓷防护层，塑料、橡胶覆层，包括镍铬在内的各种有色金属电镀层，化工石油行业的各种防腐涂层。对于感光胶片、电容器纸、塑料、聚酯等薄膜生产工业，利用测量平台或辊（钢铁制造）也可用来实现大面积上任一点的测量。

磁感应原理是利用探头经过非铁磁覆层而流入铁基材的磁通大小来测定覆层厚度，覆层越厚，磁通越小。由于是电子仪器，校准容易，可以实现多种功能，扩大量程，提高精度，由于测试条件可降低许多，故比磁吸力式应用领域更广。

当软铁芯上绕着线圈的探头放在被测物上后，仪器自动输出测试电流，磁通的大小影响到感应电动势的大小，仪器将该信号放大后用来指示覆层厚度。精度达到 1%，分辨率达到 $0.1\mu m$，磁感应测厚仪的测头多采用软钢做导磁铁芯，线圈电流的频率不高，以降低涡流效应的影响，测头具有温度补偿功能。

11.4.2 检测设备和器材

11.4.2.1 磁性测厚仪的组成

磁性测厚仪主要由主机和探头两部分组成，如图 11-12 所示。另外，配套有校准基体和标准片用以仪器使用前的校准。

图 11-12 磁性测厚仪

(a) 表（一）；(b) 表（二）

11.4.2.2 磁性测厚仪的主要特点

（1）量程宽：量程可达到 $0\sim3000\mu m$。

（2）精度高：测量精度可达到 1%。

（3）分辨率高：分辨率可达到 $0.1\mu m$。

（4）校准方式多样：标准校准、一点校准、两点校准、基础校准等多样化校准方式，可满足不同的个性化检测需求。

（5）零位稳定：所有涂层测厚仪测量前都要求校准零位，可以在随仪器的校零板或未涂

211

覆的工件上校零。

（6）可靠性高：采用了高集成度、高稳定性的电子器件，电路结构优化。

11.4.3　检测工艺

11.4.3.1　仪器的校准

每台仪器在使用前，都应按照制造商说明用一些适当的校准标准片进行校准；或采用比较法进行校准，即从这些标准片中选出一种对其进行磁性法测厚，同时对其采用涉及该特定覆盖层的有关国际标准所规定的方法测厚，然后将测得的数据进行比较，对于不能校准的仪器，其与名义值的偏差应通过与校准标准片的比较来确定，而且所有的测量都要将偏差考虑进去。仪器在使用期间，每隔一段时间应进行校准。

（1）铁基校准（零点校准）：为了保证测量的精确性，可以在测量测试件之前进行铁基校准。

（2）两点校准：测量过程中，如发现个别测量值偏差较大可以通过两点校准方法进行调整：

1）将一个已知厚度的被测试件作为标准样片进行测量；

2）如果显示值与真实值不一致，可以通过调节键操作；

3）调节键进行连续加、减操作，直到使显示值和真实值相同为止。

11.4.3.2　检测实施

（1）清除净被测物件上的附着物，如尘土、油脂及腐蚀产物等，将仪器的探头擦拭干净。

（2）按下开关键，开机。（若开机时电池电压不足则会有提示，这时应更换电池）

（3）迅速将探头与被测件的测试面垂直地接触并轻压探头，显示器上显示出覆盖层的厚度值。然后再抬高探头，重新落下，继续测量。

（4）在测试过程中，如因探头放置不平稳，或探头太脏等原因，显示出明显的错误值，应将错误值删除。否则将影响整体测试结果的准确性。

（5）重复测量三次或三次以上，记录测量数据。

（6）选择散布于被测件主要表面上的 3～5 个参比面，在每个参比面上均进行 1 次以上测量，同一个测量部件应测 5 个点以上，并对各自测得的局部厚度取平均值，作为最终测量结果。

11.4.3.3　注意事项

（1）覆层测厚仪经过校验且合格，参比面的选取具有代表性，能代表部件覆层厚度最小的状况。

（2）仪器的校准和操作应使覆盖层厚度能测准到真实厚度的 10% 或 $1.5\mu m$ 以内，两个值取较大的。

（3）仪器应工作在合适的温湿度范围。一般情况温度：0～40℃；湿度：20%～90%。严格避免碰撞、重尘、潮湿、强磁场、油污等。

（4）测量曲面及圆柱体，曲率半径较小时，应在未涂覆的工件上进行校准，以保证测量精度。

（5）在曲率半径较小的凹面内测量时，应重新校准。

11.4.4 检测影响因素

（1）覆盖层厚度：测量准确度随覆盖层厚度的变化取决于仪器的设计。对于薄的覆盖层，其测量准确度与覆盖层的厚度无关，为一常数；对于厚的覆盖层，其测量准确度等于某一近似恒定的分数与厚度的乘积。

（2）基体金属的磁性：基体金属磁性的变化会影响磁性法厚度的测量。在实际应用中，低碳钢磁性的变化可以认为是轻微的。为了避免各不相同的或局部的热处理和冷加工的影响，仪器应采用性质与试样基体金属相同的金属校准标准片进行校准；可能的话，最好采用待镀覆的零件作标样进行仪器校准。

（3）基体金属的厚度：每一台仪器都有一个基体金属的临界厚度。大于此临界厚度时，金属基体厚度增加，测量将不受基体金属厚度增加的影响。临界厚度取决于仪器探头和基体金属的性质，除非制造商有所规定，临界厚度的大小应通过试验确定。

（4）边缘效应：磁性测厚仪对于试样表面的不连续敏感，因此，太靠近试样边缘或内转角处的测量是不可靠的，除非仪器专门为这类测量进行了校准。这种边缘效应可能从不连续处开始向前延伸大约 20mm，这一数值由仪器本身确定。

（5）曲率：试样曲率的变化会影响测量值。曲率的影响因仪器制造和类型的不同而有很大差异，但总的趋势是试样曲率越小，对测量值的影响就越明显。如果在使用双极式探头仪器时，将两极匹配在平行于圆柱体轴向的平面内进行测量或匹配在垂直于圆柱体轴向的平面内进行测量，也可能得到不同的读数。如果单极式探头的前端磨损不均匀也能产生同样的结果。因此，在弯曲试样上进行测量可能是不可靠的，除非仪器为这类测量做了专门的校准。

（6）表面粗糙度：基体金属和覆盖层的表面粗糙度对测量值有影响。如果在粗糙表面上的同一参比面内测得的一系列数值的变动范围明显超过仪器固有的重现性，则所需的测量次数至少应增加到 5 次。

（7）基体金属机械加工方向：使用具有双极式探头或不均匀磨损的单极式探头仪器进行测量，可能受磁性基体金属机械加工（如轧制）方向的影响，读数随探头在表面上的取向而异。

（8）剩磁：基体金属的剩磁可能影响使用固定磁场的测厚仪的测量值，但对使用交变磁场的磁阻型仪器的测量的影响很小。

（9）磁场：强磁场（如各种电器设备产生的强磁场）能严重地干扰使用固定磁场的测厚仪的工作。

（10）外来附着尘埃：仪器探头必须与试样表面紧密接触，因为这些仪器对妨碍探头与覆盖层表面紧密接触的外来物质敏感。因此，测量时要确保探头前端和试样表面的清洁。

（11）覆盖层的导电性：某些磁性测厚仪的工作频率在 200～2000Hz，在这个频率范围内，高导电性厚覆盖层内产生的涡流，可能会影响读数。

（12）探头压力：测量时，施加于探头的压力对测量值有影响。施加于探头电极上的压力必须适当、恒定，使软的覆盖层不致变形。另一方面，可将软的覆盖层用金属箔覆盖住再测量，然后从测量值中减去金属箔的厚度。测量磷化膜也有必要这样操作。

11.4.5　典型案例

在对某 220kV 输电线路新建工程开展金属技术监督时，采用 TD300 型磁性测厚仪对铁塔主材、铁塔斜材以及螺栓螺母等紧固件进行了镀锌层厚度检测。

（1）查阅角钢塔质量证明书等技术资料，该型号角钢塔主材和斜材角钢厚度均大于 5mm。

（2）检查待测件表面状况，清除待测主材、斜材及紧固件表面的附着物，将仪器的探头擦拭干净。

（3）仪器校准。初测主材、斜材镀锌层厚度，主材镀锌层厚度为 $102.2\mu m$，斜材镀锌层厚度为 $112.6\mu m$。选用厚度为 $100\mu m$ 和 $150\mu m$ 的标准片，根据设备操作规程或说明书校准仪器。

（4）选择主材、斜材的上、中、下三个部位，每个面测量 1 点，取算术平均值作为构件镀锌层平均厚度值，取最小值为镀锌层局部厚度值。

（5）将探头平稳地置于工件表面的测试部位上，探头与测试面垂直紧贴，提示音响过后提起探头，读取该测点的检测结果。

（6）经测量，主材镀锌层局部厚度值为 $91.6\mu m$，平均厚度值为 $101.7\mu m$；斜材镀锌层局部厚度值为 $94.5\mu m$，平均厚度值为 $103.2\mu m$。

（7）仪器校准。初测螺栓、螺母的镀锌层厚度，螺栓镀锌层厚度为 $72.9\mu m$，斜材镀锌层厚度为 $65.7\mu m$。选用厚度为 $50\mu m$ 和 $100\mu m$ 的标准片，根据设备操作规程或说明书校准仪器。

（8）按第 5 条测试方法，测量螺栓头部端面、六棱面的中心部位，因螺栓已安装，无法对整个螺栓全部检测，检测时选取 2 个螺栓的检测结果计算镀锌层厚度平均值和局部最小厚度值，测量结果为螺栓镀锌层局部厚度值为 $59.8\mu m$，平均厚度值为 $67.2\mu m$。

（9）选择 2～3 个螺母，测量六棱面的镀锌层厚度，计算镀锌层厚度平均值和局部最小厚度值，测量结果为螺栓镀锌层局部厚度值为 $48.5\mu m$，平均厚度值为 $64.1\mu m$。

（10）该铁塔主材和斜材镀锌层厚度满足标准《输电线路铁塔制造技术条件》（GB/T 2694—2018）的规定，合格。螺栓和螺母的镀锌层厚度满足标准 DL/T 284—2012 的规定，合格。

第三篇　腐蚀检测

第 12 章
盐 雾 试 验

盐雾试验是评定金属材料的耐蚀性以及覆层（无机涂层、有机涂层、金属镀层）对基体金属保护程度的加速试验方法，该方法已广泛用于确定各种保护涂层的厚度均匀性和孔隙度，作为评定批量产品或筛选涂层的试验方法。一般来说，盐雾试验可分为中性盐雾试验（NSS）、乙酸盐雾试验（AASS）、铜加速的乙酸盐雾试验（CASS）等类型。其中，尤以中性盐雾试验在电网设备腐蚀性评价中应用最为普遍。

12.1 中性盐雾试验

中性盐雾试验是使用非常广泛的一种人工加速腐蚀的试验方法，适用于检验多种金属材料和涂层。《人造气氛腐蚀试验盐雾试验》（GB/T 10125—2012）中详细规定了中性盐雾试验的要求和方法，应按标准进行相关试验。

12.1.1 试验溶液

12.1.1.1 氯化钠溶液配制

本试验所用试剂采用化学纯或化学纯以上的试剂。在温度为 25℃±2℃ 时电导率不高于 $20\mu S/cm$ 的蒸馏水或去离子水中溶解的氯化钠，配制成浓度为 50g/L±5g/L。所收集的喷雾液浓度应为 50g/L±5g/L。在 25℃ 时，配制的溶液密度在 $1.029\sim1.036g/cm^3$ 范围内。

氯化钠中的铜含量应低于 0.001％（质量分数），镍含量应低于 0.001％（质量分数）。铜和镍的含量由原子吸收分光光度法或其他具有相同精度的分析方法确定。氯化钠中碘化钠含量不应超过 0.1％（质量分数）或以干盐计算的总杂质不应超过 0.5％（质量分数）。如果在 25℃±2℃ 的时配置的溶液的 pH 值超出 6.0～7.0 的范围，则应检测盐或水中含有不需要的杂质。

12.1.1.2 调整 pH 值

试验溶液的 pH 值应调整至使盐雾箱收集的喷雾溶液的 pH 值在 6.5～7.2。pH 值的测量应在 25℃±2℃ 用酸度计测量，也可用测量精度不大于 0.3 的精密 pH 试纸进行日常检测。超出范围时，可加入分析纯盐酸、氢氧化钠或碳酸氢钠来进行调整。

喷雾时溶液中二氧化碳损失可能导致 pH 值变化，应采取相应措施，例如，将溶液加热到超过 35℃，才送入仪器或由新的沸腾水配置溶液，以降低溶液中的二氧化碳含量，可避免 pH 值的变化。

12.1.1.3 过滤

溶液在使用前进行过滤，以避免溶液中的固体物质堵塞喷嘴。

12.1.2 试验设备

12.1.2.1 设备材料

用于制作试验设备的材料必须抗盐雾腐蚀和不影响试验结果。

12.1.2.2 盐雾箱

盐雾箱的容积应不小于 $0.4m^2$，因为较小的容积难以保证喷雾的均匀性。对于大容积的箱体，需要确保在盐雾试验期间，满足盐雾的均匀分布。箱顶部要避免试验时聚积的溶液滴落到试样上。盐雾箱的形状和尺寸应能使箱内溶液的收集速度符合相关规定。基于环保考虑，建议设备采用适当方式处置废液。典型的盐雾箱设计简图如图 12-1 所示。

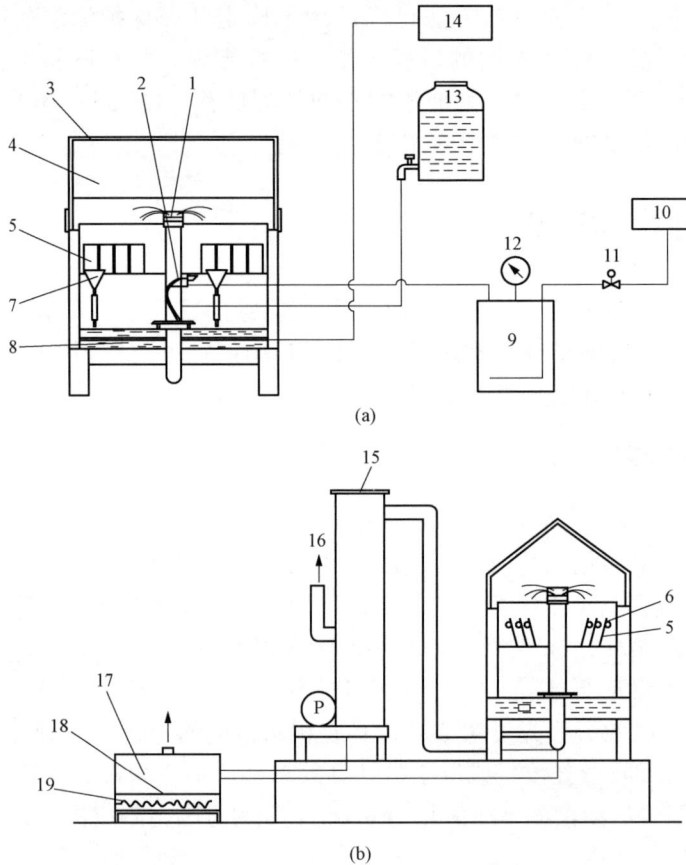

图 12-1 盐雾箱设计简图

(a) 正面图；(b) 侧面图

1—盐雾分散塔；2—喷雾器；3—试验箱盖；4—试验箱体；5—试样；6—试样支架；7—盐雾收集器；
8—给湿槽；9—空气饱和器；10—空气压缩机；11—电磁阀；12—压力计；13—溶液箱；
14—温度控制器；15—废气处理；16—排气口；17—废水处理；18—盐托盘；19—加热器

12.1.2.3 温度控制装置

加热系统应保持箱内温度达到 35℃±2℃。温度测量区应距箱内壁不小于 100mm。

12.1.2.4 喷雾装置

喷雾装置由一个压缩空气供给器、一个盐水槽和一个或多个喷雾器组成。

供应到喷雾器的压缩空气应通过过滤器，去除油质和固体颗粒。喷雾压力应控制在 70kPa～170kPa 范围内。

雾化喷嘴可能存在一个"临界压力"，在此压力下盐雾的腐蚀性可能发生异常。若不能确定喷嘴的临界压力，则通过安装压力调节阀，将空气压力波动控制在 ±0.7kPa 范围，以减少喷嘴在"临界压力"下工作的可能性。

为防止雾滴中水分蒸发，空气在进入喷雾器前应进入装有蒸馏水或去离子水的饱和塔湿化，其温度应高于箱内温度 10℃ 以上。调节喷雾压力、饱和塔水温及使用适合的喷嘴，使箱内盐雾沉降率在 1.5mL/h±0.5mL/h 范围内，收集液的浓度在 50g/L±5g/L 范围内。水位应自动调节，以保证足够的湿度。

12.1.2.5　盐雾收集器

箱内至少放两个盐雾收集器，一个靠近喷嘴，一个远离喷嘴。收集器用玻璃等惰性材料制成漏斗形状，直径为 100mm，收集面积约 80cm²，漏斗管插入带有刻度的容器中，要求收集的是盐雾，而不是从试样或其他部位滴下的液体。

12.1.2.6　再次使用

如果试验箱曾被用于 AASS 或 CASS 试验，或其他与 NSS 不同的溶液，不能直接用于 NSS 试验。对于这类情况，必须彻底清洗盐雾箱。在放入试样试验之前，应按照相关规定对盐雾箱进行重新评价，尤其要确保收集液的 pH 值在规定范围内。

12.1.3　评价盐雾箱腐蚀性能的方法

为了检验试验设备或不同实验室里同类设备试验结果的重现性，应对设备进行验证。在固定的操作中，评价盐雾箱腐蚀性能的合适时间间隔一般为 3 个月。通常采用钢参比试样确定试验的腐蚀性。作为钢参比试样的补充，也可以采用高纯度锌参比试样进行试验。

12.1.3.1　参比试样

参比试样采用 4 块或 6 块符合《商用和拉拔品质冷轧碳钢薄板》（ISO 3574—2012）的 CR4 级冷轧碳钢板，其板厚 1mm±0.2mm，试样尺寸为 150mm×70mm。表面应无缺陷，即无空隙、划痕及氧化色。表面粗糙度 $R_a=0.8\mu m±0.3\mu m$。从冷轧钢板或带上截取试样。

参比试样应清除一切尘埃、油或影响试验结果的其他外来物质，清洗完成后应立即投入试验。

采用清洁的软刷或超声清洗装置，用适当有机溶剂（沸点在 60～120℃ 的碳氢化合物）彻底清洗试样。清洗后，用新溶剂漂洗试样，然后干燥。

清洗后的试样吹干称重，精确到 ±1mg，然后用可剥性塑料膜保护试样背面。试样的边缘也可用可剥性塑料膜进行保护。

12.1.3.2　参比试样的放置

试样放置在箱内四角（如果是六块试样，那么将它们放置在包括四角在内的六个不同的位置上），未保护一面朝上并与垂直方向成 20°±5° 的角度。

用惰性材料（例如塑料）制成或涂覆参比试样架。参比试样的下边缘应与盐雾收集器的上部处于同一水平。试验时间 48h。

在验证过程中与参比试样不同的样品不应放在试验箱内。

12.1.3.3 测定质量损失

试验结束后应立即取出参比试样，除掉试样背面的保护膜，按《金属和合金的耐腐蚀性腐蚀试样》（ISO 8407—2009）规定的物理及化学方法去除腐蚀产物。在23℃下用20％（质量分数）分析纯级别的柠檬酸二［((NH4)$_2$HC$_6$H$_5$O$_7$］水溶液中浸泡10min。浸泡后，在室温下用水清洗试样，再用乙醇清洗，干燥后称重。

试样称重精确到±1mg。通过计算参比试样暴露面积，得出单位面积质量损失。

每次清除腐蚀产物时，建议配制新溶液。

也可以按照ISO 8407—2009中的规定，用50％（体积分数）的盐酸溶液（$\rho20 = 1.18$g/mL），其中加入3.5g/L的六次甲基四胺缓蚀剂，浸泡试样除去腐蚀产物，然后在室温中用水清洗试样，再用乙醇清洗，干燥后称重。

12.1.3.4 中性盐雾装置的运行检验

经48h试验后，每块参比试样的质量损失在70g/m^2±20g/m^{2}范围内说明设备运行正常。

12.1.4 试样

（1）试样的类型、数量、形状和尺寸，根据被试材料或产品有关标准选择，若无标准，有关双方可以协商决定。除非另有规定或商定，用于试验的有机涂层试板应符合《色漆和清漆 试验用标准板》（ISO 1514—2016）规定的底材，尺寸约为150mm×100mm×1mm。

（2）如果没有其他规定，试验前试样应彻底清洗干净，清洗方法取决于试样材料性质，试样表面及其污物清洗不应采用可能浸蚀试样表面的磨料或溶剂。试样清洗后应注意避免再次污染。

（3）如试样是从带有覆盖层的工件上切割下来的，不能损坏切割区附近覆盖层。除另有规定外，应用适当的覆盖层如油漆、石蜡或胶带等对切割区进行保护。

12.1.5 试样放置

（1）试样不应放在盐雾直接喷射的位置。

（2）试样表面在盐雾箱中的放置角度是非常重要的。试样原则上应放平。在盐雾箱中被试表面与垂直方向成15°～25°，并尽可能成20°，对于不规则试样，如整个工件，也应尽可能接近上述规定。

（3）试样可放置在箱内不同水平面上，但不能接触箱体，也不能相互接触。试样之间距离应不影响盐雾自由降落在被试表面上，试样或其支架上的液滴不得落在其他试样上。对总的试验周期超过96h的新检验或试验，可允许试样移位。

（4）试样支架用惰性的非金属材料制成。悬挂试样的材料不能用金属，而应用人造纤维，棉纤维或其他绝缘材料。

12.1.6 试验条件

（1）试验温度应控制在35℃±2℃范围内。

（2）试验前，应在盐雾箱内空置或装满模拟试样，并确认盐雾沉降率在1.5mL/h±0.5mL/h范围内，然后才能将试样置于盐雾箱内并开始试验。盐雾沉降的速度应在连续喷雾至少24h后测量。

（3）每个收集装置的收集液氯化钠浓度应在 50g/L±5g/L 范围内，pH 值应在 6.5～7.2 范围内。

（4）用过的喷雾溶液不应重复使用。

12.1.7　试验周期

（1）试验周期应根据被试材料或产品的有关标准选择。若无标准，可与有关方面协商决定。推荐的试验周期为 2h、6h、24h、48h、72h、96h、144h、168h、240h、480h、720h、1000h。

（2）在规定的试验周期内喷雾不得中断，只有当需要短暂观察试样时才能打开盐雾箱。

（3）如果试验终止取决于开始出现腐蚀的时间，应经常检查试样。因此，这些试样不能同要求预定试验周期的试样一起试验。

（4）可定期目视检查预定试验周期的试样，但在检查过程中，不能破坏被试表面，开箱检查的时间与次数应尽可能少。

12.1.8　试验后试样的处理

试验结束后取出试样，为减少腐蚀产物的脱落，试样在清洗前放在室内自然干燥 0.5～1h，然后用温度不高于 40℃ 的清洁流动水轻轻清洗以除去试样表面残留的盐雾溶液，接着在距离试样约 300mm 处用气压不超过 200kPa 的空气立即吹干。

亦可以采用 ISO 8407—2009 所述的方法处理试验后的试样。

在试验规范中，如何处理试验后的试样应考虑工程实用性。

12.1.9　试验结果的评价

试验结果的评价标准，通常应由被试材料或产品标准提出。一般试验仅需考虑以下几方面：

（1）试验后的外观；

（2）除去表面腐蚀产物后外观；

（3）腐蚀缺陷的数量及分布（如点蚀、裂纹、气泡、锈蚀或有机涂层划痕处锈蚀的蔓延程度等）；

（4）开始出现腐蚀的时间；

（5）质量变化；

（6）显微形貌变化；

（7）力学性能变化。

12.1.10　试验报告

试验报告必须写明采用的评价标准和得到的试验结果。如有必要，应有每个试样的试验结果，每组相同试样的平均试验结果或试样的照片。根据试验目的及要求，试验报告应包括如下内容：①本标准号和所参照的有关标准；②试验使用的盐和水的类型；③被试材料或产品的说明；④试样的尺寸、形状、试样面积和表面状态；⑤试样的制备，包括试验前的清洗和对试样边缘或其他特殊区域的保护措施；⑥覆盖层的已知特征及表面处理的说明；⑦试样数量；⑧试验后试样的清洗方法，如有必要，应说明由清洗引起的失重；⑨试样放置角度；

⑩试样位移的频率和次数；⑪试验周期以及中间检查结果；⑫为了检查试验条件的准确性，特地放在盐雾箱内的参比试样的性能；⑬试验温度；⑭盐雾沉降率；⑮试验溶液和收集溶液的 pH 值；⑯收集液的密度；⑰参比试样的腐蚀率（质量损失，g/m^2）；⑱影响试验结果的意外情况；⑲检查的时间间隔。

12.2　乙酸盐雾试验

乙酸盐雾试验也被用于检验无机和有机涂层，但特别适用于研究和检验装饰性镀铬层（Ni-Cr 或 Cu-Ni-Cr）以及钢铁或锌压铸件表面的镉镀层，也适用于铝的阳极氧化膜。GB/T 10125 对试验方法和要求作了具体的规定。其中试验设备、试样及其放置要求、试验周期、试验后试样处理、结果评价和试验报告参照中性盐雾试验。其他要求说明如下：

12.2.1　试验溶液

12.2.1.1　氯化钠溶液配制

本试验所用试剂采用化学纯或化学纯以上的试剂。在温度为 25℃±2℃时电导率不高 20μS/cm 的蒸馏水或去离子水中溶解的氯化钠，配制成浓度为 50g/L±5g/L。所收集的喷雾液浓度应为 50g/L±5g/L。在 25℃时，配制的溶液密度在 1.029～1.036g/cm³ 范围内。

氯化钠中的铜含量应低于 0.001%（质量分数），镍含量应低于 0.001%（质量分数）。铜和镍的含量由原子吸收分光光度法或其他具有同等精度的分析方法确定。氯化钠中碘化钠含量不应超过 0.1%（质量分数）或以干盐计算的总杂质不应过 0.5%（质量分数）。如果在 25℃±2℃的时配置的溶液的 pH 值超出 6.0～7.0 的范围，则应检测盐或水中含有不需要的杂质。

12.2.1.2　调整 pH 值

在配制好的氯化钠溶液中加入适量的冰乙酸，以保证盐雾箱内收集液的 pH 值为 3.1～3.3。如初配制的溶液 pH 值为 3.0～3.1，则收集液的 pH 值一般在 3.1～3.3 范围内。pH 值的测量应在 25℃±2℃下用酸度计测量，也可用测量精度不大于 0.1 的精密 pH 试纸进行日常检测。溶液的 pH 值可用冰乙酸或氢氧化钠调整。

12.2.2　评价盐雾箱腐蚀性能的方法

12.2.2.1　参比试样

参比试样采用 4～6 块符合 ISO 3574—2012 的 CR4 级冷轧碳钢板，其板厚 1mm±0.2mm，试样尺寸为 150mm×70mm。表面应无缺陷，即无空隙、划痕及氧化色。表面粗糙度 R_a=0.8μm±0.3μm。从冷轧钢板或带上截取试样。

参比试样应清除一切尘埃、油或影响试验结果的其他外来物质，清洗完成后应立即投入试验。

采用清洁的软刷或超声清洗装置，用适当有机溶剂（沸点在 60～120℃的碳氢化合物）彻底清洗试样。清洗后，用新溶剂漂洗试样，然后干燥。

清洗后的试样吹干称重，精确到±1mg，然后用可剥性塑料膜保护试样背面。试样的边缘也可用可剥性塑料膜进行保护。

12.2.2.2　参比试样的放置

试样放置在箱内四角（如果是六块试样，那么将它们放置在包括四角在内的六个不同的位置上），未保护一面朝上并与垂直方向成 20°±5°的角度。

用惰性材料（如塑料）制成或涂覆参比试样架。参比试样的下边缘应与盐雾收集器的上部处于同一水平。试验时间 24h。

在验证过程中与参比试样不同的样品不应放在试验箱内。

12.2.2.3　测定质量损失

试验结束后应立即取出参比试样，除掉试样背面的保护膜，按 ISO 8407—2009 规定的物理及化学方法去除腐蚀产物。在 23℃ 下于 20％（质量分数）分析纯级别的柠檬酸二铵［$(NH4)_2HC_6H_5O_7$］水溶液中浸泡 10min。浸泡后，在室温下用水清洗试样，再用乙醇清洗，干燥后称重。

试样称重精确到±1mg。通过计算参比试样暴露面积，得出单位面积质量损失。

每次清除腐蚀产物时，建议配制新溶液。

也可以按照 ISO 8407—2009 中的规定，用 50％（体积分数）的盐酸溶液（$\rho20=1.18g/mL$），其中加入 3.5g/L 的六次甲基四胺缓蚀剂，浸泡试样除去腐蚀产物，然后在室温中用水清洗试样，再用乙醇清洗，干燥后称重。

12.2.2.4　乙酸盐雾装置的运行检验

经 24h 试验后，每块参比试样的质量损失在 $40g/m^2 \pm 10g/m^2$ 范围内说明设备运行正常。

12.2.3　试验条件

（1）试验温度应控制在 35℃±2℃范围内。

（2）试验前，应在盐雾箱内空置或装满模拟试样，并确认盐雾沉降率在 1.5mL/h±0.5mL/h 范围内，然后才能将试样置于盐雾箱内并开始试验。盐雾沉降的速度应在连续喷雾至少 24h 后测量。

（3）每个收集装置的收集液氯化钠浓度应在 50g/L±5g/L 范围内，pH 值应在 3.1～3.3 范围内。

（4）用过的喷雾溶液不应重复使用。

12.3　铜加速的乙酸盐雾试验

铜加速的乙酸盐雾试验主要用来快速检验钢铁和锌压铸件表面的装饰性镀铬层，还可用于检验经阳极化、磷化或铬酸盐等表面处理的铝。GB/T 10125—2012 对试验方法和要求做了具体的规定。其中试验设备、试样及其放置要求、试验周期、试验后试样处理、结果评价和试验报告参照中性盐雾试验。其他要求说明如下：

12.3.1　试验溶液

12.3.1.1　氯化钠溶液配制

本试验所用试剂采用化学纯或化学纯以上的试剂。在温度为 25℃±2℃时电导率不高于

$20\mu S/cm$ 的蒸馏水或去离子水中溶解的氯化钠，配制成浓度为 $50g/L\pm5g/L$。所收集的喷雾液浓度应为 $50g/L\pm5g/L$。在 25℃时，配制的溶液密度在 $1.029\sim1.036g/cm^3$ 范围内。

氯化钠中的铜含量应低于 0.001%（质量分数），镍含量应低于 0.001%（质量分数）。铜和镍的含量由原子吸收分光光度法或其他具有相同精度的分析方法确定。氯化钠中碘化钠含量不应超过 0.1%（质量分数）或以干盐计算的总杂质不应过 0.5%（质量分数）。如果在 25℃±2℃的时配置的溶液的 pH 值超出 6.0～7.0 的范围，则应检测盐或水中含有不需要的杂质。

12.3.1.2　调整 pH 值

在配制好的氯化钠溶液中加入氯化铜（$CuCl_2\cdot2H_2O$），其浓度为 $0.26g/L\pm0.02g/L$（即 $0.205g/L\pm0.015g/L$ 无水氯化铜），然后加入适量的冰乙酸，以保证盐雾箱内收集液的 pH 值为 3.1～3.3。如初配制的溶液 pH 值为 3.0～3.1，则收集液的 pH 值一般在 3.1～3.3 范围内。pH 值的测量应在 25℃±2℃用酸度计测量，也可用测量精度不大于 0.1 的精密 pH 试纸进行日常检测。溶液的 pH 值可用冰乙酸或氢氧化钠调整。

12.3.2　评价盐雾箱腐蚀性能的方法

12.3.2.1　参比试样

参比试样采用 4 块或 6 块符合 ISO 3574—2012 的 CR4 级冷轧碳钢板，其板厚 $1mm\pm0.2mm$，试样尺寸为 150mm×70mm。表面应无缺陷，即无空隙、划痕及氧化色。表面粗糙度 $R_a=0.8\mu m\pm0.3\mu m$。从冷轧钢板或带上截取试样。

参比试样应清除一切尘埃、油或影响试验结果的其他外来物质，清洗完成后应立即投入试验。

采用清洁的软刷或超声清洗装置，用适当有机溶剂（沸点在 60～120℃的碳氢化合物）彻底清洗试样。清洗后，用新溶剂漂洗试样，然后干燥。

清洗后的试样吹干称重，精确到±1mg，然后用可剥性塑料膜保护试样背面。试样的边缘也可用可剥性塑料膜进行保护。

12.3.2.2　参比试样的放置

试样放置在箱内四角（如果是 6 块试样，那么将它们放置在包括四角在内的 6 个不同的位置上），未保护一面朝上并与垂直方向成 20°±5°的角度。

用惰性材料（例如塑料）制成或涂覆参比试样架。参比试样的下边缘应与盐雾收集器的上部处于同一水平。试验时间 24h。

在验证过程中与参比试样不同的样品不应放在试验箱内。

12.3.2.3　测定质量损失

试验结束后应立即取出参比试样，除掉试样背面的保护膜，按 ISO 8407—2009 规定的物理及化学方法去除腐蚀产物。在 23℃下于 20%（质量分数）分析纯级别的柠檬酸二铵［$(NH_4)_2HC_6H_5O_7$］水溶液中浸泡 10min。浸泡后，在室温下用水清洗试样，再用乙醇清洗，干燥后称重。

试样称重精确到±1mg。通过计算参比试样暴露面积，得出单位面积质量损失。

每次清除腐蚀产物时，建议配制新溶液。

也可以按照 ISO 8407—2009 中的规定，用 50%（体积分数）的盐酸溶液（$\rho20=1.18g/mL$），

其中加入 3.5g/L 的六次甲基四胺缓蚀剂，浸泡试样除去腐蚀产物，然后在室温中用水清洗试样，再用乙醇清洗，干燥后称重。

12.3.2.4 铜加速乙酸盐雾装置的运行检验

经 24h 试验后，每块参比试样的质量损失在 $55g/m^2 \pm 15g/m^2$ 范围内说明设备运行正常。

12.3.3 试验条件

（1）试验温度应控制在 50℃±2℃ 范围内。

（2）试验前，应在盐雾箱内空置或装满模拟试样，并确认盐雾沉降率在 1.5mL/h±0.5mL/h 范围内，然后才能将试样置于盐雾箱内并开始试验。盐雾沉降的速度应在连续喷雾至少 24h 后测量。

（3）每个收集装置的收集液氯化钠浓度应在 50g/L±5g/L 范围内，pH 值应在 3.1～3.3 范围内。

（4）用过的喷雾溶液不应重复使用。

12.4 其他标准试验方法

为了在更接近某种特殊用途的条件下进行试验，发展了许多新的盐雾试验方法。这些方法包括循环酸化盐雾试验、酸化合成海水盐雾试验和盐/二氧化硫喷雾试验。循环酸化盐雾试验和酸化合成海水盐雾试验主要用于各种铝合金生产中的热处理制度的控制，防止剥落腐蚀。盐/二氧化硫喷雾试验主要用于检验各种铝合金和一系列有色材料、钢铁材料及涂层在含 SO_2 的盐雾气氛中的耐剥落腐蚀性能。

12.5 典型案例

12.5.1 中性盐雾试验评价转锈剂

输电线路在役杆塔的防腐目前基本都采用涂装防腐涂料的方法进行防腐。对于广泛分布在野外露天的输电线路杆塔，作业环境较为恶劣，涂装涂料几乎是现场唯一可行的防腐手段。

然而通过大量输变电防腐工程调研，发现在实际工程中防腐涂料却发挥不出防腐效果，一次防腐维护后常常 2～3 年就再次严重锈蚀。究其原因，与施工因素存在密切关系。没有适宜的表面处理方法，无论多么高级的涂料，也难达到满意的涂装效果。为了获得优良的耐腐蚀性能，涂漆前必须把底材上的铁锈清除干净。因为铁锈是一种疏松的、多孔的、不断发展着（膨胀）的物质，如果不去除干净在其上涂漆将导致漆膜防腐效果很差。输电线路杆塔受现场条件限制，不是在荒山野岭就是在密集的居民区，通常无法采用喷砂或抛光等高质量的除锈工艺，甚至动力工具除锈也难以应用，大部分情况都只能手工除锈，基本只能除去表面锈层，底层很难除去。在一定环境下，底层的活性锈容易进一步生长，严重影响涂装质量。

因此，各种活性锈层转化剂的开发正如火如荼地开展。它可以将更深更大量的活性锈层转化为稳定的惰性物质，抑制锈层底部活性锈的生长，能大幅度降低钢铁表面除锈难度，提高涂料在镀锌钢上的附着力与防腐能力，延长钢结构的使用寿命。为了评价活性锈层转化剂的使用效果，对开发的某种转锈剂进行中性盐雾试验评价。

1. 锈层转化膜的耐中性盐雾性能

耐盐雾实验可以直观地对转化膜的耐蚀性能进行评价。对 Q235 钢产生黄锈的样品用新型转锈剂进行转锈处理，在不涂刷任何涂料的情况下将转锈样品放入盐雾箱进行测试，如图 12-2 所示。将试片置于盐雾箱中，试片受试面朝上与垂直线成 15°～30°，试验温度为 35℃，介质为 5％NaCl 溶液，pH 值为 6.5，连续喷雾，盐雾沉降量 2.0ml/h·80cm^2。间隔 5d、16d 后观察试板腐蚀情况，并记录，耐中性盐雾试验结果如图 12-3 所示。

图 12-2　盐雾腐蚀试验装置

(a)　　　　　　　　　　　　　　　(b)

图 12-3　锈层转化膜耐中性盐雾试验结果

(a) 盐雾试验 5d 后形貌；(b) 盐雾试验 16d 后形貌

可见，转锈剂单独使用时，经盐雾试验 5d 之后膜层有小部分返锈，16d 之后完全返锈。

2. 转锈剂与涂料配合盐雾性能测试

为尽量贴近实际情况，用线切割机从输电线路杆塔构件上切下 2 块完全一致的 L80×8mm 规格 Q235 角钢，长度为 200mm，放在模拟人工气候腐蚀试验箱中加速腐蚀，直到样品表面被红锈覆盖。然后将两块腐蚀状态基本一致的角钢，用 400 号砂纸手工打磨除锈，其中 1 号试样用新型转锈剂处理后涂刷丙烯酸聚氨酯漆，2 号试样用涂料稀释剂清洗后直接刷涂一道丙烯酸聚氨酯漆，放入盐雾箱中做中性盐雾试验，观察其腐蚀状况，结果见图 12-4。

可见新型转锈剂对改善涂料的返锈效果极为显著，即使在表面严重覆盖红锈的构件上涂刷涂料也能大幅增强其防腐性能。以出现第一锈点的盐雾时间来看，转锈处理的试样约在 120h 出现第一锈点，而直接涂刷涂料的试样在 72h 以内就产生第一锈点。因此转锈处理后涂料的防腐寿命延长约 50％以上。

12.5.2　中性盐雾试验评价镀锌缺陷修复性能案例

目前国内外输电线路钢结构基本上都采用了热浸镀锌防腐。如果在热浸镀生产过程中，

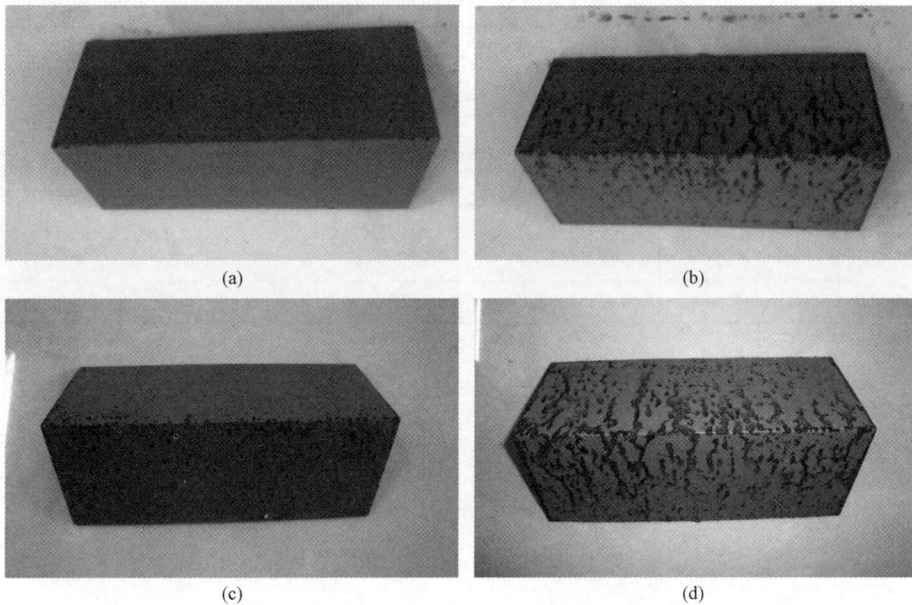

图 12 - 4　转锈处理后涂刷涂料与直接涂刷涂料盐雾性能对比

(a) 转锈＋涂料，120h 产生第一锈点；(b) 直接涂刷涂料，120h 严重返锈；(c) 转锈＋涂料，240h 后少量返锈；
(d) 直接涂刷涂料，240h 严重锈蚀

工艺质量未控制好，如酸洗不干净、锌槽温度、锌液成分、熔剂成分及其他技术参数控制不当等，会引起镀锌层的漏镀、锌瘤、锌渣等缺陷。特别是漏镀，局部没有镀锌层附着或附着量很低，起不到应有的防腐作用。

在运输安装过程中，由于金属件不可避免地存在相互碰撞、摩擦等因素，也可能会造成局部镀锌层划痕、破损等，严重时直接暴露出铁基体，与空气中的水分反应产生黄锈。

为了保障镀锌层能达到应有的防腐性能，需要对镀锌缺陷进行修复。某研究项目采用了热喷涂锌、热喷涂铝、冷镀锌、环氧富锌涂料修复 4 种方案，表面处理工艺选择手工打磨、喷砂、转锈处理 3 种，对其进行组合，制备样品进行对比试验。为进行区分，采用不同修复方案的涂层试验编号见表 12 - 1。

表 12 - 1　　　　　　　　　　各种涂层修复方案试验编号一览表

试样	A1	A2	A3	B1	B2	B3	C1	C2	C3	D1	D2	D3
基材除锈方式	砂纸打磨	喷砂除锈	转锈处理	砂纸打磨	喷砂除锈	转锈处理	砂纸打磨	喷砂除锈	转锈处理	砂纸打磨	喷砂除锈	转锈处理
修复方式	热喷涂锌			热喷涂铝			冷镀锌			环氧富锌		

采用 YW - 030 型盐雾腐蚀试验箱对 4 种修复方式共计 12 种修复方案进行了耐中性盐雾测试，记录发现第一个锈点或发现涂层起泡等不良现象的中性盐雾试验时间，结果见表 12 - 2。

表 12-2　　　　　　　　　　　　　修复涂层耐中性盐雾试验结果

编号	修复方案	耐中性盐雾时间/h	编号	修复方案	耐中性盐雾时间/h
1	A1	1056	7	C1	936
2	A2	1344	8	C2	1104
3	A3	1080	9	C3	1008
4	B1	936	10	D1	984
5	B2	1176	11	D2	1248
6	B3	1080	12	D3	1200

可见，热喷涂锌的耐中性盐雾性能最好，其次环氧富锌，而热喷涂铝和冷镀锌的耐中性盐雾性能较差。

第 13 章
晶间 （剥层） 腐蚀试验

从晶间腐蚀的原理出发，各种晶间腐蚀试验方法都是通过选择适当的侵蚀剂和侵蚀条件对晶界区进行加速选择性腐蚀，通常采用化学浸泡法和电化学方法。有些晶间腐蚀试验方法通过试验本身就可以确定晶间腐蚀敏感性；而有些方法在试验之后尚须辅以其他评定方法，如常用的物理检验法等。对于材料在制造、加工和应用工况条件下是否产生晶间腐蚀敏感性的鉴别也常用这些方法进行评定。

各种晶间腐蚀试验方法的原理和适用范围不同，不同的方法适用于不同的材料，因此须正确合理地选择晶间腐蚀试验方法。

13.1 浸化学浸泡方法

我国和许多工业国家都已制定了不锈钢晶间腐蚀试验方法标准，其中除草酸电解浸蚀试验外均为化学浸泡试验方法。此外还有一些非标准化的试验方法。

不同溶液的晶间腐蚀试验的电化学原理如图 13-1 所示。图中是 Fe-18Cr-10Ni 和 Fe-10Cr-10Ni 两种均相合金在热还原酸中的阳极极化曲线，前者为 304 型奥氏体不锈钢的本体晶粒成分，低 Cr 合金则代表敏化处理导致的晶界贫铬区组成。各种不同溶液的化学浸泡试验处于不同的腐蚀电位范围内。低 Cr 合金（晶界贫铬区）相对于高 Cr 合金（晶粒内）具有高得多的腐蚀速度，从而导致对晶界择优腐蚀。

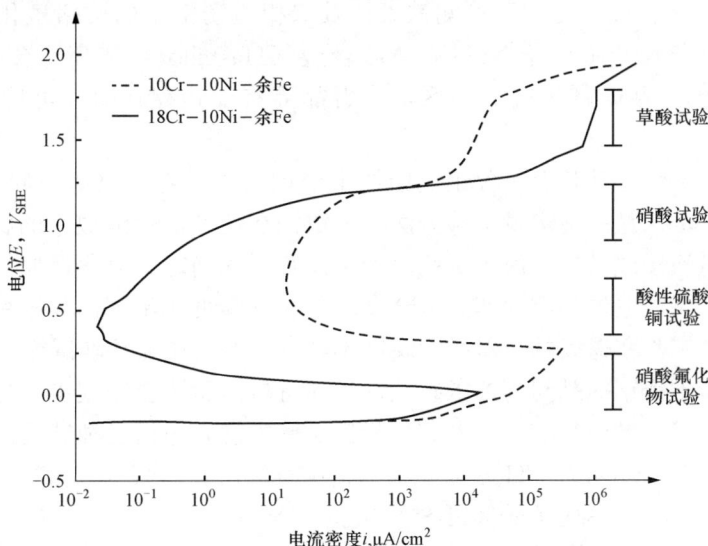

图 13-1 晶间腐蚀试验的电化学原理示意图

　　酸性硫酸铜溶液试验（加或不加铜屑）适用于检验奥氏体或双相不锈钢因晶界贫铬区引起的晶间腐蚀。试验溶液中 $CuSO_4$ 钝化剂，H_2SO_4 为腐蚀剂。与其他试验方法相比，不加铜屑的酸性硫酸铜溶液试验不太严苛，即区分晶间腐蚀敏感性的灵敏度不高。对于含碳量高的钢，其固溶淬火与敏化处理的材料之间的晶间腐蚀敏感性差别十分明显，短时间就能获得结果；但对于含碳量低的钢，则需长时间试验才能检验出结果。添加铜屑的酸性硫酸铜试验是一种改进的方法。铜屑在此方法中起到"化学恒电位器"的作用，从而实现了使试验方法更严苛，且提高灵敏度以快速检测晶间腐蚀敏感性的目的，且试验条件稳定、易于控制，使该方法获得广泛应用。这类方法的试验结果用弯曲法和金相法评定。对于压力加工件和焊接件，试样弯曲角度为 $180°$，焊接接头沿熔合线弯曲。铸钢件弯曲角度为 $90°$。弯曲试样所用的压头直径根据试样厚度选取，弯曲后的试样在 10 倍放大镜下观察弯曲外表面，评定有无晶间腐蚀裂纹。试样不能进行弯曲评定或裂纹难以判定时，则用金相法评定。

　　沸腾硝酸（65％HNO_3）试验法在美国应用最广，它以失重评定试验结果，在某些情况下辅以肉眼或显微观察晶粒脱落情况，是一种定量评定晶间腐蚀敏感性的试验方法。此法试验条件严苛，试验溶液不仅能浸蚀晶界贫铬区、α 相、碳化铬和碳化钛，甚至非金属夹杂物等也具有择优腐蚀倾向，如果它们在晶界聚集并呈网状连续分布时，也会在沸腾硝酸中表现出晶间腐蚀倾向。此法能较好地检验用于硝酸或其他强氧化性酸溶液中的合金的晶间腐蚀倾向。溶液中试验产生的 Cr^{6+} 离子含量对沸腾硝酸试验结果有重大影响，它显著增强了溶液的侵蚀性，不仅会使敏化材料产生严重的晶粒脱落，甚至固溶态无碳化物析出的不锈钢也会出现严重的晶界破坏。为此应采取措施，控制溶液中 Cr^{6+} 离子含量。

　　酸性硫酸铁试验溶液中的 $Fe_2(SO_4)_3$。（通过 Fe^{3+} 离子起作用）能抑制不锈钢在硫酸中的全面腐蚀速度；通过调整 $Fe_2(SO_4)_3$ 和 H_2SO_4 的组成，可以抑制酸对晶粒表面的腐蚀，而仅侵蚀晶界贫铬区。敏化材料在此溶液中发生强烈的晶间腐蚀和晶粒脱落，从而可用失重法评定试验结果。此法可选择性地腐蚀晶界贫铬区，但不溶解碳化铬；可以检测 321 型和 347 型稳定奥氏体不锈钢中 α 相所引起的晶间腐蚀，但不能检测含钼奥氏体不锈钢中 α 相引起的晶间腐蚀；可用于检测铁素体及双相不锈钢中的贫铬敏化作用，特别适于评定高铬不锈钢；该法也适用于 Ni-Cr-Mo 合金（Hastelloy）和高镍合金（Inconel），如果这些合金中存在晶界贫铬区或贫钼区，或者晶界有 α 相存在时，可检测出晶间腐蚀敏感性。

　　硝酸-氟化物试验适用于检验含钼奥氏体不锈钢由于晶界贫铬所引起的晶间腐蚀倾向。试验结果由失重评定，是一种定量试验方法。不锈钢在这种试验溶液中的腐蚀率很高，晶粒母体略呈钝态而激烈侵蚀晶界。由于试验溶液中没有明确确定的氧化还原体系来限定试样的电位，所以试样的腐蚀电位和腐蚀速度因合金成分和试验批次不同而显著变化。为此在试验时必须采用一个经实验室退火的、对晶间腐蚀不敏感的材料作为基准试样。

　　为检测铁素体不锈钢的晶间腐蚀敏感性，美国材料试验协会制定了《标准敏感性检测间腐蚀铁素体不锈钢》（ASTM A763—2014）标准试验方法，包括三种试验：

　　（1）X 法——$Fe_2(SO_4)_3 + H_2SO_4$ 试验（同酸性硫酸铁法）；

　　（2）Y 法——$Cu + CuSO_4 + 50％H_2SO_4$ 试验；

　　（3）Z 法——$Cu + CuSO_4 + 16％H_2SO_4$ 试验。

这三种方法都能检测非稳定化和稳定化铁素体不锈钢中由于碳化铬或氮化铬沉淀引起的晶间腐蚀敏感性。其中 X 法还能检测出由于形成或存在 χ 相、α 相、碳化钛或氮化钛而产生的晶间腐蚀敏感性，而 Y 法和 Z 法则不能。这三种方法的试验和评定见表 13 - 1。

表 13 - 1　　　检测铁素体不锈钢晶间腐蚀敏感性的试验方法（ASTM A763—2014）

试验方法	合金	试验时间/h	评定方法		
			失重	显微镜检查	弯曲试验
X 法：$Fe_2(SO_4)_3 + H_2SO_4$ 试验	430	24	A	B	D
	446	72	A	B	D
	XM27	120	C	A	D
	29Cr - 4Mo	120	D	A	D
	29Cr - 4Mo - 2Ni	120	D	A	D
Y 法：$Cu + CuSO_4 + 50\%H_2SO_4$ 试验	446	96	A	B	D
	XM27	120	C	A	D
	XM33	120	C	A	D
	29Cr - 4Mo	120	D	A	D
	29Cr - 4Mo - 2Ni	120	D	A	D
Z 法：$Cu + CuSO_4 + 16\%H_2SO_4$ 试验	430	24	D	D	无裂纹通过
	434	24	D	D	无裂纹通过
	436	24	D	D	无裂纹通过
	XM8	24	D	D	无裂纹通过
	18Cr - 2Mo	24	D	D	无裂纹通过

注　A—最佳判据；B—适用的判据；C—失重测量可用于检测敏化严重的材料，但对 XM27 和 XM33 合金不太灵敏，
　　而且不能检测轻微或中等程度的敏化作用；D—不适用的判据。

$CuSO_4 + H_2SO_4 +$ 锌粉试验方法是苏联国家标准方法之一，适用于检验高镍铬、含钼且用钛稳定化的不锈钢之晶间腐蚀敏感性。评定方法采用弯曲法或金相检查。

10％HCl 试验方法是把试样在沸腾 10％HCl 溶液中浸泡 24h。评定方法采用弯曲法和失重法。此法用于检测含钼合金（哈氏合金）由于形成 α 相而造成的贫 Mo 区敏化作用，但不能检测这些合金中的贫铬敏化作用，也不能检测某些合金由于碳化铬沉淀引起的敏化作用。

$HNO_3 + Cr^{6+}$ 试验方法是把试样置于 $HNO_3 + 0.5NK_2Cr_2O_7$，沸腾溶液中，每 2～4h 更换一次新鲜溶液，直至 100h。可用失重、电阻率、金相检查评定试验结果。此法用于检测奥氏体不锈钢和 Inconel 合金由于 P 和 Si 在晶界的溶质偏聚引起的晶间腐蚀敏感性。

硝酸失重试验方法是《硝酸暴露后质量损失法测定 5XXX 系铝合金晶间腐蚀敏感性试验方法》（ASTM G67—2013）制定，用于检测 Al - Mg 和 Al - Mg - Mn 系合金由于晶界析出 Mg_2Al_3，第二相而产生的晶间腐蚀敏感性。此法是将试样全浸入浓硝酸（30℃）暴露 24h，以失重法评定结果。

为检测 Al - Cu - Mg 系合金的晶间腐蚀敏感性，可在 3％NaCl + 1％HCl 溶液中暴露规定时间测定析出氢气的体积，以定量评定晶间腐蚀的严重程度。

13.2　电化学试验方法

13.2.1　草酸电解浸蚀试验法

10％草酸电解浸蚀试验是把试样置于 900ml 蒸馏水中溶有 100g 草酸的室温溶液中，于 $1A/cm^2$。电流密度下阳极电解浸蚀 1.5min，草酸法电解浸蚀装置如图 13 - 2 所示。然后在 150～500 倍金相显微镜下检查试样表面。根据晶界破坏程度确定材料是否无晶间腐蚀敏感性，或是否需用另一种标准试验方法进行再试验。

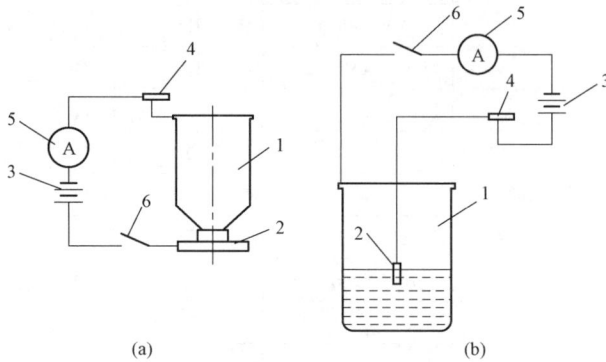

图 13 - 2　草酸法电解浸蚀装置

（a）大试样用；（b）小试样用

1—不锈钢装置；2—试样；3—直流电源；4—变阻器；5—电流表；6—开关

经草酸电解浸蚀的晶界形态结构通过金相显微观察可分七类，详见表 13 - 2。

表 13 - 2　　　　　　10％草酸电解浸蚀试验与其他化学试验方法之间的关系

草酸试验结果		锻造、轧制试样					铸造、焊接试样				
类别编号	试样表面显微组织类型	硫酸-硫酸铜-铜屑法	65％的沸腾硝酸法	硫酸-硫酸铁法	硝酸-氢氟酸法	氟化钠-硝酸恒温法	硫酸-硫酸铜-铜屑法	65％的沸腾硝酸法	硫酸-硫酸铁法	硝酸-氢氟酸法	氟化钠-硝酸恒温法
Ⅰ	阶梯状组织	○	○	○	○	○	—	—	—	—	—
Ⅱ	混合型组织	○	○	○	×	×	—	—	—	—	—
Ⅲ	沟状组织	×	×	×	×	×	—	—	—	—	—
Ⅳ	游离铁素体	—	—	—	—	—	○	○	○	○	○
Ⅴ	连续的沟状组织	—	—	—	—	—	×	×	×	×	×
Ⅵ	蚀孔组织Ⅰ	—	—	—	—	—	○	○	○	○	○
Ⅶ	蚀孔组织Ⅱ	—	—	—	—	—	○	○	○	○	○

注：○—表示不比做其他方法的试验；×—表示要做其他方法的试验；——表示没有这种组织。

如果试样表面呈"台阶"结构，如图 13 - 3 所示，即晶界无腐蚀沟槽，就可确定该材料无晶间腐蚀敏感性；如果试样表面呈"沟槽"状结构（连续腐蚀沟槽包围晶粒）或"混合"

型结构（台阶结构与不连续腐蚀沟槽并存），则应选择一种适当的标准试验方法进一步检查材料的晶间腐蚀敏感性。

草酸电解浸蚀试验的工作电位在 $2.00V_{SHE}$ 以上，在这样高的电位下，晶界处的碳化铬溶解速度至少比晶粒母体要快一个数量级，于是就会在显微镜下观察到试样表面的"沟槽"结构。出现"台阶"结构是由于不同晶面的溶解速度

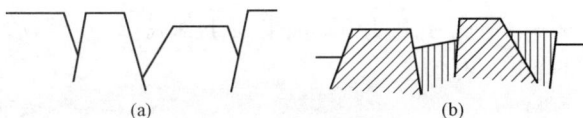

图 13-3　草酸电解浸蚀试验的"沟槽"和
"台阶"结构示意图
（a）沟槽结构；（b）台阶结构

不同之故。如果碳化铬在晶界的存在是不连续的，就可观察到"混合"型结构。此试验方法适用于检验奥氏体不锈钢因碳化铬沉淀引起的晶间腐蚀敏感性；此法不能检验 α 相引起的晶间腐蚀敏感性，也不适用于检验铁素体不锈钢。

凡能通过草酸电解浸蚀试验者（以台阶结构表征），可以证明材料没有发生碳化铬沉淀作用，不会发生由晶界贫铬区造成的晶间腐蚀。也就是说，它能筛选通过优质材料，从而减少一部分不必要的检验工作。凡不能通过这种试验者（以沟槽或混合结构表征），并不能判废任何材料，尚需选用适当方法做进一步的敏感性检查。

13.2.2　动电位再活化法（EPR 法）

电化学动电位再活化法旨在检验奥氏体不锈钢的晶间腐蚀敏感性。将试样在去气的 $0.5mol/L\ H_2SO_4 + 0.01mol/L\ KSCN$（30℃）中预浸泡 5min，然后以 100mV/min 的扫描速度从自然腐蚀电位（约 $-0.450V_{SHE}$）正向极化到 $+2.00V_{SHE}$，在此电位下保持 2min 使试样钝化后，再以相同速度逆向扫描至原自然腐蚀电位，如图 13-4 所示。测定再活化过程所需电量 Q_a（实际上相当于再活化曲线峰下的面积）和再活化状态的峰值电流密度 i_{ca}，作为判断材料晶间腐蚀敏感性的依据。敏化材料容易活化，因而表现出较高的 Q_a 和 i_{ca} 值，无晶间腐蚀敏感性的材料所测得的数值相对低很多。这样，再活化电量 Q_a 和相应电流密度 i_{ca} 就与不锈钢的晶间腐蚀敏感性相关联，并能对敏化程度作相对比较。

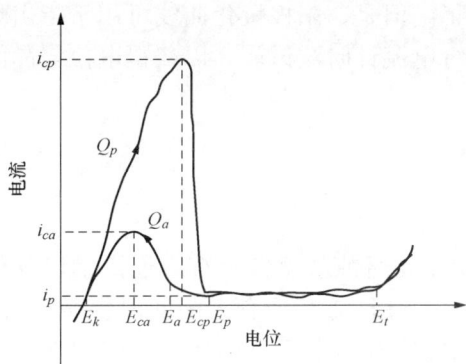

图 13-4　EPR 法动电位曲线的特征点

通常，为了确证晶间腐蚀形态及其严重程度，以及机理和方法的研究，往往在动电位再活化试验后再对试样作金相检查。此法与硫酸-硫酸铜-铜屑法类似，结果也比较一致，均是对晶界贫铬区择优腐蚀。此法适于检验奥氏体不锈钢由于晶界贫铬区引起的晶间腐蚀敏感性。为了提高动电位再活化法的灵敏度，尚可进一步采取改变侵蚀剂溶液配方、电化扫描速度及钝化—活化操作等措施。

13.2.3　其他电化学试验方法

Clerbois 为检测奥氏体不锈钢中 Cr 的敏化作用而提出阳极极化曲线第二活化峰法。经敏化处理（650℃，24h）的 18-8 奥氏体不锈钢在 2N　H_2SO_4 溶液中测定阳极极化曲线，

$0.140 \sim 0.240V_{SHE}$范围内出现了第二个活化峰，如图 13 - 5 所示；而对退火状态的或 Nb 稳定化的 18 - 8 不锈钢所测定的阳极极化曲线上并未出现此活化峰。如将敏化试样在 2N H_2SO_4 溶液中于 $0.140V_{SHE}$ 电位下保持 24h，然后在压头上弯曲，试样就会开裂；而退火状态试样并不开裂。

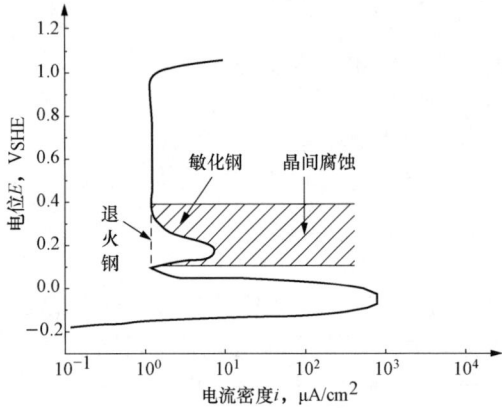

图 13 - 5　在 2NH2SO4 中 18 - 8 不锈钢的阳极极化
曲线和第二活化峰（Clerbois）

因为在此电位下晶界贫铬区呈活化腐蚀，而合金母体仍呈钝态，于是产生了晶间腐蚀。这种恒定电位的电化学试验方法与酸性硫酸铜试验相似。Smialowska 提出以第二活化峰所对应的电流密度作为敏化程度判据。也有人对此方法提出质疑，Surey 和 Rockel 对铁素体和马氏体不锈钢进行了类似的电化学测量，结果表明阳极极化曲线上出现的第二活化峰直接与敏化过程有关，据此第二活化峰可以检测出敏化的铁素体不锈钢和马氏体不锈钢。

不锈钢的晶间腐蚀主要是阳极性控制的，理想的电化学试验方法是用恒电位仪把指定溶液介质中的试样控制在给定电位，测量相应的极化电流，以特征参数区分不同敏化状态或晶间腐蚀程度。Oszawa 等人报道，Fe - 18Cr - 9Ni - 0.05C 不锈钢在 2N　H_2SO_4（90℃）溶液中的稳态极化曲线对于鉴别敏化处理制度是相当灵敏的。但为测量此极化曲线需在每一个电位下测量达到稳态的电流密度需用相当长的试验时间，与常规化学浸泡试验相比，就没有优越性了。但是，阳极极化曲线可用于指出哪一个电位区最可能引起晶间腐蚀，因而可在该电位进行电流计时法试验，以获得电位与晶间腐蚀敏感性的关系。

13.3　其他检验与评定方法

在前述化学浸泡试验或电化学试验之后，为判断晶间腐蚀敏感性，有时还需辅以其他一些物理检验和评定。有的情况下，为评定交货状态的材料或产品有无晶间腐蚀敏感性，或确证运行状态的或遭破坏的设备机械有无晶间腐蚀敏感性，也可直接采用一些物理检验方法。

1. 弯曲法

将经过晶间腐蚀的试样弯曲成 180°或 90°，用肉眼或 10 倍放大镜观察被弯曲外表面是否出现裂纹（有晶间腐蚀的试样易因弯曲而开裂），在可疑情况下应放大 20 倍观察，必要时可作金相观察。

2. 金相法

将取样材料或经过晶间腐蚀试验的试样制成金相样品，在金相显微镜下（一般为 150 ～ 500 倍）直接观察晶界是否受到侵蚀，也可直接测量晶界腐蚀深度，以鉴别晶间腐蚀存在与否及程度。

3. 声响法

将经过晶间腐蚀试验的试样或取样材料从 1m 左右高度自由落在石板上，根据金属声的声响程度判定；若晶间腐蚀严重，应无清脆的金属声响。

4. 电阻法

根据试样在晶间腐蚀前后的电阻变化判断可能发生的晶间腐蚀程度。此法可直接周期性地对试样进行电阻测量，从而可获得晶间腐蚀深度（用电阻变化的百分率表示）-时间的动态曲线。此法比失重法更灵敏。

5. 强度法

将经过晶间腐蚀的试样与未经试验的对比试样在拉伸试验机上拉断，根据其抗拉强度和延伸率降低的变化率判断晶间腐蚀的存在与程度。

6. 超声波法

这是基于超声波在遭受晶间腐蚀损伤的金属中强度衰减的原理。用单探头或双探头把表面波或剪切波发送到被检测材料中，相应的接收检测方法有反射法和穿透法两种。根据超声波信号振幅衰减的变化评定晶间腐蚀深度。

7. 涡流法

在高频励磁线圈作用下被检工件（或试样）表面就会产生涡电流，从而产生一个与励磁线圈磁场相反的磁场，两种磁场的交互作用使检测线圈的阻抗发生变化。材料遭受晶间腐蚀使其导电性下降和涡电流损耗，此法的测量具有较高的灵敏度。

8. 液显法

此法是基于润湿性液体在遭受晶间腐蚀的材料表面呈毛细渗透现象的原理。在被检测材料表面喷一层着色液体，擦干后再喷一层白色敷料，从受腐蚀晶界中渗出的着色液体将使白色敷料转变成红色，由红色网络可判断晶间腐蚀的存在和程度。

9. 内摩擦力法

通过测量晶间腐蚀试验前后的试样内摩擦力变化以检测材料的晶间腐蚀。通过振荡器起振使试样感应振动，测量在谐振频率处的振幅以测定材料内摩擦力。此法对测定材料晶间腐蚀损伤灵敏度高，且可定量测定。

10. 微观分析

为研究晶间腐蚀机理、发展规律和失效分析，还可采用扫描电镜、透射电镜、穆斯堡尔谱学及各种 X 射线衍射技术等分析方法。

13.4　典型案例

13.4.1　断路器拐臂剥层腐蚀案例

2013 年 2 月，在对某型号的断路器拐臂锈蚀隐患进行排查时，发现多个变电站的该型号断路器拐臂均存在不同程度的腐蚀现象。该类型断路器多为 2002 年至 2006 年出厂的产品，拐臂设计材质为铝合金，牌号为 7A04。

1. 宏观检查

断路器拐臂均呈现出片层状腐蚀的特征，如图 13 - 6 所示。断路器拐臂两端的原始厚度为 12mm，其中腐蚀最严重的 508 断路器其拐臂腐蚀层的厚度已达到 4mm，同时该断路器拐臂的盖板也存在一定的腐蚀现象；而 510 断路器拐臂腐蚀层的厚度也已达到 3mm。

(a)　　　　　　　　　　　　　　　　　　(b)

图 13-6　断路器拐臂剥层腐蚀

(a) 508 断路器拐臂；(b) 510 断路器拐臂

2. 材质分析

对拐臂进行材质分析，其成分见表 13-3，基本符合《铝及铝合金热挤压管　第 1 部分：无缝圆管》（GB/T 4437.1—2000）标准要求。

表 13-3　　　　　　　　　　　　　　　化学元素分析　　　　　　　　　　　单位：wt%

元素	Al	Zn	Cu	Mn	Fe	Cr
标准值	余量	5.0～7.0	1.4～2.0	0.2～0.6	0～0.5	0.10～0.25
含量	92.65	4.96	1.71	0.21	0.35	0.13

3. 显微组织分析

对拐臂取样进行显微组织检测，经磨样、抛光、腐刻后进行金相显微镜观察，发现基体上分布着粗大连续的第二相，为加工态组织，如图 13-7 所示。正常状况下 7A04 产品应为热处理状态，拐臂存在未进行热处理或热处理不到位的情况。

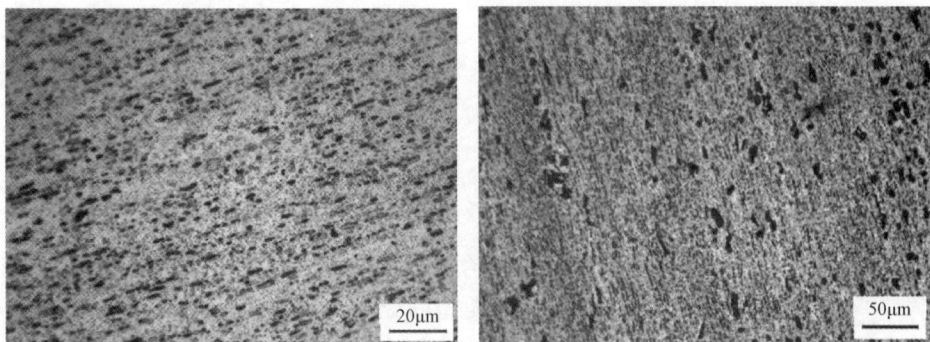

图 13-7　拐臂显微组织

4. 剥落腐蚀试验

依据《铝合金加工产品的剥落腐蚀试验方法》（GB/T 22639—2008），采用 EXCO 溶液（$4.0 mol/LNaCl + 0.5 mol/LKNO_3 + 0.1 mol/LHNO_3$，pH = 0.4）对拐臂进行剥落腐蚀试验。拐臂铝合金在 EXCO 溶液中浸泡 6h、24h、48h 后的腐蚀形貌如图 13 - 8 所示。可见随着时间延长，该铝合金腐蚀程度不断加深，由表面的点蚀发展至严重的分层。6h、24h、48h 的剥蚀程度评级依次为 PB、EA、EB，该铝合金的剥蚀敏感性较强。

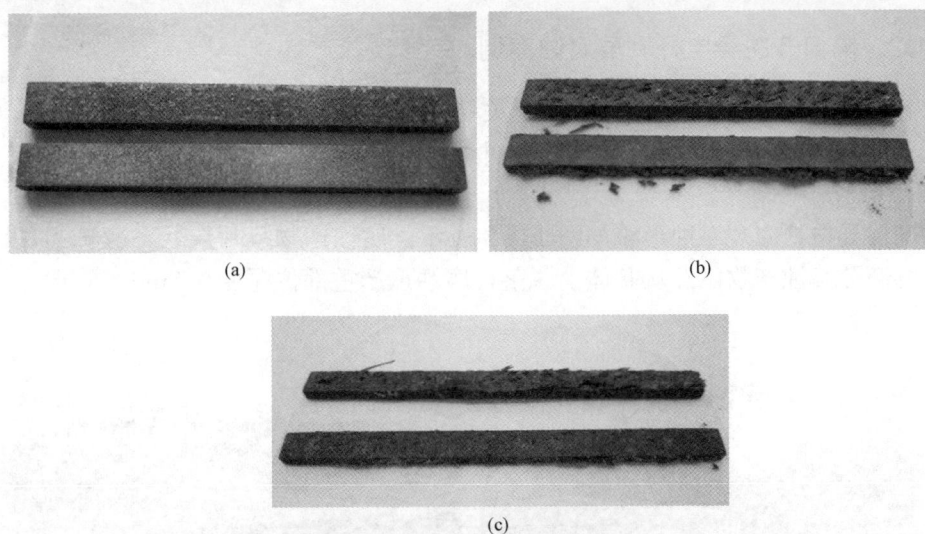

(a)　　　　　　　　　　　　(b)

(c)

图 13 - 8　铝合金拐臂剥层腐蚀形貌
(a) 浸泡 6h；(b) 浸泡 24h；(c) 浸泡 48h

5. 力学性能检测

对拐臂的原始板材及经浸泡 6h、24h、48h 的板材分别进行力学性能检测，结果见表 13 - 4。经浸泡后铝合金的力学性能显著下降，其中浸泡 48h 后板材的抗拉强度较原始板材下降了 26.3%。

表 13 - 4　　　　　　　　　　　　　　　拐 臂 抗 拉 强 度

浸泡时间/h	0	6	24	48
抗拉强度/MPa	591	513	482	436

6. 原因分析

拐臂铝合金材质剥蚀敏感性较强，48h 浸泡后的腐蚀评级为 EB。7A04 铝合金中的 Mg 元素易与基体 Al 及其他合金元素形成中间化合物，以二次相的形式在晶界析出，这些二次相易与基体组成腐蚀电偶而形成活性腐蚀通道。当腐蚀沿着平行于合金表面的晶界发展时，腐蚀产物聚集于晶界，由于其体积大于所消耗的原晶界金属体积，从而对合金表层晶粒产生楔形外推力，使表层晶粒与合金内层剥离，剥蚀便由此而产生。

本断路器使用的变形 7A04 铝合金是轧制成型，在成型过程中其晶粒会在轧制方向发生拉长变形，使得晶间腐蚀沿平行轧制表面的方向进行最终发展为剥层腐蚀。7A04 铝合金其成分决定了它具有先天的剥蚀敏感性。为了改善其抗剥蚀性，过时效及回归再时效的热处理工艺可改善其剥蚀性能，然而这些热处理工艺对工艺参数如保温温度及时间的要求比较严格，实际生产中由于厂家水平的参差不齐，很难保证产品的热处理能够达标，这为 7 系铝合金应用中发生剥蚀留下了隐患。

7. 结论

拐臂产生剥落腐蚀的主要原因为时效热处理不合格。建议对新更换的拐臂进行阳极氧化处理，氧化膜需不低于 15μm。

13.4.2　隔离开关导电杆剥层腐蚀案例

2011 年 4 月，某变电站 220kV 隔离开关检修时发现导电杆严重腐蚀。隔离开关型号为 GW12 - 220D（W），导电杆为铝合金圆管，材质 2A12。

1. 宏观检查

隔离开关导电杆宏观腐蚀形貌如图 13 - 9 所示。腐蚀产物呈片层状，颜色为灰白色，组织疏松，且部分腐蚀产物已经从基体上脱落，腐蚀最严重部位深度约 8mm。

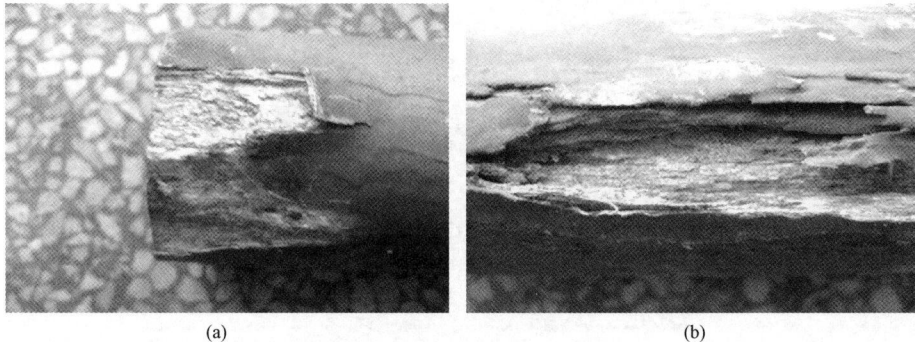

(a)　　　　　　　　　　(b)

图 13 - 9　隔离开关导电杆宏观腐蚀形貌

(a) 端头部位；(b) 管材中部

2. 力学性能试验

对试验管材取样进行拉伸试验，结果见表 13 - 5。三组拉伸试样的强度均高于隔离开关导电杆的设计强度值。

表 13 - 5　　　　　　　　　力学性能试验结果

No.	R_p/MPa	R_m/MPa	A/%
1	360	515	11.0
2	355	535	10.5
3	362	526	10.8
标准要求	≥255	≥390	≥10

3. 显微组织分析

制取试样浸蚀（浸蚀剂为氢氧化钠溶液）后观测低倍组织，如图 13 - 10 所示。试样内部组织致密均匀，无夹杂物、气孔等缺陷。裂纹沿纵向由导电杆外壁向内部扩展，腐蚀先从外壁开始，沿晶界逐渐向内壁深入，最后导致管壁层状开裂。

图 13-10 低倍腐蚀照片

(a) 管材断面；(b) 管材外壁

对试样进行显微组织检测，发现晶粒宽长而扁平，有长条状粗大晶粒，如图 13-11 所示。腐蚀由试样表面保护膜处开始破坏，进入基体后腐蚀裂纹沿晶界横向扩展，并逐渐向试样内部发展，如图 13-12 所示。

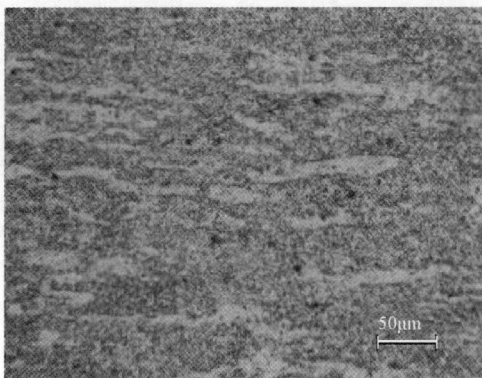

图 13-11 试样基体显微组织

图 13-12 试样外壁显微组织

4. 扫描电镜分析

利用扫描电镜对试样腐蚀部位进行组织观察，发现腐蚀部位铝合金母材材质疏松。进一步放大显微倍数，可见腐蚀部位存在大量絮状腐蚀产物，如图 13-13 所示。

5. 晶间腐蚀试验

根据《铝合金晶间腐蚀测定方法》（GB/T 7998—2005）进行晶间腐蚀试验。将试验后的样品制成金相试样进行观察，如图 13-14 所示。试样接近外壁处存在严重晶间腐蚀，腐蚀最大深度约 $95\mu m$。

6. 原因分析

（1）合金成分影响。从导电杆腐蚀状况可知，腐蚀具有明显的晶间腐蚀和剥落腐蚀特征，相关研究已经证明，T4 状态的 2A12 合金具有晶间腐蚀和剥落腐蚀的敏感性。2A12 铝合金为 Al-Mg-Cu 系合金，含铜量较高，易在晶界上析出富铜相，这些富铜的 $CuAl_2$ 相，

图 13-13　扫描电镜形貌

(a) 50 倍；(b) 500 倍

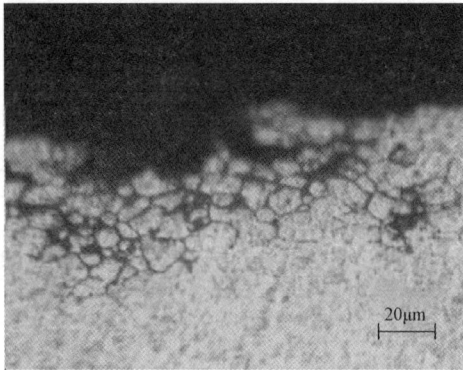

图 13-14　晶间腐蚀显微组织

使晶界产生贫铜区，$CuAl_2$ 与晶界贫铜区组成腐蚀电池，导致晶间腐蚀发生，其中以晶界处发生的晶间腐蚀最为主要。伴随晶间腐蚀的进行，腐蚀产物体积的膨胀产生应力作用，导致腐蚀产物及部分未腐蚀金属拱起，而腐蚀介质通过凸起物之间的缝隙，进入金属表层以下，导致腐蚀向纵深方向发展。

（2）表面保护膜影响。导电杆外壁保护膜被破坏，腐蚀开始进入基体。失效的导电杆在安装前已进行过防腐处理，即在导电杆外进行表面阳极氧化处理，使导电杆外表面形成一层 Al_2O_3 保护膜。在正常情况下，此保护膜具有良好的保护母材抵抗腐蚀的能力，但在特殊条件下，即在碱性或稀酸溶液中，便会发生溶解，宏观上表现为破损。管外壁保护膜被破坏后，管材基体与外界环境接触，发生腐蚀。

（3）晶粒形态影响。合金的性能特别是腐蚀性能与合金的金相组织特征有密切的关系，试验已经证明导电杆的腐蚀为晶间腐蚀，在发生晶间腐蚀时，如果金属基体具有某种方向性很强的平行于金属表面的拉长晶粒，则易同时发生剥落腐蚀。剥落腐蚀是一种与金属表面平行的特殊腐蚀，腐蚀沿着薄板轧制方向或挤压型材被拉长的晶粒间界面产生并沿平行金属表面的晶间横向扩展。使金属产生层状分离，产生不连续的小裂片、碎末、泡疤，严重时甚至会使大块的完全连续的金属片脱离金属本体。

在对试样的金相检验中发现晶粒宽长而扁平，有长条状较粗大晶粒，这是在管材挤压成形过程中所形成的。这种形状的晶粒，为发生剥落腐蚀提供了条件，当腐蚀沿着复杂狭窄的路线平行于金属表面进行时，所生成的不溶性腐蚀产物，其比容均大于基体金属，随着腐蚀过程的进行和腐蚀产物的积累增长，使晶界受到越来越大的横向张应力，由于该力的楔入作用，便导致金属未腐蚀层的撕裂，剥落或分层，使金属成书页状地沿晶界剥离。

（4）环境影响。铝在大气中会生成一层厚度为 $0.01\sim0.015$ mm 的自然保护膜，但在潮湿及碱、硫化物、氯化物等腐蚀介质作用下会产生灰色粉末状氢氧化铝而发生强烈腐蚀。剥落腐蚀的产生必须具备一定外界环境，即外部介质为碱性或微酸性电解质。该变电站所在地区有大量工矿企业，空气中的二氧化硫等污染物使电解质具有弱酸性，从而导致剥落腐蚀的发生，并加速了腐蚀电化学反应的过程。

7. 结论

导电杆的腐蚀为晶间腐蚀和剥落腐蚀，这是因为 2A12 铝合金具有较强腐蚀敏感性所致。建议选用含铜量较低，抗蚀性较强的 Al‑Mg 或 Al‑Mg‑Si 系铝合金。

第 14 章
应 力 腐 蚀 试 验

所有应力腐蚀试验的最终目的都是测定金属材料在指定应用环境中的抗应力腐蚀开裂（SCC）性能和行为，其加速途径主要有：增加环境介质的腐蚀性，如改变浓度、温度、压力和 pH 值等；提高试验的加载应力，如采用缺口试样、预制裂纹试样或慢应变速率拉伸加载等；利用电化学极化方法加速 SCC 过程。

14.1　SCC 试样

SCC 试样类型颇多，适用于各自特定目的，其加载应力、腐蚀暴露、计算应力和评定结果的方式各不相同，其特点和局限性也不同，须根据试验目的和实际条件选择试样类型、加载方式和试验方法。SCC 试样类型与加载方式密切相关。

14.1.1　光滑试样

这是在传统力学试验中常用的试样，也是 SCC 试验中用得最多的试样类型。基于不同试样目的、不同材料型式和不同加载方法，由此发展出各种类型光滑试样。这种试样要求一定的表面光洁度，或者采用材料原始表面状态。

1. 直接拉伸试样

这是一种外加同轴载荷（单向载荷）的 SCC 试样。在任何情况下，应当尽可能使评定 SCC 敏感性的拉伸试样与力学性能测试的标准拉伸试样尺寸一致。实验室试验中用得较多的是小横截面试样，其优点是：

（1）对引发 SCC 具有更大的敏感性；

（2）可更快地获得试验结果；

（3）试验操作较方便。但须加工仔细，试样标距一般不小于 10mm，直径不小于 3mm。

2. 弯梁试样

由均匀厚度的矩形横截面材料制成。这类试样用于加载应力低于材料弹性极限的情况，以便准确计算外加拉应力，主要包括：两支点试样、三支点试样、四支点试样、双弯梁试样以及恒矩梁试样。

3. C 形环试样

通过紧固一个位于环直径中心线上的螺栓而在环外表面造成拉伸应力，也可以扩张 C 形环在内表面造成拉伸应力，这两种是恒变形试样；采用经过校准的弹簧在螺栓上加载，为恒载荷 C 形环试样。C 形环的周向应力是不均匀的，从栓孔处的零应力沿环形弧线直至中点增大到最大应力。

4. U 形弯曲试样

将矩形板材以一定夹具弯曲成呈规定半径的 180°（或 180°左右），这种恒变形试样包含弹性变形和塑性变形，是试验条件十分苛刻的 SCC 光滑试样。U 形试样沿厚度方向从外表面的最大拉应力渐变至内表面的最大压应力，沿长度方向从弯曲中心的应力最大值降至两端点处的零应力，且沿宽度方向应力分布也不均匀。所以实际应力值计算是很困难的。

5. 其他试样

"O" 形环试样是一种模拟承受箍形应力的特定用途 SCC 试样。把一个大于环内径的填充塞子压入环中，使环试样表面承受均匀的拉伸应力，根据所需应力预先确定塞子直径。音叉试样也是一种专门用途的 SCC 试样，特别适用于沿纵向或长 - 横向取样的板材试验。用螺栓压紧两叉的端部以施加应力，最大应力在两直叉基底的小区域内；当两叉具有颈缩区时，最大应力在此收缩区。

14.1.2 缺口试样

缺口试样是模拟金属材料中的宏观裂纹和各种加工缺口效应以考察材料的 SCC 敏感性的专门试样，使用缺口试样有以下优点：

（1）由于缩短孕育期而加速 SCC 过程；

（2）使 SCC 断裂限定于缺口区域；

（3）改善测量数据的重现性；

（4）便于测量某些参数，如裂纹扩展速率。但在加工制作试样时，要求缺口的尺寸和几何形状严格统一，以保证受力条件一致。

在缺口试样中，缺口根部是三轴应力点，应力一般可达塑性变形区。可采用缺口根部处的环形外径计算额定应力。但实际应力由于缺口的几何形状所引起的应力集中而高于计算应力，这时应考虑针对特定缺口的应力集中系数。

14.2.3 预裂纹试样

预裂纹 SCC 试样是预开机械缺口并经疲劳处理产生裂纹的试样，通过 SCC 试验和断裂力学分析，测试结果可用于工程设计、安全评定和寿命估计。这种基于断裂力学的预制裂纹试样，由于显著缩短了孕育期而加速 SCC 破坏，测试时间短；数据比较集中；便于研究裂纹扩展动力学过程。采用预裂纹试样，把线弹性断裂力学应用于 SCC 试验，可以确定金属材料在特定介质中的临界应力场强度因子 K_{ISCC} 和裂纹扩展速率 $\dfrac{d_a}{d_t}$，确定构件中可允许的最大缺陷尺寸。

材料中一条裂纹尖端附近的应力场强度可用参数 K 表征，称为应力场强度因子。当试样厚度足以保持裂纹尖端处的最大约束时，张开型裂纹的应力场强度因子 K_1 与外加应力和裂纹尺寸的平方根之乘积成正比，当裂纹尺寸保持不变时，K_1 随外加应力增加而增大。在无浸蚀性环境的情况下，达到某个足够高的 K_1 值就会使材料发生快速的失稳断裂，这个 K_1 值就称为该材料的平面应变断裂韧性，以 K_{1C} 表示，当材料和裂纹置于浸蚀性环境中时，随外加应力增加，K_1 也会增大，达到某个足够高的 K_1 值时就会使裂纹缓慢扩展，然后保持载荷恒定，K_1 将随着裂纹的扩展而继续增大。加载应力的预裂纹试样在特定的化学和电化学介质中，在规定截止时间裂纹并无亚临界扩展的最大应力场强度因子称为临界应力场强度因子 K_{ISCC}。

预裂纹的 SCC 试样可用砝码加载，也可用螺栓或楔的自加载。按照 K 值随裂纹扩展的变化关系可将预裂纹试样分为三类，即随裂纹长度增加分为增 K 型、降 K 型和恒 K 型，这与加载方法及试件几何形状有关。

1. 恒载荷增 K 型试样

这类试样在恒定载荷（σ 为常数）的试验过程中，K 随裂纹长度 a 增加而增大，直至失稳断裂。

2. 恒位移降 K 型试样

这类试样用螺钉加载后，在试验过程中基本保持恒定。当裂纹扩展时，裂纹长度 a 增大，使 K_I 增大；但裂纹扩展的同时，螺钉力松弛，P 下降，使 K_I 下降。相比较而言，P 下降对 K_I 的影响大于 a 增大的影响，故随着裂纹扩展，裂纹前端的 K_I 不断下降。当 K_I 下降到等于材料在指定环境中的应力腐蚀临界应力场强度因子 K_{ISCC} 时，裂纹就将停止扩展。一般认为，当裂纹扩展速率 $\dfrac{d_a}{d_t} \leqslant 10^{-8} \mathrm{cm/s}$ 时裂纹已停止扩展。即恒位移试样止裂时的应力场强度因子就是 K_{ISCC}。

将恒位移试样置于介质中，随时测量其裂纹长度变化，从测定的 $a-t$ 曲线可求得裂纹扩展速率 $\dfrac{d_a}{d_t}$；进而可获得 $\dfrac{d_a}{d_t}-K_I$ 关系曲线。

3. 恒载荷恒 K 型试样

在研究裂纹亚临界扩展动力学时，为精确测定 $\dfrac{d_a}{d_t}$ 对 K_I 的依从关系，发展出随裂纹扩展但 K_I 仍保持恒定的试样。在恒力作用下，K_I 是恒定的，且与裂纹长度无关。

14.2　SCC 试验的加载方式

无论所采用的是光滑试样、缺口试样，还是预裂纹试样，根据 SCC 试验目的可选用不同的加载方式。在 SCC 试验中，加载方式和试样选型是两个互为依存的相关因素。加载方式通常分类为：恒载荷、恒变形和慢应变速率加载。

14.2.1　恒载荷系统

利用砝码、力矩、弹簧等对试样施加一定载荷以实现 SCC 试验，此为恒载荷加载系统。这种加载应力方式往往用于模拟工程构件可能受到的工作应力或加工应力。可采用直接拉伸加数，即在一端固定的试样上直接悬挂砝码；也可采用杠杆系统加载，如图 14-1（a）所示，此方式始终具有恒定的外加载荷，为简化装置可采用一个经标定的弹簧对试样加载，如图 14-1（b）所示；也可采用拉伸环加载，如图 14-1（c）所示，这是一种简单、紧凑且容易操作的恒载荷系统。

此外，还可对弯曲试样实现恒载荷加载，如三点加载、四点加载和悬臂梁加载等。

恒载荷 SCC 试验虽然载荷是恒定的，但试样在暴露过程中由于腐蚀和产生裂纹使其横截面积不断减小，从而使断裂面上的有效应力不断增加。与恒变形 SCC 试验相比，必然导致试样过早断裂。恒载荷试验更为严格，试样寿命更短，SCC 的临界应力更低。

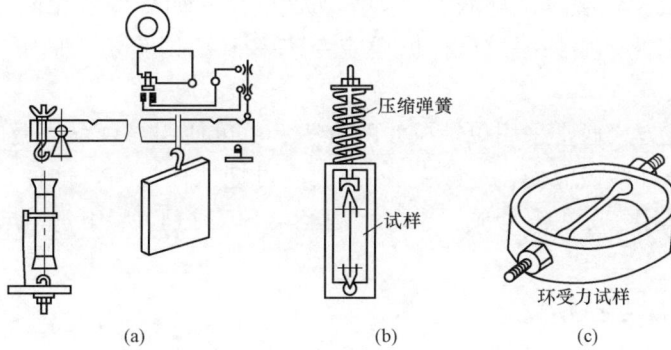

图 14 - 1　恒载荷 SCC 试验的加载系统
(a) 杠杆加载；(b) 弹簧加载；(c) 拉伸环加载

14.2.2　恒变形系统

通过直接拉伸或弯曲使试样变形而产生拉应力，利用具有足够刚性的框架维持这种变形或者直接采用加力框架，以保证试样变形恒定，此为恒变形系统。这种加载应力的方式往往用于模拟工程构件中的加工制造应力状态。恒变形加载的预裂纹试样等均属于这种加载系统。

恒变形加载 SCC 试验以其装量简单、试样紧凑、操作方便而获广泛应用，不仅可用于实验室试验，也可用于现场试验，且可在有限空间容器内试验多组试样。恒变形弯梁试样的外加载荷保持在弹性极限以内时，试样承受的应力可以计算，也可以直接测定。

恒变形 SCC 试验过程中，伴随裂纹发展，试样中部分弹性变形将转变为塑性变形；往往也会出现某种弛豫作用，从而导致试样承受的应力下降，这是恒变形试样在 SCC 试验过程中出现的应力释放现象，它将使裂纹的发展减缓或停止，显著影响试样的断裂时间，甚至可能观察不到试样断裂。

14.2.3　慢应变速率加载系统

慢应变速率 SCC 试验（SSRT）是以一个恒定不变的相当缓慢的速度通过试验机十字头位移而把载荷施加到处于腐蚀介质中的试样上，以强化应变状态来加速 SCC 过程的发生和发展，这是一种加速的 SCC 试验方法。

慢应变速率 SCC 试验中最重要的变量是应变速率的大小。此方法中的加载系统是通过应变速率来实现的。一般体系的 SCC 裂纹扩展速度通常在 $10^{-3} \sim 10^{-6}$ mm/s 范围内，这是确定 SSRT 应变速率的基础。SSRT 应变速率对 SCC 试验体系具有选择性，一般为 $10^{-4} \sim 10^{-7}$ s^{-1}，应根据具体腐蚀体系选定。

SSRT 试验机的结构材料及其部件具有足够高的刚度，试验过程中十字头以规定的位移速度移动，试样以同速被拉伸。此时，试样伸长 ΔL，可由十字头位移代表，当十字头移动速度保持恒定时，可以认为试样的应变速率保持不变。但在实际 SCC 试验过程中，试样的应变速率应为 $\left(\dfrac{\Delta L}{\Delta t} \cdot \dfrac{1}{L} \right)$。$L$ 为瞬时标距长度，它本身就是一个变量，所以试样的应变速率在试验过程中不是恒定的，而是变量，特别是材料发生屈服变形后，颈缩区的实际应变率可能会增加一个数量级。预裂纹试样的裂纹尖端塑性区尺寸如果保持相同，则应变速率也可保持在一恒定值。因此，用预裂纹试样做慢应变速率SCC试验要比采用普通光滑试样更为合适。

慢应变速率加载方式通常采用单轴拉伸的方法，也可使用悬臂梁式慢应变速率装置。随十字头恒速位移，试样缓慢应变，一般在2～3天内可把试样拉断，这种SCC试验对腐蚀介质无特殊要求，可采用实际工况介质，也可采用经典SCC试验所用的介质。

14.3　SCC试验环境

现场SCC试验是把加载应力的试样或构件置于实际使用的环境介质中进行的。应力腐蚀现象的一个特点是，特定的金属材料对环境中某种特定的化学因素十分敏感。除了化学因素外，SCC往往还受温度、湿度、pH值、溶解气体以及溶液的对流或扩散速度等因素的影响。在接近实际应用条件的模拟介质中进行实验室模拟试验，通常可以获得较可靠的结果。但这种试验费时较长，因此往往通过加速的SCC试验快速评定SCC的相对敏感性。加速试验的介质和条件应能产生和实际应用条件下相同的开裂类型和规律性。通常，这种加速试验的环境介质中应包含有能诱发并促进那种类型SCC的特种离子或化学物质。

目前，针对各种金属材料的SCC试验提出了一系列相对应的腐蚀介质，其中一些已经标准化，还有一些只能在有限范围内使用。

1. 沸腾氯化镁溶液试验

这是一种检测不锈钢及有关合金的SCC敏感性的标准试验。鉴于氯化镁的水化物具有吸湿性，有时被记作42％$MgCl_2$或45％$MgCl_2$；但标准规定了该试验溶液的沸点为155.0±1.0℃，以统一规定溶液成分和浸蚀性。

2. 3.5％NaCl溶液间浸试验

主要用于试验铝合金和铁基合金的SCC敏感性，是一种加速试验方法。可用于选材、质量控制检验和发展新合金等。试验溶液由3.5±0.1份分析纯NaCl（重量比）和96.5份蒸馏水配制而成，pH值应在6.4～7.2范围内。加载应力的试样在3.5％NaCl水溶液中浸泡10min接着提出溶液暴露于空气50min，每个循环1h，连续往复间浸试验。

3. 连多硫酸溶液试验

用于测定不锈钢或其他有关材料（Ni-Cr-Fe合金）在连多硫酸溶液中对沿晶SCC的相对敏感性。配制这种溶液的方法有两种：

（1）把工业纯硫化氢经过素烧玻璃管缓慢通入0℃的6％硫酸中达1h，然后在密闭烧瓶中于室温保持48h；重复这种操作，直至在室温下静置也不释放二氧化硫气味为止。

（2）把工业纯二氧化硫气体通入蒸馏水直至饱和，产生一定浓度的硫酸，然后再缓慢通入工业纯硫化氢气体。

pH值为7.2的Mattson溶液是评定钢-锌合金对SCC敏感性的一种标准的加速试验腐蚀剂。这种溶液含有Cu^{2+}：0.05mol/L，NH^{4+}：1.0mol/L。

试验介质引入到试样的方式有：全浸、间浸、喷雾和灯芯虹吸法等。

14.4　试验与评定

14.4.1　SCC 试验

如前所述，试样选型、加载方式和腐蚀介质是 SCC 试验的三个基本的密切相关的要素。为进行 SCC 试验，除需有相应的加载机构或应力腐蚀试验机外，还必须准备盛装腐蚀剂和暴露试样的试验池。试验池的结构取决于 SCC 试验目的、介质种类及其状态、加载方式。

为保证介质溶液在整个试验周期中不变，应加置回流冷凝器。若 SCC 发生在构件的传热面处，就需要设计一个可体现这种传热作用的试验池，因为在传热面处可能使溶液中的某些物质富集，这对诱发和促进 SCC 可能起到重要作用。

试样的表面状态对引发 SCC 的初始过程有着明显的影响。应注意选择机械研磨、化学抛光或电化学抛光，它们不会在材料表面引起组织变化或残余应力，也不产生选择性腐蚀或沉积残留物，电化学抛光过程不产生氢，以排除对 SCC 试验结果的干扰。

在开始 SCC 试验时，是先对试样加载后注入腐蚀介质，还是采用相反的次序，这将影响到试验结果。若在注入腐蚀介质之前已对试样加载一段时间，则由于预先的蠕变作用可显著影响 SCC 过程和断裂时间；若试样加载之前已暴露于腐蚀介质，则预先的腐蚀过程将影响 SCC 结果。

在设计 SCC 试验时，选择恰当的试验暴露周期也是至关重要的。试验周期应足够长，以保证完成试样的全部 SCC 过程，但又不能过长，以避免介质的腐蚀作用干扰 SCC 过程及对 SCC 结果的判断。

在 SCC 试验中辅以电化学极化和进行电化学测量可以获得许多重要的信息。阳极极化可以加速 SCC 过程，阴极极化将减缓或停止 SCC 过程，阴极析氢可能改变材料的 SCC 过程和性质。电位测量可表征或研究材料的 SCC 行为和可能性。电化学测量对于研究 SCC 机理是一种相当重要的研究手段。

14.4.2　SCC 评定

应根据 SCC 试验目的对试验结果进行数据处理，以获得正确的结论。SCC 试验中的主要数据类型有：

（1）试样的断裂寿命 t_F；

（2）应力 - 寿命曲线（$\sigma - t_F$ 曲线）；

（3）临界 SCC 应力 σ_{SCC} 或临界应力场强度因子 K_{ISCC}；

（4）SCC 裂纹扩展速率 $\dfrac{d_a}{d_t}$；

（5）SCC 机理研究中各因素之间的相关作用，SCC 敏感的电位范围，$\dfrac{d_a}{d_t}$ 与声发射信号之间的关联作用，合金显微组织与 SCC 裂纹扩展的关系，等等。

这些类型数据均可用于 SCC 行为和敏感性的评定。对于慢应变速率 SCC 试验的结果可用多项参数综合评定。SCC 试验时可记录载荷 - 延伸率曲线，与不发生 SCC 的曲线相比较。从此类试验中还可获得如下的敏感性 - 参数关系，即该腐蚀体系对 SCC 敏感时，应表现为：

(1) 最大应力 σ_{max} 下降；

(2) 断面收缩率 φ 下降；

(3) 延伸率 δ 下降；

(4) 载荷 - 延伸率曲线下的面积 S 下降；

(5) 归一化处理后的断裂时间比 $\dfrac{t_e}{t_0}$（t_e 和 t_0 分别为腐蚀介质和惰性气体或油中的断裂寿命）减小；

(6) 裂纹扩展速率增大。

研究 SCC 行为、机理和规律性时，常辅以金相观察、断口分析和扫描电镜观察等现代研究分析手段。

14.5　典型案例

14.5.1　变压器套管抱箍线夹应力腐蚀开裂案例 1

2014 年 5 月，某 220kV 变电站 1 号主变压器在进行检修例行试验时发现 110kV 侧 C 相抱箍线夹开裂，线夹设计材质为 ZHPb59 - 1。

1. 宏观检查

失效线夹的裂纹具有明显的方向性，沿轴向延伸，大致垂直于服役状态下的环向拉应力方向，如图 14 - 2 所示。同时桩头螺孔处存在轴向小裂纹，已贯穿至外表面，如图 14 - 3 所示。

图 14 - 2　失效线夹　　　　　　　图 14 - 3　螺孔处裂纹

断口较粗糙，几乎没有塑性变形痕迹，具有典型的脆性断裂特征。断口表面有少量浅黑色的氧化铜，为断裂前腐蚀所产生，这说明开裂是由众多裂纹源扩展引起的，具有应力腐蚀开裂特征，如图 14 - 4 所示。结合断口微观形貌，断口有台阶分布，属典型的沿晶断裂，如图 14 - 5 所示。

2. 成分分析

对失效线夹进行成分分析，数据见表 14 - 1，符合《铸造铜合金技术条件》（GB/T 1176—1987）标准要求。

图 14-4　断口宏观形貌

图 14-5　断口微观形貌

表 14-1 　　　　　　　　　　　　　　失效线夹成分分析 　　　　　　　　　单位：wt%

元素	Cu	Sn	Pb	Zn
标准要求	57~60	≤1.0	0.5~2.5	余量
试样	59.3	0.4	2.1	余量

3. 显微组织分析

对失效抱箍线夹进行显微组织分析，如图 14-6 所示。其主要相组成为条状及棒状的 α 相和黑色的基体 β 相，但该组织不均匀，部分 α 相较粗大，呈团絮状。不均匀的组织说明该线夹未进行退火处理或退火不充分，铸造后的线夹由于各部位的冷却速度不一致，其内部组织存在差异，并且有较大的内应力，需进行充分的退火处理来调整其组织及应力状态。通常 ZHPb59-1 黄铜的退火工艺为 500~600℃，保温 6h。

对裂纹处的微观组织进行观察，可以看出裂纹呈现出典型的沿晶裂纹形貌，如图 14-7 所示。

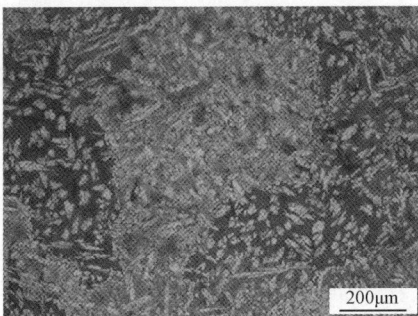

图 14-6　基体显微组织

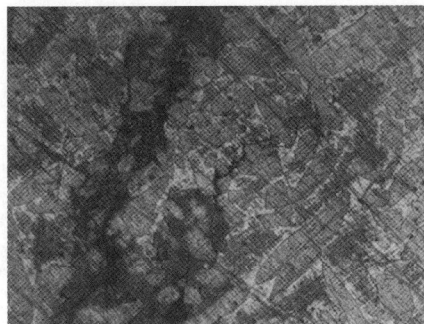

图 14-7　裂纹处显微组织

4. 应力腐蚀试验

根据《黄铜制成品应力腐蚀试验方法》（YS/T 814—2012）开展应力腐蚀试验，采用浓度为 140g/L 氨水溶液，温度 25℃＋1℃，试验时间 8h，对线夹模拟安装，两侧螺栓的紧固力矩为 45kN·m。

对经过应力腐蚀试验后的线夹进行渗透检测，如图 14-8 所示。线夹表面存在较多裂纹，由端部发展的裂纹较粗大，且裂纹较深，已深入至壁厚约 1/2 处，应力腐蚀试验不合格。

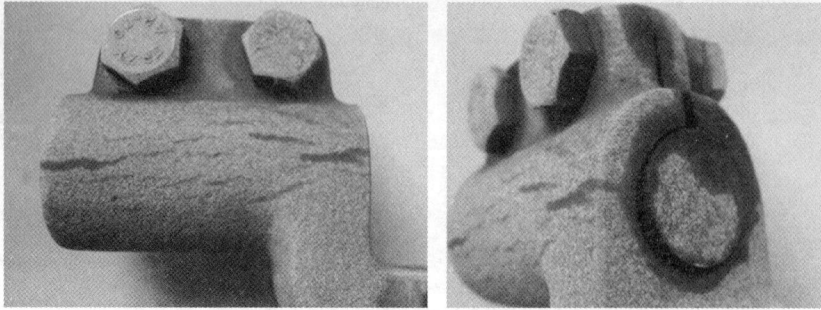

图 14 - 8　线夹应力腐蚀试验后渗透检测

5. 扫描电镜分析

对裂纹处的微观组织进行扫描电镜分析，发现裂纹呈现出典型的沿晶裂纹特征，如图 14 - 9 所示。

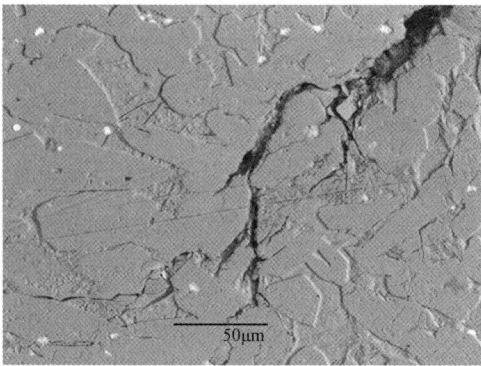

图 14 - 9　裂纹扫描电镜形貌

6. 原因分析

应力腐蚀破裂是指金属材料在特定介质中与拉应力的同时作用下所产生的一种破裂现象，简称应力腐蚀（SCC）。通常应力集中部位成为阳极而首先遭受腐蚀，在腐蚀进程中，材料一般是先出现微观裂纹之后扩展为宏观裂纹。微观裂纹一旦形成，扩展速度比其他的局部腐蚀快得多。应力腐蚀引起的部件失效往往无明显的预兆而突然发生脆性断裂，是危害性和破坏性最大的一类腐蚀。

铅黄铜具有良好的工艺性能和力学性能，但随 Zn 含量的增加，其应力腐蚀（SCC）的敏感性增大，当 Zn 含量高于 20% 时，高 Zn 的 α 相以及 β 相对应力腐蚀十分敏感。ZHPb59 - 1 中 Zn 含量约为 40%，所以具有很强的应力腐蚀倾向。

主变压器抱箍线夹若无应力存在，腐蚀很难向深处侵入。而主变压器线夹由于退火工艺不合格，导致其内部应力未消除，且受到螺栓紧固力，拉应力沿抱耳周向分布，在周围介质（如潮湿空气、腐蚀性气体、微量 NH_3 或 SO_2）作用下，腐蚀将沿应力分布不均匀的晶粒边界进行，并在拉应力作用下导致开裂，裂纹的发展方向垂直于所受的拉应力方向；同时拉应力促使腐蚀介质向内部侵入，使腐蚀裂纹向纵深发展，直至抱箍线夹断裂。

7. 结论

主变压器抱箍线夹断裂的主要原因为应力腐蚀。

14.5.2　变压器套管抱箍线夹应力腐蚀开裂 2

某供电公司 500kV 变压器套管出线抱箍线夹在运行中发生多起断裂事故，2015 年 8 月，该单位送断裂抱箍线夹样品进行检测，其材质为铅黄铜（ZCuZn40Pb2）；为进行对比分析，同时送抱箍线夹的备品进行检测。

1. 宏观检查

断裂抱箍线夹外观形貌如图 14 - 10 （a） 所示，断裂部位位于抱耳根部。线夹断口宏观形貌如图 14 - 10 （b） 所示，断口平齐，未见明显的裂纹源，属典型的沿晶脆性断裂。旧线夹打磨后抱耳根部附近有表面裂纹，如图 14 - 10 （c） 所示。用作备品的新抱箍线夹如图 14 - 10 （d） 所示。

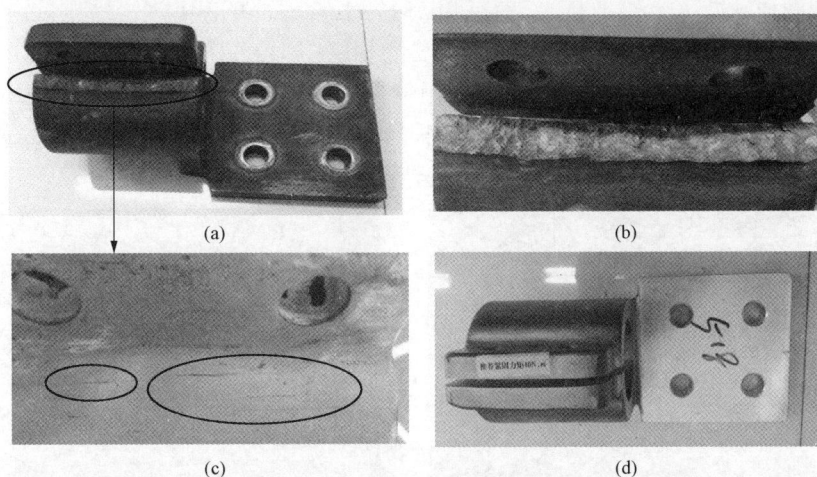

图 14 - 10　抱箍线夹形貌

（a） 旧线夹形貌；（b） 旧线夹断裂位置形貌；（c） 旧线夹打磨后表面裂纹；（d） 新线夹形貌

2. 定量光谱分析

定量光谱分析结果见表 14 - 2。断裂线夹的 Cu 含量为 55.91%，低于标准中 ZCuZn40Pb2 的 Cu 含量为 58% 的下限值要求，其余所检元素符合标准要求；新线夹的所检元素符合标准要求。

表 14 - 2　　　　　　　　定量光谱分析　　　　　　　　单位：wt%

元素	ZCuZn40Pb2/标准要求	失效线夹	新线夹
Zn	余量	41.60	38.70
Cu	58.0～63.0	55.91	59.53
Pb	0.5～2.5	1.88	1.20
Al	0.2～0.8	0.433	0.410
Sn	≤1.0	0.0027	0.0025
Sb	≤0.05	0.0078	0.0086
Fe	≤0.8	0.0005	0.001
Ni	≤1.0	0.0005	0.001

3. 硬度检测

断裂线夹、新线夹硬度值分别为 135HB 和 131HB，均符合《铜合金及其加工手册》中 75～149HB 的要求，见表 14 - 3。

表 14 - 3　　　　　　　　　　　　　　　硬度检测结果

序号	检验部位	硬度值（HB）						备注
		数值 1	数值 2	数值 3	数值 4	数值 5	平均值	
1	旧线夹	133	137	132	135	137	134.8	标准要求：
2	新线夹	130	133	131	132	130	131.2	75～149HB

4. 显微组织分析

对断裂线夹和新线夹分别取样，取样部位均为抱耳根部的断口或裂纹附近，试样抛光后进行金相检验，如图 14 - 11 所示。断裂线夹的金相组织为：α 相＋β 相＋颗粒 Pb 相。部分 α 相连续分布于晶界处，近裂纹部位晶界处 α 相较粗大且呈魏氏组织特征，部分晶界两端 α 相组织形态不均匀，且裂纹沿晶界扩展，组织不合格。新线夹的金相组织为：α 相＋β 相＋颗粒 Pb 相，部分 α 相连续分布于晶界处，组织异常。

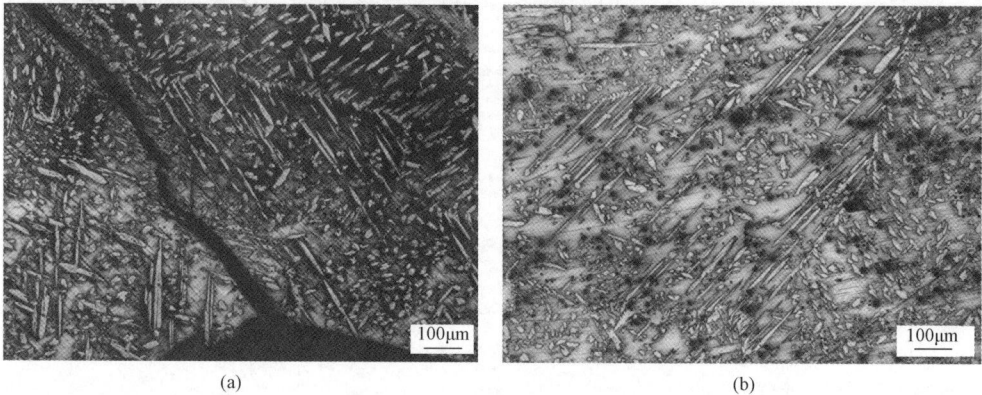

图 14 - 11　抱箍线夹金相组织

（a）失效线夹；（b）新线夹

5. 应力腐蚀试验

为了检验黄铜线夹对应力腐蚀破裂的敏感性，依据《黄铜制成品应力腐蚀试验方法》（YS/T 814—2012），对新线夹进行应力腐蚀试验。

对新线夹进行模拟安装，如图 14 - 12 所示，两侧螺栓的紧固力矩为 40N·m。试验采用浓度为 $\rho=0.9g/mL$ 的氨水，密闭干燥器容积 12L，氨水溶液与干燥器容积的体积比为 1：15，试验温度保持在 25℃＋3℃，然后使线夹暴露在氨水溶液蒸发的氨气环境中蒸熏 8h。

氨熏后直接用肉眼或放大镜检查线夹表面裂纹情况，新线夹氨熏后存在表面裂纹，如图 14 - 13 所示。因此新线夹的氨熏实验结果不合格。

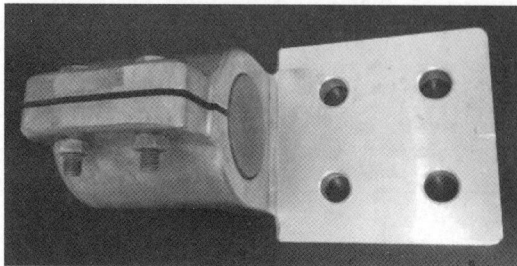

图 14 - 12　新线夹模拟安装

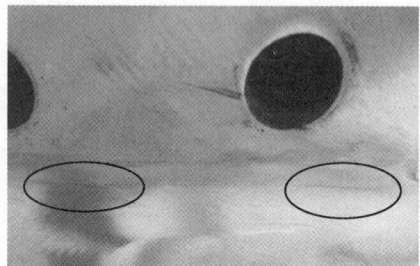

图 14 - 13　新线夹氨熏后表面裂纹

6. 原因分析

断裂线夹的成分及金相组织不合格，其 Cu 含量低于标准要求；同时其显微组织为 α 相＋β 相＋颗粒 Pb 相，部分 α 相连续分布于晶界处，近裂纹部位晶界处 α 相较粗大且呈魏氏组织特征，这些情况会降低抱箍线夹的塑性和冲击韧性；晶界两端形态分布不均匀 α 相组织，以及晶界游离铅相的存在，导致晶界弱化；从而导致裂纹沿晶扩展。晶界 α 相的存在、α 相较粗大及其呈魏氏组织特征，是由于铸造时加热温度偏高；异常组织一般在去应力退火可即可消除，但断裂线夹中仍有大量的而均匀组织存在，说明该线夹未进行退火处理或退火不充分，有较大的内应力存在。

断裂的 ZCuZn40Pb2 黄铜线夹的金相组织为：α 相＋β 相＋颗粒 Pb 相。部分 α 相连续分布于晶界处，近裂纹部位晶界处 α 相较粗大且呈魏氏组织特征，这些情况会降低抱箍线夹的塑性和冲击韧性；晶界两端形态分布不均匀 α 相组织以及晶界游离铅相的存在，导致晶界弱化；从而导致裂纹沿晶扩展。晶界 α 相的存在、α 相较粗大及其呈魏氏组织特征，是由于铸造时加热温度偏高；而不均匀组织的存在，说明该线夹未进行退火处理或退火不充分，铸造后的线夹由于各部位的冷却速度不一致，其内部组织存在差异，并且有较大的内应力，需进行充分的退火处理来调整其组织及应力状态。

主变抱箍线夹若无应力存在，腐蚀很难向深处侵入。而主变抱箍线夹由于退火工艺不合格，导致其内部应力未消除，且受到一定的螺栓紧固力，螺栓紧固应力沿抱耳周向分布，在周围介质（如潮湿空气、腐蚀性气体、微量 NH_3 或 SO_2）的作用下，腐蚀将沿应力分布不均匀的晶粒边界进行，并在拉应力作用下导致开裂，裂纹的发展方向垂直于所受的拉应力方向；同时拉应力促使腐蚀介质向内部侵入，使腐蚀裂纹向纵深发展，直至抱箍线夹产生断裂。

7. 结论

断裂 ZCuZn40Pb2 主变抱箍线夹的成分及金相组织不合格，同时材质及制造工艺的不合格导致材料产生了较强的应力腐蚀开裂。ZCuZn40Pb2 不宜作为抱箍材质使用，在设计制造环节中可选用 T2 铜材质的冲压型抱箍线夹。

第 15 章
涂层性能检测

15.1 涂层基本性能检测技术

不同功能的涂层，或者用不同方法制备的具有同一功能的涂层，其性能测试不完全相同。但是涂层性能测试中还是有一些具有共性的基本项目。具体的有关每种涂层性能的测试方法，可参看相关国家标准和行业标准。

15.1.1 颜色与外观

采用观察涂膜颜色及外观并与标准色板、标准样品进行比较的方法以评定结果。

标准涂料法：将待测涂料和标准涂料分别涂在马口铁板上制备涂膜；待涂膜实干后，将两板重叠 1/4 面积，在天然散射光下检查颜色和外观，颜色应符合技术允差范围；外观应平整、光滑或符合规定。

标准色板法：按规定制备待测涂膜试样；待涂膜实干后，将标准色板与涂膜试样重叠 1/4 面积，在天然散射光下检查，若其颜色在两块标准色板之间，或者与一块标准色板比较接近，即确认符合技术允差范围。

涂膜可表现出各种光泽度，共分五级：高光泽度（98%～100%反射率）、半光泽、蛋壳光泽、蛋壳平光和无光。然而目前对后四级尚无一致的标准。国标规定，对涂膜光泽的测定，采用固定角度的光电光泽计，结果以同一条件下从涂膜表面与从标准板表面来的正反射光量之比的百分率表示。按常规启动光泽计，预热后用黑色标准板调整仪表指针至标准板规定的光泽数；然后测量被测涂膜表面三个位置的读数，准确至 1%，取平均值表示结果。

15.1.2 厚度

为保证涂膜能提供有效的保护作用，涂层应均匀地达到一定厚度。对于涂层各种性能测定，为正确提供实验结果，准确测定并报告涂膜厚度是必不可少的。通常，规定的涂膜厚度可用平均厚度或最小厚度表示。据此，任何部位的涂膜厚度不得低于最小厚度；平均厚度必须远大于最小厚度；所测量到的涂膜厚度最小值，必须在规定的平均厚度的 90%以上；最小值与平均值之间的被测点数必须少于所测总点数的 10%。

涂膜厚度测量有湿膜测量和干膜测量。湿膜厚度测量对于施工操作很有意义，以控制均匀合格的干膜厚度。

湿膜厚度可用湿膜测厚规测量。使用时，将规垂直接触于施涂的基材表面，使规的两端齿为零基准；此时将有一部分齿被湿涂膜浸湿，被浸湿的最后一齿与相邻未被浸湿齿之间的读数即为湿膜厚度，此法简易常用。

　　干膜厚度可用磁性测厚仪来测量。也可在干性涂膜上切取一小块直接用微米规测量或在金相显微镜上测厚。对于钢铁基材上非磁性涂膜，可用磁性测厚仪测量膜厚；而在非磁性金属表面上则可使用涡流测厚仪测量膜厚。

15.1.3　回黏性

　　涂膜干燥后，因受一定温度和湿度的影响而发生黏附的现象，称为涂膜回黏性。按标准制备涂膜，恒温恒湿条件下干燥 48h；把滤纸片光面朝下置于涂膜表面，将已在 40℃±1℃、RH80%±2%条件下预热的回黏性测定器（重 500g、底面积 1cm^2 且平整光滑）放在滤纸片正中，在恒温恒湿箱内，5min 内达到 40℃±1℃、RH80%±2%，再保持 10min；取下测定器，取出试片静置 15min，用四倍放大镜观察，按如下标准评级：

　　（1）反转纸片，滤纸片能自由（或指弹轻叩）落下，回黏性为 1 级。

　　（2）轻揭滤纸片，允许有印痕，稀疏粘有滤纸纤维，纤维总面积＜1/3cm^2 者为 2 级。

　　（3）轻揭滤纸片，允许有印痕，粘有密集的滤纸纤维，且其总面积达 1/3～1/2cm^2 者为 3 级。

15.1.4　硬度

　　涂层的硬度表征涂层抵抗其他较硬物体压入的性能，其数值大小是涂层软硬程度的有条件性的定量反映。涂层的硬度与其他力学性能有一定关系，因此在某种意义上，可以通过硬度值来间接了解其他力学性能。硬度指标常用于涂层产品检验和工艺检查。常用的测定方法如下：

　　（1）划痕试验最简单的评价涂层硬度的方法是"指甲划痕法"，这是一种凭借个人感觉的评定方法。现已广泛采用划针划痕试验法。按标准制备涂膜，将涂膜试片置于仪器的滑动板上，涂膜面朝上，将砝码置于划针上方的支架上，以施加给定负荷；把加有负荷的划针轻放到涂膜表面上；开动自动划痕仪或用手推动仪器的滑动板，试片涂膜层被划出划痕。由此可在涂膜层表面产生如下三种情况之一：

　　1）产生一条透至金属基材表面的划痕；

　　2）在涂膜层中只刻划出一道槽痕；

　　3）涂膜表面毫不受影响。也可通过不断改变负荷测定划透涂膜层所需的最小负荷。

　　（2）铅笔硬度试验是一种非常简单而又实用的硬度评定方法。用硬度递降的几支铅笔（由 6H 至 6B），用手写或机械划写，从最硬的铅笔开始，每种铅笔在涂膜上划 3mm 长的 5 道划痕，直至 5 道划痕都不划伤涂膜的铅笔为止。此铅笔的硬度即为该涂膜层的铅笔硬度。

　　（3）压痕法厚膜涂层的硬度可采用布氏硬度法来测定，此为压痕法的一种。基材可用铁板，涂层厚度 2～3mm。把一定直径钢板在规定负荷作用下压入涂膜层表面，保持 1min 后，以涂膜表面压痕深度或压痕直径来计算单位面积上承受的力，即表示该涂膜层的硬度值。

　　（4）摆杆法是利用阻尼作用评定涂膜层硬度的"振荡法"。接触涂膜表面的摆杆以一定周期摆动时，如涂膜表面越软，则摆杆的摆幅衰减越快；反之，衰减越慢。常用科尼格摆和珀苏兹摆的两种摆杆式阻尼试验仪。以测定的阻尼时间（s）为试验结果，表征涂膜层硬度。

　　选择一种摆杆式阻尼试验仪。将被测的试片涂膜面朝上，置于水平工作台上；将摆杆偏转一定角度（科尼格摆为 6°，珀苏兹摆为 12°），停在预定的停点处；松摆，开动秒表，记录摆幅由 6°衰减到 3°（科尼格摆）或由 12°衰减到 4°的时间，以秒计。

15.1.5 附着力

涂层的结合强度（附着力）是指涂层与基体结合力的大小，即单位表面积的涂层从基体（或中间涂层）上剥落下来所需的力。涂层与基体的结合强度是涂层性能的一个重要指标。若结合强度小，轻则会引起涂层寿命降低，过早失效，重则易造成涂层局部起鼓包，或涂层脱落（脱皮）无法使用。

涂层结合力试验可分为两类：一类是定性检验，多为生产现场检查用。如栅格试验、弯曲试验、缠绕试验、锉磨试验、冲击试验、杯突试验、热震试验（加热骤冷试验）。另一类是定量检验，一般在实验室中进行。如拉拔试验、剪切试验、压缩试验。

涂层结合力定性试验的特点：简单易行，可迅速得知涂层结合力状况，但准确度不够；而定量试验虽较复杂，但可得到一个较为准确的结合力数据。

（1）划圈法涂膜层对基材的黏附牢度称为附着力。采用附着力测定仪；把试片涂膜层表面朝上，置于水平试验台上；把锐利尖针压到膜面上，在荷重作用下刺透涂膜直至基材；均匀摇动摇柄，即在涂膜面上划出连续圆滚线，划痕总长 7.5cm±0.5cm；以四倍放大镜检查划痕并评级；根据圆滚线的划痕范围内涂膜完整程度分七级评定，以级表示。

（2）划格法当涂层按格阵图形被切割，并恰穿透至基材时，用于评价涂膜层从基材分离的抗力，也可用于评价多层涂层体系中各涂层彼此抗分离的能力。划格时，可使用单刀机械切割装置或手工切割工具（单刀或多刀），或其他合适的器械。采用任何工具，应能获得均匀、整齐划的格阵图形；刀刃及其荷载，应能正好穿透涂层而触及基材；相垂直的两个方向上，每一方向切割线数应是 6 或 11，切割间距应为 1mm 或 2mm；划格法结果按 6 级评价分类。

（3）拉开法适用于单层或复合涂层与基材间或涂层彼此间附着力的定量测定。拉开法所测定的附着力是指在规定的速度下，在试样的胶结面上施加垂直、均匀的拉力，以测定涂层

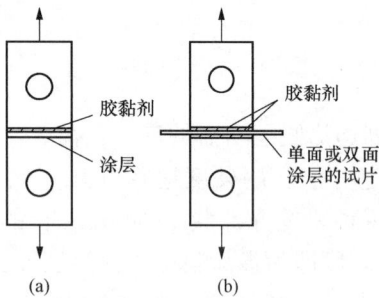

图 15-1 拉开法试样
（a）对接试样；（b）组合试样

间或涂层与基材间黏附破坏时所需的力，以 kgf/cm^2 表示。试样为两个金属圆柱的对接件或组合件，其中一个端面用涂料涂装，然后用胶黏剂使涂膜面与另一圆柱端面胶接，如图 15-1（a）所示。对于不宜加工成圆柱的材料，可采用组合试样，如图 15-1（b）所示。从已涂膜的基材上切取一块试片，在两个清洁圆柱端面均匀地涂上薄层胶黏剂，把试片夹在中间固定粘牢。将试样放入拉伸试验机的上下夹具，调整对中；以 10mm/min 的拉伸速度拉开至破坏，记下拉开时的负荷值，并观察断面破坏形式。涂层附着力 F（kgf/cm^2）按式（15-1）计算：

$$F = \frac{G}{S} \qquad\qquad (15-1)$$

式中 G——试详被拉开时的负荷值，kgf；

　　S——端面被涂覆涂层或胶黏剂的横截面积，cm^2。

试样拉开断面的破坏形式：

（1）附着破坏，即涂层与基材或复合涂层彼此界面间破坏；

（2）内聚破坏，即涂层自身破坏；

（3）胶黏剂自身破坏或被测涂层的面漆部分被拉破；

（4）胶黏剂与未涂覆的试柱界面脱开，或与被测涂层的面漆完全脱开。

15.1.6　柔韧性

　　（1）柔韧性多轴棒试验。用涂膜试片在不同直径的轴棒上弯曲，而不引起涂膜层破坏的最小轴棒的直径表示该涂膜的柔韧性，以 mm 表示。按标准规定，在马口铁板上制备涂膜，实干后，在恒温恒湿条件下，涂膜朝上，将涂膜试片紧压于柔韧性测定器的规定直径的轴棒上，绕棒弯曲并在 2～3s 内完成操作。用 4 倍放大镜观察，如有网纹、裂纹及剥落等破坏现象，即为不合格。

　　（2）圆柱轴弯曲试验。试验涂膜层在标准条件下绕圆柱轴弯曲时抗开裂或从金属基材剥离的性能的一种试验方法。对于多层涂层系统，既可分别试验单涂层，也可试验整个涂层系统。采用弯曲试验仪，适用涂膜试片厚度不大于 0.3mm，轴的直径分别 2、3、4、5、6、8、10、12、16、20、25、32mm，轴面与铰链座板之间的缝隙应为 0.55mm±0.05mm，把待试验涂膜试片插入轴 - 座缝隙，涂膜朝上，在 1～2s 内把试片在轴上弯转 180°，用肉眼或 10 倍放大镜检查涂膜层是否开裂或从基材剥离：从大到小依次对不同直径的轴试验，记录首先引起涂膜层破坏的轴径。

　　（3）锥形轴弯曲试验。试验涂膜层在标准条件下绕锥形轴弯曲时抗开裂或从基材剥离的性能。试验用的轴是一种截顶式锥体，小端直径 $d_0=3.2mm$，大端直径 $d_1=38mm$，锥体长 $L=203mm$。把涂膜试片插入拉杆，涂膜面朝着拉杆，在 2～3s 内绕轴弯曲 180°，测量和记录与轴小端相距最远的试片涂膜开裂处距离，以 cm 表示。

15.1.7　冲击强度

　　试验涂膜层耐冲击性能的测定，以落锤的重量与其落在试片上而不引起涂膜破坏之最大高度的乘积（kg·cm）表示。采用冲击试验机，其滑筒上的刻度应等于 50cm±0.1cm，分度为 1cm。锤重 1000g±1g，可自由移动于滑筒中。把涂膜试片放在铁砧上，涂膜朝上；重锤置于规定高度，按压控制钮使重锤自由地落于冲头上；取出试片，用 4 倍放大镜检查，判断涂膜有无裂纹、皱纹及剥落等，以量度涂膜层承受冲击载荷的能力。

15.2　涂层应用性能检测技术

15.2.1　抗磨损性

　　检测一般涂膜层的抗磨损性可采用漆膜耐磨仪。即在一定的负载下经规定的磨转次数后，测定涂膜失重（g）。按规定制备涂膜试片；把试片置于耐磨仪工作转盘上，施加所需载荷；先对试片预磨 50 转，使之形成较平整的表面；此时对涂膜试片称重；然后调整计数器，加载；启动并达到规定磨转次数时，停磨取出试片，再称重；试片重量差即为涂膜的磨损失重。

环氧耐磨涂层主要用于导轨、轴承等摩擦副，其摩擦磨损性能极为重要，可采用 M-200 型磨损试验机测定，如图 15-2 所示。在上试块表面制备涂膜层，并于规定负荷下压紧在下试环上面。试验时上试块固定不动，下试环以一定转速转动，在动态下测量摩擦力矩，通过计算，得出涂层与下试环之间的摩擦系数。下试环转动一定转数后，在涂层面上磨出一条磨痕，测量磨痕宽度或试验前后的上试块重量差，以评价涂层耐磨性。下试块材料可以是铸铁、钢或铜等，摩擦面的粗糙度一般为 $R_a <1.6\mu m$，上试块基体可用任何材料，但应确保涂膜层有良好的附着力和足够的抗压强度，涂膜层表面粗糙度应为 $R_a <1.6\mu m$。摩擦系数 μ 按式（15-2）计算：

$$\mu = \frac{M}{Pr} \tag{15-2}$$

式中　M——摩擦力矩，N·cm；

P——负荷，N；

r——下试环半径，cm。

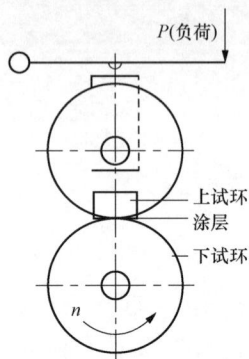

图 15-2　M-200 型磨损试验机测试原理图

15.2.2　耐水性

测定涂膜层耐水性能，可分别采用常温浸水试验和沸腾浸水试验，以涂膜表面变化现象来表征。将涂膜试片用 1:1 的石蜡和松香混合物封边；然后把涂膜试片的 2/3 面积浸入 25℃±1℃ 的蒸馏水（或沸腾的蒸馏水）中，待达到规定的浸泡时间后取出；用滤纸吸干，在恒温恒湿条件下以目测观察。如涂膜有剥落、起皱为不合格，如有起泡、失光、变色、生锈等，记录其现象和恢复时间，按产品规定判断是否合格。

15.2.3　耐化学性

（1）耐盐水性测定对各种防锈漆或防腐涂料应涂两道，涂第一道涂料后即在恒温恒湿条件下干燥 48h，再涂第二道；接着以石蜡和松香 1:1 的混合物或性能较好的自干漆封边，第二道漆在恒温恒湿条件下干燥 7 天投入试验。采用 3% NaCl 水溶液。将涂膜试片浸入 25℃±1℃（或 40℃±1℃）的盐水溶液中，待达到规定的浸泡时间取出、水洗、滤纸吸干，观察涂膜有无剥落、起皱、起泡、生锈、变色和失光等现象，按产品标准判定是否合格。

（2）耐酸碱性测定将带孔的低碳钢试棒浸涂待试涂料，测量涂膜厚度；试涂膜试棒的 2/3 长度浸入温度为 25℃±1℃ 的规定介质（酸溶液或碱溶液），每 24h 检查一次试棒，每次检查均应水洗试棒，滤纸吸干，观察涂膜有无失光、变色、小泡、斑点、脱落等现象，按产品标准判定是否合格。

15.2.4　耐湿热性

在钢板或铝板表面按规定涂膜，制备待试的涂膜试片。投试前记录试片原始状态。将试片垂直悬挂于试验架上，置于调温调湿箱中，于 47℃±1℃ 和 RH96%±2% 条件下计算试验时间，试验时试片表面不应出现凝露；连续试验 48h 检查一次，经两次检查后，改为每隔 72h 检查一次；按规定达到试验时数，取出试片进行最后一次检查。表观检查结果，与标准评定等级（共分三级）对照以判定涂膜耐湿热性。

15.2.5　耐盐雾性

按规定制备涂膜试片，置于盐雾箱中；试片纵向与盐雾沉降方向呈 30°，试验温度 40℃±2℃，3.5％ NaCl 水溶液（pH 6.5～7.2）供喷雾，每周期喷 15min，停喷 45min，停喷时保持 RH＞90％；连续试验 48h 检查一次，经两次检查后，改为每隔 72h 检查一次，达到试验周期后取出试片，水洗干燥；把表面检查结果与评级标准（共分三级）相对照以判定涂膜耐盐雾性。

15.2.6　耐汽油性

（1）浸汽油试验按规定制备涂膜试片。将试片的 2/3 面积浸入 25℃±1℃的指定汽油中，达到规定的浸泡时间后取出试片，吸干，检查涂膜表面的皱皮、起泡、剥落、变软、变色、失光等现象，按产品标准确定合格与否。

（2）浇汽油试验在按规定制备的涂膜表面，浇上指定汽油 5ml 使其布满表面；使试片呈 45°角放置 30min，然后放平且在涂膜表面放置一块双层纱布，其上再放置一个 500g 砝码，保持 1min 后取下，纱布不应粘在膜面，或用手指轻弹试片背面即能自由落下为合格。

15.2.7　耐霉菌性

用喷涂法制备涂膜试片，平放在无机盐培养基表面，在试片涂膜表面均匀细密地喷雾混合霉菌孢子悬浮液，稍晾干后盖上皿盖，放入保温箱中保持在 29～30℃培养；三天后检查试片表面生霉情况，如生霉正常，可将培养皿倒置，使培养基部分在上，这样培养基不易干，试片表面凝露减少（如不见霉菌生长，则需重喷混合霉菌孢子悬浮液），七天后检查试片生霉程度，十四天后总检查。按评级标准评定等级。

对于较大型成品构件，可在局部涂膜表面均匀细密地喷雾混合霉菌孢子悬浮液，稍晾干后，先放上半块平板培养基，盖上尚留有半块平板培养基的圆皿（半个培养皿），使上、下两个半块培养基互相交叉，构成优越的生霉环境，四周用胶布固定（但不能将盖封死）；在保温箱中于 29～30℃培养；同样在三天后检查生霉情况，如生霉正常则在七天后检查生霉程度，14 天后总检查。按评级标准评定等级。

评级标准共分五级。0 级：无长霉；1 级：霉斑直径 1mm 左右，稀疏分布；2 级：霉斑径 2mm 左右，分布量小于四分之一表面积；3 级：霉斑径 2mm 左右，分布量约占二分之一表面积；4 级：霉斑径多数＞5mm，或整个表面布满菌丝。

15.2.8　抗污气性

涂膜在干燥过程中，对 CO、CO_2、SO_2、NO_2 等污气的抵抗性能，称为抗污气性。以涂膜表面变化现象表示。将实测涂膜表干时间均分为五个阶段，将三块马口铁板各分为四格，在每 1/5 间隔时间内，按涂膜制备法和规定涂膜厚度均匀涂刷一格，平放于恒温恒湿条件下，直至第四格涂刷完；再放置 1/5 间隔时间后，将试片移置于铁丝架各层上，点燃煤油灯，保持火焰高度约 2cm，罩上玻璃罩并以橡皮垫密封不漏气，罩内火焰应在 4min 内自灭，试片在罩内保持 30min 取出试片观察，膜面光滑者为合格，任何一格或局部显现丝纹、皱纹、网纹、失光、起雾等现象者为不合格。

15.2.9　耐候性（自然老化）

这是检测涂膜涂层在自然大气条件下的耐候性。一般在选定的曝晒场环境中把涂膜试片安装在曝晒架上进行暴露试验，试验技术与自然环境中的大气暴露腐蚀试验基本相同。

投试前，应先观察记录涂膜试片原始表观状态。通常在暴露试验的前三个月内每半个月检查一次，三个月后至一年内每月检查一次，一年后每三个月检查一次。在雨季或天气骤变时应随时检查、记录、拍照。检查时把试片下半部水洗晾干，供检查失光、变色等现象，上半部原貌检查粉化、长霉等现象，此外，还应同时检查裂纹起泡、生锈、斑点、泛金、脱落、沾污等项目。各项参数的评等分级方法请参阅《色漆和清漆　涂层老化的评级方法》（GB/T 1766—2008）。试片暴露试验的终止期，可按规定提出预计时间；但终止试验的指标则应根据涂膜老化破坏的程度及具体要求而定。通常当涂膜破坏程度使任何一项参数达到 GB/T 1766—2008 的综合评级中的"差级"时即可终止试验。

15.2.10　人工老化试验

涂膜自然老化的耐候试验持续时间很长，从而发展了人工加速耐候试验技术，即人工老化试验。后者通常是把试片暴露在人工加速的苛刻环境条件下试验，如各种老化试验机、盐雾箱、潮湿箱、凝露试验箱等。常用的人工气候老化试验机中设有高强度紫外光源（模拟天然阳光的紫外线辐照），控制一定的温度、湿度和定时喷水装置（模拟降雨）；对涂膜试片试验一定时间后，以试片涂膜表观状况破坏程度评定等级。

人工加速耐候性试验箱中使用 6000W 水冷式管状氙灯。涂膜试片插在转鼓上，涂膜表面距光源 35～40cm。试验条件：工作室温度 45℃±2℃，RH70％±5％，喷水 12min/h。试验条件应根据涂膜种类、使用环境和具体要求而定。试验初期每隔 48h 停机检查涂膜试片，192h 后每隔 96h 检查一次，每次检查后把试片上、下位置互换。试片涂膜评等分级的项目、方法参见 GB/T 1766—2008 的规定。终止试验的指标应根据涂膜老化破坏的程度及具体要求而定。通常当涂膜破坏程度使任何一项参数达到 GB/T 1766—2008 的综合评级中的"差级"时即可终止试验。

15.2.11　电化学试验方法

对金属材料和金属镀层有许多现代的电化学试验方法，但用于有机或无机涂层的成熟的电化学试验方法甚少。此处只作简单介绍。

（1）电位测定。用于涂膜涂层耐蚀性测定的最简单的电化学试验方法是测量涂膜试片的自然腐蚀电位。一般认为，腐蚀电位随时间正移，说明腐蚀反应受到阻滞，可能是产生了不溶性腐蚀产物膜或者针孔缺陷中暴露的金属被钝化了；反之，电位负移则说明活化腐蚀过程在继续。但这种关系只是有条件存在的，对于有的体系也可能存在其他对应关系。

（2）极化测定。对涂膜试片进行电化学极化测定，可以了解其腐蚀过程的控制步骤及反应速度和涂膜的状态研究。但当注意的是，很高的膜电阻将会通过欧姆电压降干扰极化测量结果，应采取技术措施消除 IR 降的影响。通常可在测量仪器中设置 IR 降补偿电路，但往往产生补偿不足或过补偿问题，还有断电测量法等。采用控制电位恒库仑电流脉冲多点极化技术可以很有效地完全消除欧姆电压降并很精确地实现极化测量。

（3）阻抗测定。测定涂膜阻抗以研究涂膜在给定电解质溶液中的耐蚀性和寿命。涂膜对金属基材的保护作用主要是屏蔽隔绝作用，即它在腐蚀电池中应显示高绝缘电阻。充分干燥的均匀涂膜具有相当高的绝缘电阻，但经过一定时间老化后，会产生针孔、微裂纹和其他缺陷，使水分易于渗入涂膜，降低绝缘电阻。因此，测定涂膜绝缘电阻就有可能推定涂膜的老化状况和耐蚀性。

15.3　典型案例

15.3.1　酸性湿沉降区输电线路杆塔防腐涂层体系筛选及评价

酸性湿沉降区腐蚀环境较为严苛，一般防腐涂料涂刷后 2～3 年就会失效。某研究项目针对性地对涂料体系进行了筛选和评价，以期给酸性湿沉降区架空线路金属部件的防腐提供有益参考。

1. 涂层体系的筛选

根据酸性湿沉降区腐蚀环境和涂料性能要求，对热镀锌表面、老化热镀锌（包括带部分锈蚀）表面和带旧涂层的表面分别选择 2～6 种涂料体系，见表 15-1。

表 15-1　　　　　　　　　　　　　　　　不同表面选用涂料

表面类型	序号	底漆	面漆	生产厂家
热镀锌表面	1	环氧底漆	高憎水面漆	海化院
	2	环氧底漆	脂肪族聚氨酯面漆（Hardtop）	佐敦
	3	LP131	LT190	PPG
	4	LP131	LT170	PPG
	5	锌黄环氧底漆	丙烯酸聚氨酯面漆	四川祥和
	6	锌黄环氧底漆	氟碳面漆	四川祥和
老化热镀锌表面	1	低表面处理底漆	高憎水面漆	海化院
	2	Jomastic 70	脂肪族聚氨酯面漆（Hardtop）	佐敦
	3	LT142	LT142	PPG
	4	带锈底漆	丙烯酸聚氨酯面漆	四川祥和
	5	带锈底漆	氟碳面漆	四川祥和
	6	Interseal 670HS	脂肪族聚氨酯面漆（Hardtop）	—
带旧涂层表面	1	低表面处理底漆	高憎水面漆	海化院
	2	Jomastic 70	脂肪族聚氨酯面漆（Hardtop）	佐敦
	3	LT720	LT720	PPG
	4	带锈底漆	丙烯酸聚氨酯面漆	四川祥和
	5	带锈底漆	氟碳面漆	四川祥和
	6	APP 底漆	聚氨酯面漆	—

2. 不同配套涂层体系性能测试

依据选择的涂层体系，先进行氙灯老化、中性盐雾、湿热老化和酸性盐雾加速腐蚀，再测试涂层附着力。不同表面均用砂纸打磨至 St3，采用手工涂刷，底漆 2 道，面漆 2 道，1 道底漆表干后施涂第二道底漆，底面涂装间隔时间 24h，面漆表干后施涂第二道面漆。底漆面漆配套工艺良好，表面平整。不同表面施涂的涂层经过 1000h 氙灯老化、1000h 中性盐雾、1000h 湿热老化及 90 个周期的酸雾测试后，老化后涂层表面状况和附着力数据分别见表 15 - 2 和表 15 - 3。

表 15 - 2　　　　　　　　　　不同表面涂层体系加速腐蚀后表面状况

表面类型	序号	外观	变色	粉化
热镀锌表面	1	无起泡、无剥落、无裂纹	1	0
	2	无起泡、无剥落、无裂纹	1	0
	3	无起泡、无剥落、无裂纹	1	0
	4	无起泡、无剥落、无裂纹	2	0
	5	无起泡、无剥落、无裂纹	2	0
	6	无起泡、无剥落、无裂纹	1	0
老化热镀锌表面	1	无起泡、无剥落、无裂纹	1	0
	2	无起泡、无剥落、无裂纹	1	0
	3	无起泡、无剥落、无裂纹	1	0
	4	无起泡、无剥落、无裂纹	2	0
	5	无起泡、无剥落、无裂纹	1	0
	6	无起泡、无剥落、无裂纹	1	0
带旧涂层表面	1	无起泡、无剥落、无裂纹	1	0
	2	无起泡、无剥落、无裂纹	1	0
	3	无起泡、无剥落、无裂纹	1	0
	4	无起泡、无剥落、无裂纹	2	0
	5	无起泡、无剥落、无裂纹	1	0
	6	无起泡、无剥落、无裂纹	1	0

表 15 - 3　　　　　　　　　不同表面涂层体系加速腐蚀后附着力（MPa）

表面类型	序号	人工加速老化	耐中性盐雾	耐湿热	耐酸雾
热镀锌表面	1	4.84	4.34	6.60	6.65
	2	3.88	6.79	5.05	1.43
	3	7.02	6.79	6.89	7.35
	4	6.75	5.70	6.70	6.79
	5	4.65	1.31	5.70	4.89
	6	4.50	5.14	6.35	6.37

表面类型	序号	人工加速老化	耐中性盐雾	耐湿热	耐酸雾
老化热镀锌表面	1	5.45	4.34	5.57	5.98
	2	7.44	4.05	8.61	6.37
	3	4.09	5.40	6.85	5.69
	4	4.90	3.35	4.23	2.67
	5	5.48	1.50	3.62	4.35
	6	4.21	2.72	3.79	4.71
带旧涂层表面	1	4.15	4.63	5.28	5.64
	2	5.43	4.05	7.76	5.37
	3	4.09	5.40	6.94	5.69
	4	4.52	3.65	4.56	3.54
	5	4.84	2.03	4.27	4.00
	6	3.21	2.82	3.96	4.02

可见，热镀锌表面技术指标较好的为 1 号、3 号、4 号和 6 号；老化热镀锌（包括带部分锈蚀）表面技术指标较好的为 1 号、2 号和 3 号；旧涂层表面技术指标较好的分别为 1 号、2 号和 3 号。

3. 涂层体系的优选

经过筛选，热镀锌表面确定了 1 号、3 号、4 号涂层体系符合使用要求；锈蚀表面确定了 1 号、2 号、3 号涂层体系符合使用要求。六种涂层体系施工均良好，可以采用涂刷、喷涂工艺。筛选的热镀锌表面涂层体系单位面积的涂料成本分别约为：14 元/m²、18 元/m²、20 元/m²，筛选的锈蚀表面涂层体系单位面积的涂料成本分别约为：13 元/m²、15 元/m²、20 元/m²，较目前架空线路杆塔防腐维护采用的常规涂料体系（涂料成本 10 元/m²）均有所提高。

结合涂层体系性能与价格，热镀锌表面 1 号涂层体系为较佳的选择，锈蚀表面 1 号涂层体系为较佳的选择。而用于热镀锌的 3 号和 4 号，用于锈蚀表面的 2 号与 3 号涂层体系，均一次性成膜较厚（主要指底漆涂料），可减少涂刷道数，从而减少人工成本，因此，结合人工成本时，用于热镀锌表面的 3 号和用于锈蚀表面的 2 号涂层体系也是可行选择。

综合来看，1 号涂层配套体系的性能与价格优势最大，特别是其采用的电力镀锌钢专用环氧底漆，对于各种镀锌和泛锈表面均有很好的附着力和防腐性能。而 2 号和 4 号所采用的脂肪族聚氨酯和丙烯酸聚氨酯等聚氨酯面漆在防腐涂层配套体系试验中也表现不俗。因此我们选择电力镀锌钢专用环氧底漆与丙烯酸聚氨酯面漆搭配，并加入对水汽屏蔽性很强而价格较低的环氧云铁中间漆来扩充厚度、进一步降低成本，最终确定的新型防腐涂层体系为：电力镀锌钢专用环氧底漆 50μm＋环氧云铁中间漆 60μm＋丙烯酸聚氨酯面漆 50μm。

对新型防腐涂层体系进行了耐腐蚀性测试。耐中性盐雾时间达到 1500h 以上未产生锈蚀，传统有机涂层不超过 720h，如图 15 - 3 所示。为测试酸性湿沉降区环境的实际耐腐蚀性能，采用与架空线路杆塔构件一致的角钢，并进行耐酸雾试验测试，如图 15-4 所示。

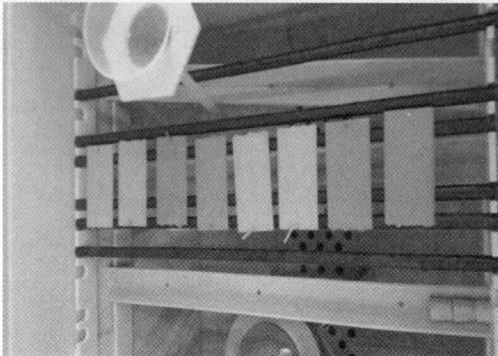

图 15-3　新型有机防腐涂层体系耐
中性盐雾试验 1500h 无锈蚀

图 15-4　新型防腐涂层与传统涂层耐
酸雾试验 1200h 对比

右边 2 种新型防腐涂层体系（底漆分别采用环氧底漆和纳米涂层，中间漆、面漆相同）酸雾试验 1200h 仍未产生锈蚀，而左边 2 种传统涂层在 480h 以内产生了第一锈点。可见新型防腐涂层体系的耐腐蚀性能相比传统有机涂层提高了 2 倍以上。而此时防腐涂层体系材料成本约为 12.95 元/m^2，只比传统有机涂层（约 10 元/m^2）成本增加了29.5%。因此，该项目所筛选出的新型防腐涂层体系是酸性湿沉降区输电线路防腐施工的较佳选择。

15.3.2　金具柔性耐磨纳米防腐涂层性能测试与评价

架空线路运行经验表明，一般金具腐蚀较快。某研究项目针对性地开发了柔韧性、耐磨性和耐蚀性相平衡的电力金具用新型涂料，以解决架空线路金具的防腐难题。

1. 成膜树脂对涂层附着力和耐磨性的影响及筛选

选择了 6 种型号的羟基丙烯酸树脂进行对比试验，分别为 1 号 365 树脂、2 号 1753 树脂、3 号 1198 树脂、4 号 7568 树脂、5 号 1215 树脂及 6 号 2803 树脂。

（1）涂料的制备。以白色涂料为基础涂料，涂料由树脂、颜料、助剂组成。将各种原料按照一定比例混合后，利用球磨机以 210r/m 转速球磨，细度≤30μm 时出料，分别制得含不同树脂的涂料。

（2）涂层试样的制备。以电力设施上常用的热浸镀锌钢板和玻璃为基体，先用丙酮除油，无水乙醇除水，干燥，备用。使用机型号为 7A-0.85/7 的空气压缩和型号为的 W-71喷枪在 0.6MPa 空气压力下进行空气喷涂。喷涂时，上述得到的涂料配以适量的固化剂，加稀释剂调到适合的黏度。喷涂后，室温下放置 7 天使组分一和组分二充分交联固化。热浸镀锌钢板用于测试涂层的附着力，干膜厚度 23μm±3μm；玻璃样板用于测试涂层的耐磨性，干膜厚度 130μm±5μm。

（3）涂层附着力和耐磨性测试。采用美国 Defelsko PosiTest AT 型附着力测试仪测试涂层的附着力，如图 15-5 所示。采用 JM-IV 型漆膜磨耗仪测试涂层的耐磨性，如图 15-6 所示。试验结果见表 15-4。

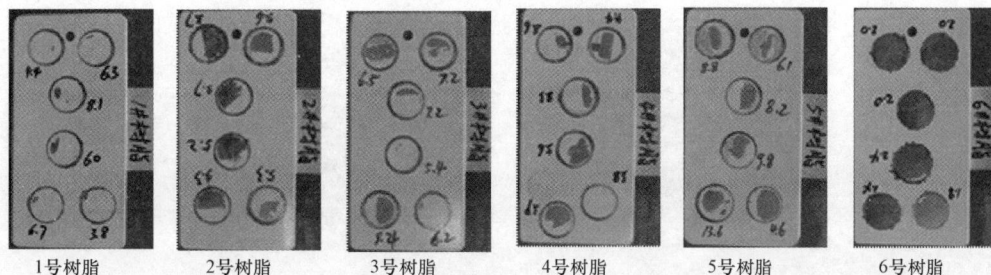

图 15-5　不同树脂的金具涂层在镀锌板上的附着力测试

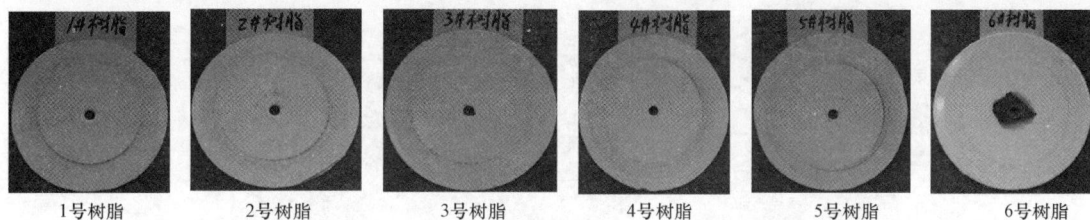

图 15-6　不同树脂的金具涂层在玻璃板上的耐磨性测试

表 15-4　　　　　　　　　　　　六种树脂的附着力和耐磨性测试结果

测试项目	1 号树脂	2 号树脂	3 号树脂	4 号树脂	5 号树脂	6 号树脂
附着力/MPa	5.88	5.13	6.98	5.77	8.52	1.93
耐磨性/mg（1000g，500r）	34.5	35.6	42.3	44.3	44.7	46.1

从中可以看出各树脂间黏结强度 5 号树脂最好，6 号树脂最差。1 号、2 号树脂耐磨性较好，3 号、4 号、5 号、6 号树脂耐磨性接近。综合黏结强度和耐磨性，选定用 1 号树脂和 3 号树脂。

2. 新型柔性耐磨防腐涂层性能测试与评价

（1）涂层制备。将 1 号树脂和 3 号树脂和按一定比例（100∶30）加入溶剂二甲苯中，加入各种助剂，在高速分散下加入颜填料，采用球磨的方法，研磨一定的时间，得到所需复合涂料组分一。组分二为脂肪族类含异氰酸酯的固化剂。在玻璃板基体上采用空气喷涂方式制备涂层，喷涂后，室温下放置 7 天使组分一和组分二充分交联固化，干膜厚度达到 $130\mu\pm5\mu$m。

（2）涂层附着力测试。以划格法对涂层进行附着力测试，1mm 的划格刀，划痕两边均没有发现涂层脱落，评价结果为 1 级，如图 15-7 所示。

（3）涂层柔韧性测试。柔性测试如图 15-8 所示，评价结果为 1mm，放大 100 倍后，涂层没有开裂。

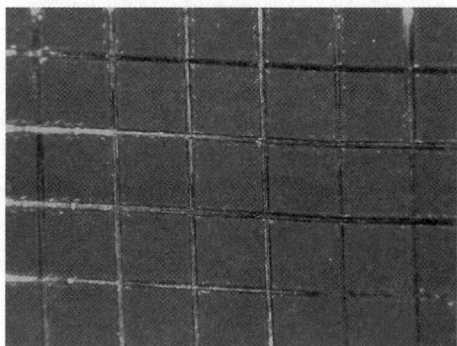

图 15-7　涂层附着力测试

（4）涂层耐磨性测试。耐磨性测试如图 15-9 所示，涂层的磨耗损失量为 26mg（1000g·500r）。

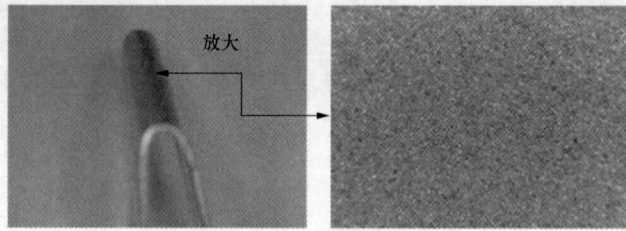

图 15-8　涂层柔韧性测试

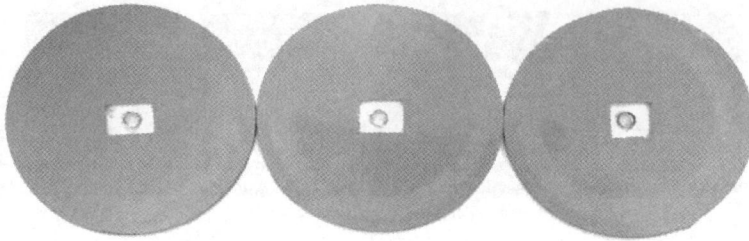

图 15-9　涂层耐磨性测试

（5）涂层耐人工加速老化测试。涂层经人工加速老化试验 1600h 的数据见表 15-5，涂层失光率为 2.39%，综合评级为 0 级，见表 15-6。

表 15-5　　　　　　　　　人工加速老化不同时间的涂层的光泽和失光率数据

时间/h	光泽	涂层失光率/%
0	94.81	0
200	94.62	0.20
400	93.89	0.97
600	93.69	1.18
800	93.65	1.22
1000	93.09	1.81
1200	92.82	2.01
1400	92.72	2.20
1600	92.54	2.39

表 15-6　　　　　　　　　人工老化的综合评级表

项目/级	涂层	项目/级	涂层
变色	0	长霉	0
粉化	0	生锈	0
开裂	0	脱落	0
起泡	0	综合等级	0

（6）涂层耐盐雾试验。涂层经 1500h 盐雾试验后没有出现起泡现象。涂层盐雾试验 1500h 后评级结果见表 15-7。

表 15-7　　　　　　　　　　　涂层盐雾试验 1500h 后评级

基体	起泡等级	生锈等级	开裂等级	剥落等级	综合评级
玻璃板	0	0	0	0	0

（7）涂层综合性能评级。涂层综合性能评级结果见表 15-8。

表 15-8　　　　　　　　　纳米柔性耐磨防腐蚀涂层的综合评价表

指标	要求	实测值	执行标准
涂层附着力（划格法）	≤1 级	1 级	GB/T 9286—1998
柔韧性	≤2mm	1mm	GB/T 1731—1993
耐磨性（1000g·500r）	≤40mg	26mg	GB/T 1768—2006
耐人工加速老化	≥1440h	1600h，0 级	GB/T 1865—1997
盐雾试验	1500h，1 级	1500h，1 级	GB/T 1772—2007

可见，新型柔性耐磨防腐涂层性能优良，所有指标均符合标准要求，实现了柔韧性、耐磨性和耐蚀性的高质量平衡，在架空线路金具腐蚀防护中具有广泛的应用前景。

参 考 文 献

[1] 刘崇华．黄宗平．光谱分析仪器使用与维护［M］．北京：化学工业出版社，2010.

[2] 林介东，等．电站金属材料光谱分析［M］．北京：中国电力出版社，2010.

[3] 国网浙江省电力公司．电网设备金属监督检测技术［M］．北京：中国电力出版社，2016.

[4] 国家电网有限公司设备管理部．电网设备金属监督工作手册［M］．北京：中国电力出版社，2019.

[5] 胡义祥．金相检验实用技术［M］．北京：机械工业出版社，2012.

[6] 张博．金相检验［M］．北京：机械工业出版社，2018.

[7] 国家电网有限公司设备管理部．电网设备金属监督检测技术及实例［M］．北京：中国电力出版社，2019.

[8] 国网江苏省电力有限公司电力科学研究院，国家电网GIS设备运维检修技术实验室．输变电设备金属材料及检测试验技术［M］．北京：中国电力出版社，2018.

[9] 郜俊坤．影响夏比冲击试验结果的主要因素［J］．金属加工：热加工，2008（17）：70‐71.

[10] 杜卫民，等．摆锤式冲击试验机打击中心误差的影响分析［J］．现代测量与实验室管理，2015（3）：3‐5.

[11] 谢晓宇，等．砧座磨损对夏比冲击试验结果的影响．理化检验‐物理分册［J］．2019.55.4，262‐271.

[12] 陈举涛，等．不同摆锤刀刃对高韧性材料夏比冲击试验的影响及分析［J］．中国金属通报，2017（7）：95‐96.

[13] 魏红军．金属材料室温拉伸试验影响因素分析［J］．天津冶金，2015.03.022.

[14] 刘胜新．金属材料力学性能手册［M］．2版．北京：机械工业出版社，2018.

[15] 陈庆．输变电设备金属材料及检测试验技术［M］．北京：中国电力出版社，2018.

[16] 韩德伟．金属硬度检测技术手册［M］．长沙：中南大学出版社，2007.

[17] 周启玲．布氏硬度测试中 P/D^2＝常数的规定及满足相似原理（压入角 φ 相等）之间的统一性的商榷［J］．现代机械，2002，（4）：92‐92.

[18] 葛利玲．光学金相显微技术［M］．北京：冶金工业出版社．2017.

[19] 中国特种设备检验协会．超声检测［M］．北京：中国劳动社会保障出版社．2009.3.

[20] 刘圣军．声学参量阵技术研究［D］．国防科学技术大学，2008.

[21] 伊新．TOFD检测技术基本原理及其应用探讨［J］．中国化工装备，2008，10（2）：25‐28.

[22] 中国特种设备检验协会．磁粉检测．北京：中国劳动社会保障出版社．2010.3.

[23] 中国特种设备检验协会．渗透检测．北京：中国劳动社会保障出版社．2009.8.

[24] 李家伟．陈积懋．无损检测手册．北京：机械工业出版社．2002.

[25] 中国机械工程学会无损检测学涡流检测．［M］．北京：机械工业出版社．1986.

[26] 林俊明，等．电磁检测［M］．北京：机械工业出版社．2000.

[27] 冯慈璋，马西奎．工程电磁场导论［M］．北京：高等教育出版社．2000.

[28] 徐可北，任吉林．电磁涡流无损检测国家标准概述［M］．无损检测．1993，15（12），350‐351.

[29] 徐可北，陈小泉．国外电磁涡流检测的应用发展［D］．中国机械工程学会无损检测学会第五届年会论文集，1991，264‐273.

[30] 徐可北，周俊华．涡流检测［M］．北京：机械工业出版社，2002.

[31] 夏纪真．无损检测导论［M］．广州：中山大学出版社，2010.

[32] 刘贵民，马丽丽．无损检测技术［M］．2版．北京：国防工业出版社，2010.

［33］刘清林．涂层厚度及其检测［M］．沈阳：电子工业出版社，2004．

［34］石鹏远．X射线光谱法测量镀层厚度的适用范围的研究［J］．高新技术，2017．（7）：452‐455．

［35］吴荫顺，方智，曹备．腐蚀试验方法与防腐蚀检测技术［M］．北京：化学工业出版社，1995．

［36］李久青，杜翠薇．腐蚀试验方法及监测技术［M］．北京：中国石化出版社，2007．